“十二五”职业教育国家规划教材
经全国职业教育教材审定委员会审定

建筑材料

第2版

主　编　严　峻
副主编　白　燕
参　编　王英林　赵佰存　高宏新　陈　俞
主　审　尤世岐

机械工业出版社
CHINA MACHINE PRESS

本书是经全国职业教育教材审定委员会审定的“十二五”职业教育国家规划教材，是根据《教育部关于“十二五”职业教育教材建设的若干意见》及教育部新颁布的《高等职业学校专业教学标准（试行）》，在第1版的基础上修订而成的。本书共十一章，针对高等职业院校学生的实际需要及接受能力并结合工程实践分别介绍了建筑材料的基本性质、气硬性胶凝材料、水泥、混凝土与砂浆、金属材料、木材、墙体材料、沥青材料、建筑装饰材料、建筑防火材料，并设置了建材调研与实训方案。为便于教学，本书每章均设本章导入、本章回顾、知识应用；每节均有思考与练习；各章节内容中穿插一些不同形式的小问题及时巩固所学知识；有关材料试验均采用演示形式。

本书依据最新标准和规范编写，同时为适应目前学生的阅读与学习特点，书中的语言表述尽量通俗化，并且每节均以案例导入理论知识。为增加学生对所学理论知识与建材市场价格的感性认识以及提高其归纳总结能力，本书在最后加入建材调研与实训方案，使学生将理论与实践充分结合起来。为方便教学，本书配有电子资源，凡选用本书作为授课教材的老师均可登录 www.cmpedu.com，以教师身份免费注册下载。编辑咨询电话：010-88379934。

本书可供高等职业院校建筑经济管理专业、工程造价专业、工业与民用建筑专业、市政工程专业学生使用，也可供从事建筑施工的工程技术人员参考使用。

图书在版编目（CIP）数据

建筑材料/严峻主编．—2版．—北京：机械工业出版社，2014.6
（2024.1重印）
“十二五”职业教育国家规划教材
ISBN 978-7-111-47941-3

Ⅰ.①建…　Ⅱ.①严…　Ⅲ.①建筑材料—高等职业教育—教材　Ⅳ.①TU5

中国版本图书馆 CIP 数据核字（2014）第 209454 号

机械工业出版社（北京市百万庄大街22号　邮政编码100037）
策划编辑：刘思海　责任编辑：刘思海
责任校对：肖　琳　封面设计：马精明
责任印制：常天培
固安县铭成印刷有限公司印刷
2024年1月第2版第8次印刷
184mm×260mm · 16.25印张 · 386千字
标准书号：ISBN 978-7-111-47941-3
定价：38.00元

电话服务　　网络服务
客服电话：010-88361066　　机　工　官　网：www.cmpbook.com
010-88379833　　机　工　官　博：weibo.com/cmp1952
010-68326294　　金　书　网：www.golden-book.com
封底无防伪标均为盗版　　机工教育服务网：www.cmpedu.com

第2版前言

本书是按照教育部《关于开展“十二五”职业教育国家规划教材选题立项工作的通知》，经过出版社初评、申报，由教育部专家组评审确定的“十二五”职业教育国家规划教材，是根据《教育部关于“十二五”职业教育教材建设的若干意见》及教育部新颁布的《高等职业学校专业教学标准（试行）》，在第1版的基础上修订而成的。

根据“十二五”职业教育国家规划教材的编写要求，在前一版广大职业院校反馈意见及建筑行业发展的基础上，本次修订对以下内容进行了新的设计和修改：

1）依据水泥、混凝土、砂石、砂浆、沥青、木材、墙体材料、建筑装饰材料、金属材料等最新规范及检验评定标准对相关内容进行了重点修订，其修订内容多，修订面广，几乎覆盖了全书的每一个章节。此外，为适应最新规范和标准，本书对很多术语及其符号作了修改，如将“骨料”统一改为“集料”，屈服强度分为上、下屈服强度，并对其符号进行了修改，涉及屈服强度的知识统一使用最新规范。这样的修改遍布全书诸多章节，体现出本书的科学性和严谨性。

2）参考中华人民共和国住房和城乡建设部新推出的《建筑与市政工程施工现场专业人员职业标准》（JGJ/T 250—2011），增加了建筑防火材料一章，以满足教学内容与职业技能进一步对接的要求。根据国家建筑节能及防火标准，对新型节能保温墙体材料以及防火材料典型品种进行介绍，体现出本书的先进性。

3）考虑到建筑行业执业资格（建造师、造价师等）考试对建筑材料知识掌握范围的界定，对相应内容进行了修订，体现出本书在职业教育中的特色。

4）通过案例项目的设置，强化本书的教学设计，体现新时期高职教育教材的特色。每章增设知识拓展和延伸阅读供师生选用，努力使本书成为形式新颖、深度适中、教师适用、有趣味的教材，体现出本书为提高学生兴趣和方便老师所作出的巨大努力。

5）为方便阅读英文资料，书后附有建筑材料词目中英文对照表。

本书由严峻任主编，白燕任副主编。全书编写分工如下：其中绪论、第1章、第4章由严峻编写；第9章、第10章、第11章由白燕编写；第3章、第5章由王英林编写；第2章、第8章由高宏新编写；第6章、第7章由赵佰存和陈俞编写。本书由辽宁省建设科学研究院副院长总工程师尤世岐博士任主审，沈阳航空航天大学材料学博士滕英元教授阅读了书稿并提出了宝贵意见，在此一并表示感谢。

由于编者水平有限，教材中存在不妥之处在所难免，敬请读者批评指正。

编　者

第1版前言

本书着力于“内容求新、理论求浅、突出特色”，以任务为导向，采用案例导入模式编写，注重趣味性和实用性。

针对土木建筑类职业院校学生的实际需要及接受能力并结合工程实践，本书主要介绍了建筑工程中常用建筑材料的性能、品种、规格及应用。为便于教学，每章均设课题导入、相关知识链接、本章回顾、知识应用；每节均有思考与练习；各章节内容中同步穿插一些不同形式的小问题及时巩固所学知识。本书的另一特色是每节均以案例导入，融入建筑装饰材料，并且在最后加入建材调研与实训方案。书中有关材料检测、试验均采用演示形式。

本书由严峻任主编，白燕、王英林任副主编。参加编写的人员有：辽宁省城市建设职业技术学校严峻（绪论、第 1 章、第 4 章）、白燕（第 9 章）、王英林（第 3 章、第 5 章）、王波（第 6 章、第 7 章的部分内容），辽宁省交通高等专科学校高宏新（第 2 章、第 8 章），机械工业出版社陈俞（第 7 章的部分内容）。全书由辽宁省交通高等专科学校陈桂萍教授主审，沈阳航空航天大学材料学博士滕英元教授阅读了书稿并提出了宝贵意见。

由于时间仓促，作者水平有限，书中难免存在缺点和错误，在使用过程中恳请广大读者和专家批评指正。

编　者

目录

CONTENTS

绪 论

1. 建筑材料概况

建筑材料，是用于建筑工程中各种材料的总称。建筑材料种类繁多，涉及面广，内容庞杂，且各成体系。总的说来，建筑、材料、结构、施工，四者是密不可分的。从根本上讲，材料是基础，材料决定了建筑形式和施工方法。为了满足建筑物适用、坚固、耐久、美观等基本要求，材料在建筑物各个部位发挥着各自的作用，如高层或大跨度建筑中的结构材料，要求轻质、高强；防水材料要求密不透水；冷藏库建筑必须采用优质隔热材料；大型公共建筑及纪念建筑的立面材料对装饰性和耐久性要求较高。此外，在建筑设计中常常从材料造型、线条、色彩、光泽、质感等方面反映建筑的艺术特征。

在历史发展的进程中，人类通过劳动不断地改造自然、创造文明。建筑材料的发展也是如此。天然的土、石、竹、木、草秸、树皮就是古人类的主要建筑材料，我们可以从旧石器时代、新石器时代、青铜器时代、铁器时代、钢铁时代的划分来理解并体会材料的重要意义。

我们的祖先在建筑材料上留下许多宝贵经验和遗产，始建于公元前 7 世纪的万里长城所使用的砖石材料多达 1 亿 m^3，公元 605 年建于今河北赵县的赵州桥全长 64.4m，是世界上现存最早、保存最完整的石拱桥。现存于今江苏苏州的虎丘塔，建于公元 601 年，塔高 47.5m，塔身全为砖砌，重达 6000 余吨。山西五台山木结构的佛光寺大殿也有千余年历史。

近代建筑材料大部分出现于 18 世纪欧洲工业革命之后，特别是水泥、钢材与混凝土的发明和应用，标志着建筑材料的发展进入了一个新时期。

自 1995 年以来，我国的水泥、平板玻璃、卫生陶瓷及石墨、滑石等建材产品产量一直居世界第一位，但必须看到：与发达国家相比，我们建材行业的科技水平和管理水平还比较落后，主要表现在能源消耗大、劳动生产率低、污染环境严重。因此，必须靠科技进步改造传统产业，着力发展新工艺、新产品和绿色建材。

特别值得一提的是：近年来，大量兴建的公共建筑、公寓和住宅楼通过各种装饰装修，开始体现出了不同的建筑风格，不仅满足了不同建筑的使用功能，而且美化了生活环境，提高了生活质量。建筑装饰材料是建筑装饰行业发展的物质基础，近十多年来，门类齐全、规格多样、质量上乘、性能优良的新型装饰材料层出不穷，推动了建筑装饰行业的繁荣和进步。装饰装修材料的发展方向与社会经济发展水平和人民的富裕程度密切相关。我国的建筑装饰装修材料将向三个方向发展：产品化，以工业化生产为标志，像造汽车一样造房子，从以原材料生产为主转向以加工制品业为主；绿色化，在制造、使用及废弃物处理过程中，对环境污染最小并有利于人类健康，如节能型屋面产品、节能型墙体产品等；智能化，应用高科技实现对材料及产品各种功能的可控可调。

2. 建筑材料的分类

建筑材料品种繁多，组分各异，可以从多个角度对其分类，通常是按材料的化学成分和使用功能来进行分类。

（1）按化学成分分类　依据材料的化学成分，可将其分为有机材料、无机材料和复合材料三大类，见表0-1。

（2）按使用功能分类　依据材料的使用功能可将其分为结构材料、墙体材料和功能材料三大类，见表0-2。具体分类如下：

1）结构材料。结构材料主要指用于构成建筑物主体的受力构件材料，如梁、板、柱、基础、框架及其他受力构件。这类材料的主要技术性能要求是强度和耐久性，从而决定了建筑物的安全性和可靠度。

表0-1　建筑材料的分类（一）

建筑材料	无机材料	非金属材料	天然石材：毛石、料石、石子、砂 烧土制品：黏土砖、瓦、空心砖、建筑陶瓷 玻璃：窗用玻璃、安全玻璃、特种玻璃 胶凝材料：石灰、石膏、水玻璃、各种水泥 混凝土及砂浆：普通混凝土、轻混凝土、特种混凝土、各种砂浆 硅酸盐制品：粉煤灰砖、灰砂砖、硅酸盐砌块 绝热材料：石棉、矿棉、玻璃棉、膨胀珍珠岩
		金属材料	黑色金属：生铁、碳素钢、合金钢 有色金属：铝、锌、铜及其合金
	有机材料	植物质材料	木材、竹材、软木、毛毡
		沥青材料	石油沥青、煤沥青、沥青防水制品
		高分子材料	塑料、橡胶、涂料、胶粘剂
	复合材料	无机非金属材料与有机材料的复合	聚合物混凝土、沥青混凝土、水泥刨花板、玻璃钢

表0-2　建筑材料的分类（二）

建筑材料	结构材料	砖混结构：石材、砖、水泥混凝土、钢筋 钢木结构：建筑钢材、木材
	墙体材料	砖及砌块：普通砖、空心砖、硅酸盐砖及砌块 墙板：混凝土墙板、石膏板、复合墙板
	功能材料	防水材料：沥青及其制品 绝热材料：石棉、矿棉、玻璃棉、膨胀珍珠岩 吸声材料：木丝板、毛毡、泡沫塑料 采光材料：窗用玻璃 装饰材料：涂料、塑料装修材料、铝材

2）墙体材料。墙体材料主要指用于建筑物内外分隔的墙体材料，有承重和非承重两大类。墙体在建筑物中占有很大比重，认真选用墙体材料对降低建筑成本和节能都很有意义。当前，我国已大量选用砌墙砖、混凝土、加气混凝土，特别是轻质多功能的复合墙体发展很快。

3）功能材料。功能材料是指担负某些建筑功能而又非承重的所有材料的总称，如屋面材料、地面材料、防水材料、绝热材料、吸声隔声材料、装饰材料等。这类材料形式繁多功能各异，应用越来越多。

3. 建筑材料的技术标准

目前，我国常用的建筑材料都制定出了产品的技术标准，其主要内容包括产品规格、分类、技术要求、检测方法、验收规则、包装与标志、运输和贮存及抽样方法等。建筑材料的技术标准是建材产品质量的技术依据，它可实现生产过程合理化，设计、施工标准化。技术标准又是供需双方对产品质量验收依据，是保证工程质量的先决条件。

（1）标准的分类　建筑材料的技术标准分为国家标准、行业标准、地方标准和企业标准，分别由相应的标准化管理部门批准并颁布。中国国家质量技术监督局是国家标准化管理的最高机构。其中，国家标准和行业标准都是全国通用的标准，是国家指令性技术文件，各级生产、设计、施工等部门均必须严格遵照执行。

（2）各级标准的部门代号（见表0-3）　标准的表示方法由标准名称、部门代号、标准编号和标准年份四部分组成。例如：《硅酸盐水泥、普通硅酸盐水泥》（GB 175—1999）。标准部门代号为GB，标准编号为175，批准年份为1999。

表0-3　各级标准的相应代号

标准级别	标准代号及名称
国家标准	GB——国家标准；GB/T——推荐性国家标准 ZB——国家级专业标准（有关建筑材料的为ZBQ）
行业标准	JGJ——建设部（现住房和城乡建设部）行业标准；JC——建设部（现住房和城乡建设部）建筑材料标准；JC/T——推荐性建材标准
地方标准	DB——地方标准
企业标准	QB——企业标准

当前，建筑市场已国际化，某些建筑工程常会涉及其他国家的标准，我们也应有所了解。例如“ASTM”代表美国国家标准，“BS”代表英国国家标准，“DZN”代表德国国家标准，另外在世界范围内统一执行的标准为国际标准，其代号为“ISO”。

4. 本课程的内容任务

建筑材料是一门实用性和实践性很强的专业基础课。本书针对中等职业学校学生的实际需要和接受能力并结合工程实践分别介绍了①建筑材料的基本性质②气硬性胶凝材料③通用水泥④混凝土与砂浆⑤金属材料⑥木材⑦墙体材料⑧沥青材料⑨建筑装饰材料⑩建材调研与实训方案。其中①、③、④、⑤、⑨为重点章节。

本课程的主要任务归纳起来就是以下三点。

1）以掌握常用建筑材料的性能为重点，要经常问自己：“材料在使用时呈现哪些性能?”“为什么具有这样的性能?”

2）掌握常用建筑材料的应用技术及试验检测技能，同时对建筑材料的贮运和保护也有所了解。

3）能正确选择与合理使用常用建筑材料，为其他相关专业课打下基础。

第1章　建筑材料的基本性质

本章导入

了解和掌握建筑材料的基本性质，对于合理选用材料十分重要。本章将主要介绍材料的物理和力学性质、与水相关的性质及耐久性和装饰性。

建筑材料在建筑物的各个部位都要承受各种不同的作用，因此要求建筑材料必须具备相应的性质，如路面材料经常受到磨损及冲击的作用；结构材料要受到各种外力的作用；墙体材料应具备良好的保温隔热及隔声吸声性能；屋面材料应具备良好的抗渗防水性能。另外，建筑材料还经常受到风吹、日晒、雨淋、冰冻而引起温度变化及冻融循环的影响，因此还应具备相应的耐久性。而材料的装饰性主要取决于色彩、质感和线型。

1.1　材料的基本物理性质

导入案例

【案例1-1】 某种建筑材料试样的孔隙率为20%，此试样在自然状态下的体积为40cm^3，质量为86g，吸水饱和后的质量为90g，烘干后的质量为83g。怎样确定这些材料的物理性质？不用每次亲自试验，怎样计算干燥砂石吸水后的质量呢？回答这个问题，首先要了解材料的质量和体积之间的关系，即材料的基本物理性质。

影响建筑物性能的建筑材料，其基本物理性质指标主要指密度、密实度与孔隙率、填充率和空隙率。

1.1.1　材料的密度

不同的建筑材料，因其单位体积内所含孔（空）隙程度不同，其密度（单位体积的质量）也有所差别。

1. 真密度

真密度是指材料在绝对密实状态下，单位体积所具有的质量。用公式表示如下

$$\rho = \frac{m}{V} \tag{1-1}$$

式中　ρ——材料的真密度（g/cm^3）；

m——材料在绝对密实状态下固体物质的质量（g）；

V——材料在绝对密实状态下的体积（不含开口和闭口孔体积，cm^3）。

材料在绝对密实状态下的体积（V）不应包括其内部的孔隙体积（V_v），而土建工程中大多采用固体材料，其绝大多数在自然状态下内部都存在孔隙。

2. 体积密度

体积密度是指（整体多孔的）固体材料在自然状态下，单位体积所具有的质量。用公式表示如下

$$\rho_0 = \frac{m}{V_0} \tag{1-2}$$

式中　ρ_0——材料的体积密度（kg/m^3）；

m——材料在干燥状态下的质量（kg）；

V_0——材料在自然状态下的体积（m^3）。

固体材料在自然状态下的体积应包括固体物质的体积（V）与其内部的孔隙体积（V_v），而孔隙体积（V_v）又分为开口（与大气连通）孔隙体积（V_k）和闭口（与大气不连通）孔隙体积（V_b），如图1-1所示。土建工程中经常拌制混凝土，其中砂石材料的体积直接采用排开液体的方法测定，此时的体积为固体物质的体积（V）与闭口孔隙体积（V_b）之和，此时的密度又称表观密度。

>> **相关链接**　**【案例1-1分析】**

真密度 = 干质量/密实状态下的体积 = $83g/[40cm^3 \times (1-0.20)] = 2.59g/cm^3$。

体积密度 = 干质量/自然状态下的体积 = $83g/40cm^3 = 2.08g/cm^3$。

开口孔隙率 = 开口孔隙的体积/自然状态下的体积 = $(90-83)g/(1g/cm^3 \times 40cm^3) = 0.17 = 17\%$。

闭口孔隙率 = 孔隙率 − 开口孔隙率 = $0.20 - 0.17 = 0.03 = 3\%$。

以砂石为代表的散粒材料还经常处于一种堆积状态，此时的体积构成又多了一项空隙体积（V_a）。

3. 堆积密度

堆积密度是指散粒（粉状、粒状与纤维状）材料在堆积状态下，单位体积所具有的质量。用公式表示如下

$$\rho' = \frac{m}{V'} \tag{1-3}$$

式中　ρ'——散粒材料的堆积密度（kg/m^3）；

m——散粒材料的质量（kg）；

V'——散粒材料在堆积状态下的体积，此时多了一项空隙体积 V_a（m^3）。

散粒材料在堆积状态下的体积等于三项之和，即 $V' = V + V_v + V_a$，如图 1-2 所示。

在建筑工程中，配料计算、构件自重计算、材料用量计算甚至材料的堆放运输都涉及材料的密度。常用建筑材料的密度参考数值见表 1-1。

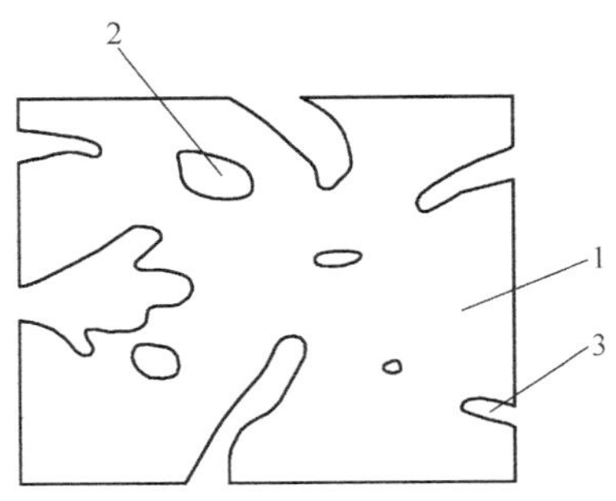

图 1-1　固体材料内的孔隙放大示意图

1—固体物质　2—闭口孔隙　3—开口孔隙

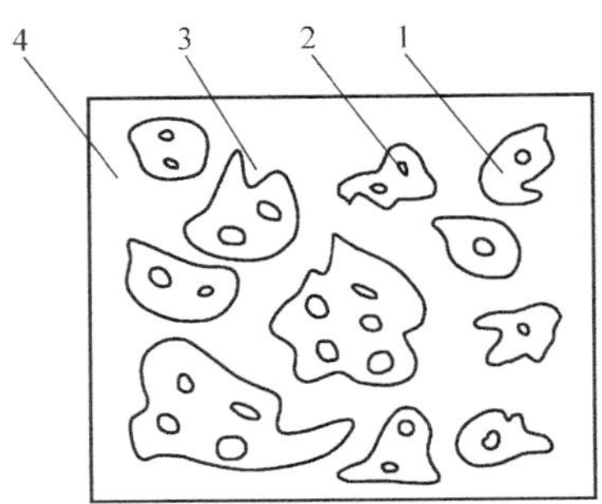

图 1-2　散粒材料的堆积状态放大示意图

1—颗粒中的固体物质　2—颗粒的闭口孔隙

3—颗粒的开口孔隙　4—颗粒间的空隙

表 1-1　常用建筑材料的密度参考数值

材料名称	真密度/（g/cm³）	体积密度/（kg/m³）	堆积密度/（kg/m³）
石灰石（碎石）	2.4～2.7	1800～2600	—
砂	2.5～2.6	—	1400～1700
水泥	2.7～3.1	—	1200～1300
黏土	2.5～2.7	—	1600～1800
钢材	7.85	7850	—
木材	1.55	400～700	—
普通混凝土	—	2350～2450	—
普通黏土砖	2.5～2.8	1600～1800	—

试一试

根据上面所学的知识，到就近的建筑工地调查比较某种岩石的真密度、体积密度、表观密度、堆积密度之间的大小关系。

1.1.2　材料的密实度与孔隙率

1. 密实度

密实度是指材料体积内被固体物质填充的程度，即固体物质体积 V 占总体积 V_0 的百分率，通常用 D 来表示。

$$D = \frac{V}{V_0} = \frac{\rho_0}{\rho} \times 100\% \tag{1-4}$$

密实度反映了材料结构的致密程度，含有孔隙的固体材料密实度均小于 1。材料的很多性能如强度、耐久性、吸水性、导热性均与其有关。

2. 孔隙率

孔隙率是指材料体积内，孔隙体积（V_v）占自然状态下材料总体积 V_0 的百分率，通常用 P 来表示。

$$P = \frac{V_0 - V}{V_0} \times 100\% = (1 - \frac{V}{V_0}) \times 100\% = (1 - \frac{\rho_0}{\rho}) \times 100\% \tag{1-5}$$

由于材料的总体积（V_0）= 固体体积（V）+ 孔隙体积（V_v），所以 $P + D = 1$。孔隙率的大小更加直接地反映了材料的致密程度，孔隙率的大小及孔隙本身的特征与材料的许多重要性质密切相关，如抗渗性、抗冻性、吸水性、导热性均与其有关。

试一试

［**填空题**］某一材料孔隙率为 28.5%，其密实度为________%。

1.1.3 材料的填充率与空隙率

1. 填充率

填充率是指散粒材料在容器的堆积体积中，颗粒填充的紧密程度（用百分数），通常用 D'来表示。

$$D' = \frac{V_0}{V'} \times 100\% = \frac{\rho'}{\rho_0} \times 100\% \tag{1-6}$$

填充率反映了散粒材料的颗粒体积占其堆积体积的百分率。

2. 空隙率

空隙率是指散粒材料在容器的堆积体积中，颗粒间空隙体积（V_a）占堆积体积的百分率，通常用 P'来表示。

$$P' = \frac{V' - V_0}{V'} \times 100\% = (1 - \frac{V_0}{V'}) \times 100\% = (1 - \frac{\rho'}{\rho_0}) \times 100\% \tag{1-7}$$

散粒材料的填充率与空隙率的关系是：$D' + P' = 1$。

试一试

［**填空题**］某散粒材料空隙率为 20%，其填充率为________%。

思考与练习 1.1

1.1-1 名词解释

1. 表观密度 2. 堆积密度 3. 空隙率 4. 填充率

1.1-2 何谓材料的密实度和孔隙率？两者有什么关系？（问答题）

1.1-3 某块状固体材料自然干燥状态下的质量为90g，体积为36cm^3，绝对密实状态下的体积为30cm^3，计算其真密度和体积密度。（计算题）

1.1-4 已知卵石的体积密度为2.8g/cm^3，把它装入一个2m^{3}的车厢内，装平时共用3450kg，求该卵石的空隙率。若用堆积密度为1600kg/m^{3}的砂子，填充上述车内卵石的全部空隙，共需砂子多少kg？（计算题）

1.1-5 单项选择题

某岩石的真密度为2.50g/cm^3，其体积密度为500kg/m^{3}时，其孔隙率应为________。

A. 70% B. 90% C. 60% D. 80%

1.2 材料的力学性质

导入案例

【案例1-2】史上空前的海难——铁达尼号的沉没

1912年，世界上最大的客船铁达尼号初航，由于众所周知的原因撞上冰山，35cm厚船钢板在水位线处像拉链拉开一样被撕裂，海水排山倒海般涌向船内，约三小时后沉没。排除其他人为因素，这里涉及材料的脆性和韧性，而脆性和韧性则属于材料力学性质的范畴。除此之外，材料的力学性质还包括强度、弹性和塑性等。

1.2.1 强度与比强度

1. 强度

强度是指材料抵抗外力（荷载）破坏作用的（最大）能力。强度值用材料受力破坏时，单位受力面积上所承受的力（应力）来表示，公式可表示为

$$f = \frac{F}{A} \tag{1-8}$$

式中 f——材料受力破坏时的强度（MPa）；

F——破坏荷载（N）；

A——破坏时受力面面积（mm^2）。

通常将材料破坏时的情形分为四种，即压坏、拉坏、剪坏和弯（折）坏，相对应的材料强度表述为抗压强度（f_c）、抗拉强度（f_t）、抗剪强度（f_v）和抗弯强度（f_m），其示意图及计算公式见表1-2。

1 CHAPTER

表 1-2 材料静力强度示意图及计算公式

强度/MPa	受力示意图	计算公式	附注
抗压强度 f_c	F F	$f_c = \frac{F}{A}$	F——破坏荷载（N） A——受荷面积（mm^2） l——跨度（mm） b——断面宽度（mm） h——断面高度（mm）
抗拉强度 f_t	F F	$f_t = \frac{F}{A}$	
抗剪强度 f_v	F F	$f_v = \frac{F}{A}$	
抗弯强度 f_m	l/2 F l h b	$f_m = \frac{3Fl}{2bh^2}$	

材料的强度值大多在特定条件下采用静力破坏法测定，为了使试验结果准确而有意义，必须严格按照国家规定的标准统一的方法进行。

在建筑材料中，如混凝土按抗压强度（7.5～80MPa）分为16个强度等级；普通水泥以抗压强度（32.5～62.5MPa）为主常划分为6个强度等级。材料的强度，对于设计师合理选用、正确设计十分重要，直接关系到建筑物的质量。

2. 比强度

比强度是按单位质量计算的强度，其值等于材料的强度与其体积密度之比。

它是衡量材料轻质高强的一个指标，为了对不同的材料强度加以比较，经常采用比强度。

试一试

［**单项选择题**］材料的孔隙率增大时，其性质保持不变的是________。

A. 体积密度　　B. 堆积密度　　C. 真密度　　D. 强度

1.2.2 弹性与塑性

1. 弹性

弹性是指材料在外力作用下产生变形，而外力取消后变形即可消失且能完全恢复到原来状态的性质。这种即可消失的变形称为弹性变形，其数值的大小与外力正相关，比例系数用 E 表示，称为弹性模量。

在弹性变形范围内，弹性模量 E 为常数，其值等于外应力与变形的比值，即

$$E = \frac{\sigma}{\varepsilon} \tag{1-9}$$

式中 σ——材料所受外应力（应力：用外力除以受力面积），单位为 MPa；

ε——材料的变形（应变：相对变形），无单位；

E——材料的弹性模量（MPa）。

弹性模量反映了材料抵抗变形的能力，E 值越大，材料越不容易变形。应当指出，多数材料受力不大时，仅产生弹性变形，而受力超过一定限度后又产生了塑性变形（如建筑钢材），这类材料可视为有限弹性材料。

2. 塑性

塑性是指材料受力超过一定限度（弹性范围）后，外力取消而变形却不可恢复的性质。

有些建筑材料（如混凝土），受力后其弹性变形与塑性变形同时产生，若取消外力则弹性变形可以消失，而塑性变形却不能消失，这一点必须引起注意。

1.2.3 脆性与韧性

1. 脆性

脆性是指外力达到一定限度后，材料突然破坏却无明显的塑性变形的性质。

脆性材料抵抗冲击或震动荷载的能力极差，其抗压强度要比抗拉强度高很多，如混凝土、玻璃、砖、石、陶瓷均属脆性材料。

2. 韧性

韧性是指在冲击或震动荷载作用下，材料能吸收较大能量，虽产生一定变形却不致破坏的性能。

建筑工程中，如道路路面厂房吊车梁铁轨经常受冲击荷载作用；绝大多数建筑结构都有抗震要求，因此所用材料均需考虑冲击韧度。冲击韧度值用材料受荷载作用达到破坏时所吸收的能量来表示，即

$$a_k = \frac{A_k}{A} \tag{1-10}$$

式中 a_k——材料的冲击韧度（J/mm^2）；

A_k——材料试件破坏时所消耗的功（J）；

A——试件受力面积（mm^2）。

>>> 相关链接 【案例 1-2 分析】

1991 年，深水机器人从 4000m 海底捞起一块铁达尼号上的钢板，其上有铁达尼号的标志。钢板出水后用高压水枪冲洗掉沉积物，居然还有油漆在上面。取了一块做抗压强度试验，强度竟然比现代钢材还要高。它为什么会沉呢？又做钢材冲击韧度试验，发现钢材断裂时吸收的冲击功很低，是韧性差的脆性材料。化学分析表明，该钢材的含硫量高，硫致使钢材的脆性增加。

1.2.4 硬度与耐磨性

1. 硬度

硬度是指材料表面抵抗硬物压入或刻划的能力。

不同材料的硬度其测定方法也不相同，矿物材料（石材）按刻划法（莫氏硬度），而常用材料（混凝土、钢材、木材）按压入法（布氏硬度）测定。

2. 耐磨性

耐磨性是指材料表面抵抗磨损的能力，常用磨损率 B 来表示。

$$B = \frac{m_1 - m_2}{A} \tag{1-11}$$

式中 B——材料的磨损率（g/cm^2）；

m_1、m_2——试件被磨损前后的质量（g）；

A——试件受磨损的面积（cm^2）。

土建工程中用于道路地面、楼梯踏步等部位的材料，都要考虑其硬度和耐磨性。一般认为，强度高的材料其硬度也大，耐磨性也好，而硬度大的材料虽耐磨性较强，但加工困难。

思考与练习 1.2

1.2-1 下列性质属于力学性质的有________。（多项选择题）

A. 强度　　B. 硬度　　C. 弹性　　D. 脆性

1.2-2 材料的比强度是指________。（单项选择题）

A. 两材料的强度比　　B. 材料强度与体积密度之比

C. 材料强度与质量之比　　D. 材料强度与其体积之比

1.2-3 下列材料中，属于韧性材料的是________。（单项选择题）

A. 黏土砖　　B. 石材　　C. 木材　　D. 陶瓷

1.2-4 承受冲击荷载的结构选用________。（单项选择题）

A. 塑性材料　　B. 韧性材料　　C. 弹性材料　　D. 弹塑性材料

1.2-5 是非判断题

某些材料虽然在受力初期表现为弹性，达到一定程度后表现出塑性特征，这类材料称为塑性材料。（　　）

1.3 材料与水有关的性质

【案例 1-3】 某工地有含水率 5% 的砂子 500t，问（1）实际干砂（不含水）为多少 t？（2）如果需要干砂 500t，则应进含水率 5% 的砂子多少 t（因为工地只能选用湿砂）？回答这个问题，涉及材料的吸湿性（含水率）。

1.3.1 亲水性与憎水性

材料与水接触时有些能被水润湿，有些则不能被水润湿，我们将前者称为材料的亲水性，后者称为材料的憎水性。

实际工程中，材料的亲水性与憎水性通常以润湿角 θ 表示（所谓润湿角是在材料、水、空气三相交汇点处，沿水滴的表面作切线，该切线与水和材料的接触面所成的夹角，见图 1-3），润湿角 θ 值越小，表明材料越容易被润湿。当 $\theta \leqslant 90°$ 时为亲水材料，表示材料易被润湿并且水能通过材料毛细管道被吸入材料内部；当 $\theta = 0$ 时，表示材料完全被水润湿；当 $\theta > 90°$ 时为憎水材料，这种材料能阻止水分渗入材料的毛细管道中，从而降低材料的吸水性。建筑材料多为亲水材料（如水泥、木材、砖、石、混凝土），只有少数材料为憎水材料（如沥青、塑料、树脂），憎水材料常被用做防水材料。

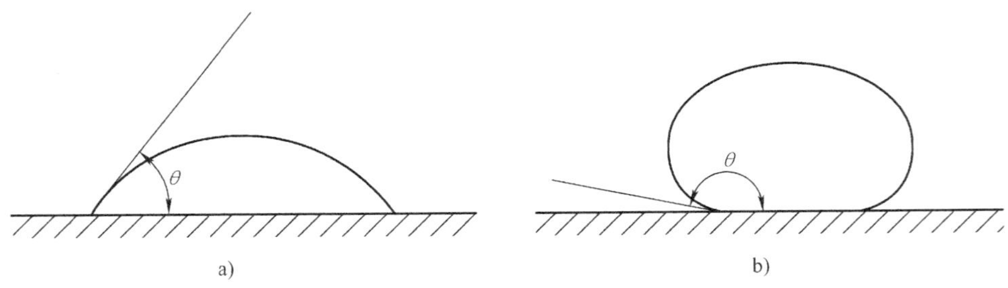

图 1-3 材料水空气相交点处润湿角示意图

a）亲水材料 b）憎水材料

试一试

［**单项选择题**］孔隙率增大，材料的________降低。

A. 真密度　B. 体积密度　C. 憎水性　D. 亲水性

1.3.2 吸水性与吸湿性

1. 吸水性

吸水性是指材料在水中吸收水分的性质。吸水性的大小用吸水率表示，吸水率有两种表示方法：质量吸水率和体积吸水率。

（1）质量吸水率　质量吸水率是指材料在浸水状态下吸水饱和时，其所吸收的水分的质量占材料干燥时质量的百分率，用 $W_{质}$ 表示，按下式计算

$$W_{质} = \frac{m_{湿} - m_{干}}{m_{干}} \times 100\% \tag{1-12}$$

式中 $W_{质}$——材料的质量吸水率（%）；

$m_{湿}$——材料吸水饱和后的质量（g）；

$m_{干}$——材料在干燥状态下的质量（g）。

（2）体积吸水率　体积吸水率是指材料吸水饱和时，其所吸收的水分的体积占材料干燥时体积的百分率，用 $W_{体}$ 表示，按下式计算

$$W_{体} = \frac{V_{水}}{V_0} \times 100\% = \frac{m_{湿} - m_{干}}{V_0} \cdot \frac{1}{\rho_{水}} \times 100\% \tag{1-13}$$

式中　$W_{体}$——材料的体积吸水率（%）；

$V_{水}$——材料吸水饱和后的体积（cm^3）；

V_0——材料在自然干燥状态下的体积（cm^3）；

$\rho_{水}$——水的密度（g/cm^3），常温下取 $1g/cm^3$。

材料的吸水性一般采用质量吸水率表示，有些轻质建材（如加气混凝土和软木），具有许多微小而开口的孔隙，其质量吸水率往往超过100%，此时最好用体积吸水率表示其吸水性。材料的吸水率大小不仅与其亲水性或憎水性有关，还与材料的孔隙率和孔隙特征密切相关。

2. 吸湿性

吸湿性是指材料在潮湿的空气中吸收水分的性质，其大小用含水率表示如下

$$W_{含} = \frac{m_{含} - m_{干}}{m_{干}} \times 100\% \tag{1-14}$$

式中　$W_{含}$——材料的含水率（%）；

$m_{含}$——材料含水时的质量（g）；

$m_{干}$——材料干燥状态的质量（g）。

空气中温度低，相对湿度大，材料相应的含水率就越高。材料既能在空气中吸收水分，又可向空气扩散水分，最终材料中的水分将与空气的湿度达到平衡，此时材料的含水率又称平衡含水率。而平衡含水率不是固定不变的，它随着空气中的温度和湿度的变化而变化，当材料吸水达到饱和状态时的含水率即为吸水率。

试一试

［**单项选择题**］含水率为10%的湿砂110g，其中水的质量为________。

A. 9.8g　　B. 12g　　C. 10g　　D. 10.2g

相关链接｜**【案例1-3分析】**

依据含水率 $W_{含}$ 的计算方法，设 m_1 为干砂质量，m_2 为湿砂质量，则有下式

（1）$W_{含} = \frac{m_2 - m_1}{m_1} \times 100\%$　　$5\% = \frac{500 - m_1}{m_1} \times 100\%$

解得 $m_1 = 476t$。

（2）$W_{含} = \frac{m_2 - m_1}{m_1} \times 100\%$　　$5\% = \frac{m_2 - 500}{500} \times 100\%$

解得 $m_2 = 525t$。

1.3.3 耐水性与抗渗性

1. 耐水性

耐水性是指材料长期在饱和水作用下而不被破坏，并且强度也不显著降低的性质，用软化系数表示

$$K_{软} = \frac{f_{饱}}{f_{干}} \tag{1-15}$$

式中 $K_{软}$——材料的软化系数；

$f_{饱}$——材料在饱水状态下的抗压强度（MPa）；

$f_{干}$——材料在干燥状态下的抗压强度（MPa）。

软化系数的大小表明材料浸水后强度降低的程度，软化系数越小，说明材料吸水饱和后强度降低越多，其耐水性越差。通常认为软化系数大于0.85的材料是耐水材料，可用于水下工程。

试一试

［**问答题**］某块岩石在干燥状态下与吸水饱和状态下的抗压强度分别为170MPa和158MPa，试问此块岩石可否用于水下工程？（提示：软化系数是否大于0.85）

2. 抗渗性

抗渗性是指材料抵抗压力水渗透的性质，用渗透系数表示

$$K = \frac{Wd}{Ath} \tag{1-16}$$

式中 K——材料的渗透系数（cm/h）；

W——透过材料试件的水量（cm^3）；

d——试件厚度（cm）；

A——透水面积（cm^2）；

t——透水时间（h）；

h——静水压力水头高差（cm）。

上式又称达西定律，它表明在一定时间内，透过材料试件的水量与试件的透水面积及水头高差正相关，而与试件的厚度负相关。渗透系数反映了材料抵抗压力水渗透的能力，渗透系数越大，材料的抗渗性越差。对于地下建筑及水工构筑物，要求材料必须有较强的抗渗性。

试一试

［**单项选择题**］材料在水中吸收水分的性质称为________。

A. 吸水性　　B. 吸湿性　　C. 耐水性　　D. 抗渗性

1.3.4 抗冻性

抗冻性是指材料在吸水饱和状态下，能经受多次冻融循环而不被破坏，同时强度也不显著降低的性质。有些材料（如混凝土）常用冻融循环的次数作为抗冻标号，抗冻标号越高，冻融循环的次数越多，材料的抗冻性就越好。

材料经多次冻融交替作用后，其表面将出现剥落、裂纹现象，产生质量损失，同时强度也会降低。而冰冻对材料的破坏作用，是由于材料内部孔隙中的水结冰时体积膨胀而引起孔壁受力破裂所致。应当指出，除寒冷地区外，温暖地区虽无冰冻，但为确保建筑物的耐久性，有时对材料的抗冻性也有一定的要求。

思考与练习 1.3

1.3-1 是非判断题

1. 材料吸水饱和状态时，水占的体积可视为开口孔隙体积。(   )
2. 在空气中吸收水分的性质称为材料的吸水性。(   )
3. 材料的软化系数越大，材料的耐水性越好。(   )
4. 材料的渗透系数越大，其抗渗性能越好。(   )

1.3-2 填空题

材料的吸水性用________表示，耐水性用________表示，抗渗性用________表示，抗冻性用________表示。

1.3-3 单项选择题

某材料吸水饱和后的质量为25g，烘干到恒重时的质量为20g，则该材料的质量吸水率为________。

A. 25%　　B. 20%　　C. 18%　　D. 15%

1.3-4 简答题

想一想材料的抗渗性与哪些主要因素相关，材料的抗渗性如何表示？

1.4 材料的耐久性与装饰性

导入案例

【案例 1-4】沈大高速公路的耐久性破坏

概况：当年被誉为神州第一路的沈大高速公路20世纪80年代末建成后，两侧路缘石和排水槽等设施出现混凝土脱皮、开裂、剥蚀等现象，其中某些路段构件损坏尤为严重。

分析：近几年调查发现造成破坏的主要原因是：设计时未充分考虑包括冻融在内的相关混凝土耐久性问题。在北方地区冬季为保持路面畅通大量使用除冰盐，这些除冰盐的使用直接导致了混凝土盐冻剥蚀而破坏。

1.4.1 耐久性

耐久性是指材料在各种自然因素及有害介质的作用下，能长久保持其使用性能的性质。材料在工程使用环境下，除其内在原因使组成、构造、性能发生变化外，还长期受到周围环境和各种自然因素的破坏作用，这些破坏作用一般包括以下几方面。

（1）物理作用　环境温度、湿度交替变化，或者说冷热、干湿、冻融等循环作用。

（2）化学作用　酸、碱、盐等物质的水溶液和气体对材料产生的侵蚀作用（如钢筋的锈蚀）。

（3）生物作用　有些昆虫、菌类对材料产生的蛀蚀、腐蚀等作用（如木材的腐烂）。

（4）机械作用　荷载的连续作用，包括冲击、振动、磨损及交变荷载引起的材料疲劳。

耐久性是对材料性质的一种综合评述，它应包括抗渗、抗冻、抗疲劳、抗老化、抗风化、耐腐蚀等很多内涵，其中抗渗性最能体现材料是否经久耐用，对材料的耐久性进行准确判断，需要很长时间，最好做到严格按标准规范化设计、精心选材、精心施工。

1.4.2 装饰性

装饰性是指装饰材料在用于建筑物内外墙面、柱面、地面及顶棚等处作为饰面材料时所表现出的一种色彩、质感和线型。应当说明的是装饰材料以装饰作用为主，以保护和其他特殊作用（如绝热、防潮、防火、吸声、隔声等）为辅，详见第9章。

思考与练习1.4

1.4-1　名词解释

1. 物理作用　2. 化学作用　3. 生物作用　4. 机械作用

1.4-2　是非判断题

1. 耐久性是材料性质的一种综合指标，对其准确判断，需要很长时间。(　　)

2. 保障材料耐久性的根本途径在于严格按标准规范化设计、精心选材、精心施工。(　　)

3. 装饰材料的主要作用在于保护结构和其他特殊作用（如绝热、防潮、防火、吸声、隔声等）。(　　)

1.4-3　单项选择题

下列哪个指标最能体现材料是否经久耐用________。

A. 抗渗性　B. 抗冻性　C. 耐腐蚀性　D. 耐水性

本章回顾

- 材料的基本物理性质指标主要包括：真密度、体积密度、表观密度、堆积密度和密实度、孔隙率、填充率、空隙率。(指标集中，要仔细分清)
- 材料的力学性质主要包括：强度、比强度、弹性（变形）、塑性（变形）和脆性、

韧性、硬度及耐磨性。(指标集中，要仔细分清)

- 材料与水有关的性质主要包括：亲水性、憎水性、吸水性、吸湿性、耐水性、抗渗性及抗冻性。(指标集中，要仔细分清)
- 材料的耐久性是对材料性质的一种综合评述，它应包括抗渗、抗冻、抗疲劳、抗老化、抗风化、耐腐蚀等很多内涵；装饰性主要是指装饰材料的色彩、质感和线型。
- 材料与热有关的性质在此简介：影响材料保温隔热性能的主要因素有导热性和热容量，其中导热性是指材料传导热量的能力，大小用热导率表示；而热容量是指材料加热时吸收热量冷却时放出热量的性质，大小用比热容表示。

相关链接

[**单项选择题**] 建筑上为使温度稳定，并节约能源，应选用（　　）的材料。

A. 热导率和热容量均小　　B. 热导率和热容量均大

C. 热导率小而热容量大　　D. 热导率大而热容量小

知识应用

调查一种建筑材料（如水泥、砂、石或混凝土），确定其基本性质，描述其使用范围，写一份材料基本性质调查报告。

【延伸阅读】

材料与热有关的性质

1. 导热性、导热系数和热阻

材料的导热性是指材料两侧有温差时，热量由高温侧向低温侧传递的能力，常用导热系数表示。计算公式为

$$\lambda = \frac{Q\delta}{(T_1 - T_2)At}$$

式中 λ——导热系数（W/（m·K））；

Q——传导热量（J）；

δ——材料厚度（m）；

A——材料传热面面积（m^2）；

$T_1 - T_2$——材料两侧温差（K）；

t——传热时间（s）。

λ 的影响因素有：组成、结构，孔隙率、孔隙特征、受潮、受冻等。

材料的导热性与孔隙特征有关，增加封闭孔隙能降低材料的导热能力。

绝热材料定义：$\lambda \leq 0.23\mathrm{W/m \cdot K}$

热阻是指热量通过材料时所受到的阻力，定义为材料层厚度与导热系数的比值。

2. 热容和比热容

同种材料的热容性差别，常用热容作比较。热容是指材料在温度变化时的吸收或放出热量的能力。计算公式为

$$mc = Q/(T_1 - T_2)$$

式中 Q——热量（kJ）；

m——材料的质量（kg）；

$T_1 - T_2$——材料受热或冷却前后的温差（K）；

c——材料的比热容（kJ/（kg·K））。

不同材料间的热容性，可用比热容作比较。比热容是指单位质量的材料升高单位温度时所需的热量。计算公式为

$$c = \frac{Q}{m(T_1 - T_2)}$$

3. 热变形性和线膨胀系数

材料的热变形性是指温度变化时材料的尺寸变化。除个别情况（如水结冰）之外，一般材料均符合热胀冷缩这一自然规律。

材料的热变形性常用线膨胀系数表示，计算公式为

$$\alpha = \frac{\Delta L}{L(T_2 - T_1)}$$

式中 α——线膨胀系数（1/K）；

L——材料原来的长度（mm）；

ΔL——材料的线变形量（mm）；

$T_2 - T_1$——材料在升、降温前后的温度差（K）。

在工程中，总体上要求材料热变形不要太大，在有隔热保温要求的工程中，设计时应尽量选用热容量或比热容大、导热系数小的材料。

第2章 气硬性胶凝材料

本章导入

胶凝材料是指能将散粒材料（如砂石）、块状材料或纤维材料胶结成为整体的材料，经物理、化学作用后由塑性浆体逐渐硬化为具有一定强度的人造石材。无机胶凝材料按硬化条件分为气硬性和水硬性两种。气硬性胶凝材料只能在空气中凝结硬化，并只能在空气中保持和发展其强度，只适用于地上或干燥环境如石灰、建筑石膏、水玻璃、菱苦土等。而水硬性胶凝材料不仅能在空气中硬化，而且能更好地在水中硬化，并保持和发展其强度，如各种水泥。

2.1 石灰

导入案例

【案例2-1】 上海某新村四幢六层楼1998年9～11月进行内外墙粉刷，1999年4月交付甲方使用，此后陆续发现内外墙粉刷层发生爆裂。至5月份阴雨天，爆裂点迅速增多，破坏范围上万平方米。爆裂源为微黄色粉粒或粉料。该内外墙粉刷用的“水灰”，系宝山某厂自办的“三产”性质的部门供应，该部门由个人承包。对爆裂采集的微黄色爆裂物作X射线衍射分析，证实除含石英、长石、CaO、$Ca(OH)_2$、$CaCO_3$外，还含有较多的MgO、$Mg(OH)_2$以及少量白云石。试利用本节课所学知识分析内外墙粉刷层发生爆裂是什么原因。

石灰一般是不同化学组成和物理形态的生石灰、消石灰、水硬性石灰的统称。它是建筑上最早使用的胶凝材料之一。因其原料分布广泛、生产工艺简单、成本低廉、使用方便，所以一直得到广泛应用。

2.1.1 石灰的生产

石灰的来源之一是某些工业副产品，如：$CaC_2 + 2H_2O = C_2H_2\uparrow + Ca(OH)_2$。

生产石灰的原料为石灰石、白云质石灰石或其他含碳酸钙为主的天然原料。石灰煅烧窑有土窑和立窑。土窑为间歇式煅烧，立窑为连续式煅烧。立窑生产石灰的过程是将原料和燃料按一定比例从窑顶分层装入，逐层下降，在窑中经预热、煅烧、冷却等阶段后，成品从窑底卸出。

石灰的煅烧需要足够的温度和时间，石灰石在600℃左右开始分解，并随着温度的提高其分解速度也逐渐加快；当温度达到900℃时，CO_2 分压达到 1×10^5Pa，此时的分解就能达到较快的速度，因此常将这个温度作为 $CaCO_3$ 的分解温度。在实际生产中，可采用更高的煅烧温度以进一步加快石灰石分解的速度，但不得采用过高的温度，通常控制在1000～1200℃。

正常温度和煅烧时间所煅烧的石灰具有多孔结构，内部孔隙率大，表观密度较小，晶粒细小，与水反应迅速，这种石灰称为正火石灰。若煅烧温度低或时间短时，石灰石的表层部分可能为正火石灰，而内部会有未分解的石灰石核心，其石灰石核不能水化，这种石灰称为欠火石灰。若煅烧温度过高或高温持续时间过长，则会因高温烧结收缩而使石灰内部孔隙率减小，体积收缩，晶粒变得粗大，其结构较致密，与水反应时速度很慢，往往需要很长时间才能产生明显的水化效果，这种石灰称为过火石灰。

2.1.2 生石灰的消化与硬化

1. 生石灰的消化

生石灰的消化（又称熟化或消解）是指生石灰与水作用生成氢氧化钙的化学反应，其反应式如下：

$$CaO + H_2O \longrightarrow Ca(OH)_2 + 64.9kJ$$

经消化所得的氢氧化钙称为消石灰（又称熟石灰）。生石灰具有强烈的水化能力，水化时放出大量的热，同时体积膨胀1～2.5倍。一般煅烧良好、氧化钙含量高、杂质少的生石灰不但消化速度快，放热量大，而且体积膨胀也大。

为了消除过火石灰的危害，石灰膏在使用之前应进行陈伏。陈伏是指石灰乳（或石灰膏）在储灰坑中放置14d以上的过程。陈伏期间，石灰膏表面应保有一层水分，使其与空气隔绝。

2. 石灰的硬化

石灰浆体的硬化包含了干燥、结晶和炭化三个交错进行的过程。

（1）石灰浆的干燥结晶硬化过程　石灰浆在干燥过程中，由于水分蒸发引起 $Ca(OH)_2$ 溶液过饱和而结晶析出，产生结晶强度。

$$[Ca(OH)_2 + nH_2O] \longrightarrow Ca(OH)_2 + nH_2O\uparrow$$

（2）硬化石灰浆的炭化过程　氢氧化钙与空气中的二氧化炭化合生成碳酸钙结晶，并释出水分，称为炭化。石灰浆体经炭化后获得最终强度。

$$Ca(OH)_2 + CO_2 + nH_2O \longrightarrow CaCO_3 + (n+1)H_2O$$

只有在孔壁充水而孔中无水时，炭化作用才能进行较快。当材料表面形成碳酸钙达到一定厚度时，阻碍了空气中 CO_2 的渗入，也阻碍了内部水分向外蒸发，这是石灰凝结硬化慢的原因。

2.1.3 石灰的品种与技术标准

1. 根据石灰中氧化镁的含量分类

（1）钙质石灰　$MgO\leq5\%$。

（2）镁质石灰　$MgO>5\%$。

（3）钙质消石灰粉 $MgO \leq 4\%$。

（4）镁质消石灰粉 $4\% < MgO < 24\%$。

（5）白云石质消石灰粉 $24\% < MgO < 30\%$。

镁质石灰的消化速度较慢，但硬化后强度稍高。通常生石灰的质量好坏与其氧化钙和氧化镁的含量有很大关系。根据建材行业标准，将建筑生石灰划分为三个等级，详见表 2-1。

表 2-1 建筑生石灰技术指标

项目	钙质生石灰			镁质生石灰		
	优等品	一等品	合格品	优等品	一等品	合格品
（CaO + MgO）含量（%）	≥90	≥85	≥80	≥85	≥80	≥75
未消化残渣含量（5mm 圆孔筛筛余百分率）（%）	≤5	≤10	≤15	≤5	≤10	≤15
CO_2 含量（%）	≤5	≤7	≤9	≤6	≤8	≤10
产浆量（L/Kg）	≥2.8	≥2.3	≥2.0	≥2.8	≥2.3	≥2.0

2. 根据成品加工方法不同分类

（1）块灰　块灰是直接煅烧所得的块状石灰，主要成分为 CaO。

（2）磨细生石灰粉　磨细生石灰粉是将块灰破碎、磨细并包装成袋的生石灰粉。它克服了传统石灰消化时间长等缺点，使用时不用提前消化，直接加水使用即可，不仅提高了工效，而且还节约场地，改善了施工环境，其硬化速度加快，强度提高，还提高了石灰的利用率。缺点是成本高，不易贮存。其技术指标见表 2-2。

表 2-2 建筑生石灰粉技术指标

项目		钙质生石灰粉			镁质生石灰粉		
		优等品	一等品	合格品	优等品	一等品	合格品
（CaO + MgO）含量（%）		≥85	≥80	≥75	≥80	≥75	≥70
CO_2 的含量（%）		≤7	≤9	≤11	≤8	≤10	≤12
细度	0.90mm 筛筛余（%）	≤0.2	≤0.5	≤1.5	≤0.2	≤0.5	≤1.5
	0.125mm 筛筛余（%）	≤7.0	≤12.0	≤18.0	≤7.0	≤12.0	≤18.0

（3）消石灰粉　将生石灰加适量水经充分消化和干燥而成的粉末，主要成分为 $Ca(OH)_2$。其技术指标见表 2-3。

表 2-3 建筑消石灰粉技术指标

项目		钙质消石灰粉			镁质消石灰粉			白云石消石灰粉		
		优等品	一等品	合格品	优等品	一等品	合格品	优等品	一等品	合格品
（CaO + MgO）含量（%）		≥70	≥65	≥60	≥65	≥60	≥55	≥65	≥60	≥55
游离水（%）		0.4～2.0			0.4～2.0			0.4～2.0		
体积安定性		合格	合格	—	合格	合格	—	合格	合格	—
细度	0.9mm 筛筛余（%）	≤0	≤0	≤0.5	≤0	≤0	≤0.5	≤0	≤0	≤0.5
	0.125mm 筛筛余（%）	≤3	≤10	≤15	≤3	≤10	≤15	≤3	≤10	≤15

(4) 石灰膏　将块状石灰石用过量水（约为生石灰体积的3~4倍）消化所得的膏状物即为石灰膏，其主要成分为 $Ca(OH)_2$ 和 H_2O。石灰膏中的水分约占50%，密度为1.3~1.4g/cm^3。1kg生石灰可熟化成1.5~3kg石灰膏。

(5) 石灰乳　由生石灰加大量水消化而成的一种乳状液体即为石灰乳，主要成分为 $Ca(OH)_2$ 和 H_2O。

2.1.4　石灰的特性与应用

1. 石灰的特性

(1) 可塑性和保水性好　生石灰熟化为石灰浆时，能自动形成颗粒极细（直径约为1μm）的呈胶体分散状态的氢氧化钙，表面吸附一层厚的水膜。

(2) 凝结硬化较慢、强度低　硬化后的强度也不高，1:3的石灰砂浆28d抗压强度通常只有0.2~0.5MPa。

(3) 硬化时体积收缩大　工程上常在其中掺入砂、各种纤维材料等减少收缩。

(4) 耐水性差　石灰不宜在潮湿的环境中使用，也不宜单独用于建筑物基础。

(5) 吸湿性强　块状生石灰在放置过程中，会缓慢吸收空气中的水分而自动熟化成消石灰粉，再与空气中的二氧化碳作用生成碳酸钙，失去胶结能力。

2. 石灰的应用

(1) 制作石灰乳涂料　石灰乳由消石灰粉或消石灰浆掺大量水调制而成，可用于建筑室内墙面和顶棚粉刷。掺入108胶或少量水泥粒化高炉矿渣（或粉煤灰），可提高粉刷层的防水性；掺入各种色彩的耐碱材料，可获得更好的装饰效果。

(2) 配制砂浆　石灰浆和消石灰粉可以单独或与水泥一起配制成砂浆，前者称石灰砂浆，后者称混合砂浆，用于墙体的砌筑和抹面。为了克服石灰浆收缩性大的缺点，配制时常要加入纸筋等纤维质材料。

(3) 拌制石灰土和石灰三合土　消石灰粉与黏土的拌合物，称为灰土，若再加入砂（或碎石、炉渣等）即成三合土。灰土和三合土在夯实或压实下，密实度大大提高，而且在潮湿的环境中，黏土颗粒表面的少量活性氧化硅和氧化铝与 $Ca(OH)_2$ 发生反应，生成水硬性的水化硅酸钙和水化铝酸钙，使黏土的抗渗能力、抗压强度、耐水性得到改善。三合土和灰土主要用于建筑物基础、路面和地面的垫层。

(4) 生产硅酸盐制品　磨细生石灰（或消石灰粉）和砂（或粉煤灰、粒化高炉矿渣、炉渣）等硅质材料加水拌和，经过成形、蒸养或蒸压处理等工序而成的建筑材料，统称为硅酸盐制品，如灰砂砖、粉煤灰砖、粉煤灰砌块、硅酸盐砌块等。

(5) 制作炭化石灰板　炭化石灰板是将磨细生石灰、纤维状填料（如玻璃纤维）或轻质集料（如矿渣）经搅拌、成形，然后经人工炭化而成的一种轻质板材。为了减小表观密度和提高炭化效果，多制成空心板。这种板材能锯、刨、钉，适宜作非承重内墙板和天花板等。

(6) 配制无熟料水泥　将具有一定活性的材料（如粒化高炉矿渣、炉渣、粉煤灰、煤矸石灰渣等工业废渣），按适当比例与石灰配合，经共同磨细，可得到具有水硬性的胶凝材料，即为无熟料水泥。

2.1.5 石灰的贮存

1. 应注意防潮和防炭化

生石灰应贮存在干燥的环境中，要注意防水防潮，并不宜久存。最好运到工地（或熟化工厂）后立即熟化成石灰浆，将贮存期变为陈伏期。消石灰贮存时应包装密封，以隔绝空气，防止炭化；对石灰膏，应在其上层始终保留 2cm 以上的水层，以防止其炭化而失效。

2. 注意安全

由于生石灰受潮熟化时放出大量的热，而且体积膨胀，所以贮存和运输生石灰时，还要注意安全。在石灰装卸过程中也要注意安全。长时间贮存生石灰，最好将其消解成石灰浆。

相关链接【案例 2-1 分析】

石灰砂浆的裂纹分析：该"水灰"含有相当数量的粗颗粒，相当部分为 CaO 与 MgO，这些未充分消解的 CaO 和 MgO 在潮湿的环境下缓慢水化，生成$Ca(OH)_2$和$Mg(OH)_2$，固相体积膨胀约 2 倍，从而产生爆裂破坏。

思考与练习 2.1

2.1-1 什么是胶凝材料？它们如何分类？

2.1-2 生石灰消化时应注意哪些问题？石灰浆体是如何凝结硬化的？

2.1-3 何谓石灰的"陈伏"？"陈伏"的作用是什么？"陈伏"期间应注意什么问题？

2.1-4 石灰的技术特性有哪些点？其主要用途有哪些？

2.1-5 过火石灰的膨胀对石灰的使用及工程质量十分不利，而建筑石膏体积膨胀却是石膏的一大优点，这是为什么？

2.1-6 某单位宿舍楼的内墙使用石灰砂浆抹面。数月后，墙面上出现了许多不规则的网状裂纹，同时在个别部位还发现了部分凸出的放射状裂纹。试分析上述现象产生的原因。

2.1-7 既然石灰不耐水，为什么由它配制的灰土或三合土却可以用于建筑物基础的垫层、道路的基层等潮湿部位？

2.2 石膏

【案例 2-2】 某住户喜爱石膏制品，全宅均用普通石膏浮雕板作装饰。使用一段时间后，客厅和卧室的效果相当好，但厨房、厕所、浴室的石膏制品出现发霉变形。请结合本节课所学的知识来分析产生此现象的原因。

石膏胶凝材料的主要原料是天然二水石膏（$CaSO_4 \cdot 2H_2O$）和天然无水石膏（$CaSO_4$）（又称硬石膏），二者统称为生石膏。除天然石膏外，还可以利用硫酸钙为主要成分的工业副产品及废渣来制取石膏，此类统称为化学石膏。石膏之所以能作为一种胶凝材料，是因为它加热到适当的温度时，能部分或全部失去水分成为烧石膏，而遇水又水化成二水石膏，即凝结和硬化的石膏。这些过程叫脱水和再水化，是石膏工业的工艺基础。石膏胶凝材料的制备一般是将二水石膏加热脱水并磨细，二水石膏随加热程度和加热条件的不同，可形成一系列性能差别很大的变体，如：半水石膏、无水石膏、高温煅烧石膏等。

2.2.1 石膏的分类、生产与凝结硬化

石膏是以 $CaSO_4$ 为主要成分的气硬性胶凝材料。

1. 石膏的分类

（1）天然石膏　天然石膏可分为天然二水石膏和天然硬石膏。

1）天然二水石膏（$CaSO_4 \cdot 2H_2O$）属于以硫酸钙为主所形成的沉积岩，一般沉积在距地表 800 ~ 1500m 的深处，密度约为 2.2 ~ 2.4g/cm^3，难溶于水。

2）天然硬石膏又称无水石膏，它是由无水硫酸钙（$CaSO_4$）所组成的沉积岩石，其密度约为 2.9 ~ 3.1g/cm^3。硬石膏矿层一般位于二水石膏层以下的深处，其晶体结构比较稳定，化学活性较差。

（2）化学石膏　化学石膏是指化工生产过程中所生成的以 $CaSO_4 \cdot 2H_2O$ 或 $CaSO_4 \cdot 0.5H_2O$ 为主要成分的副产品。

2. 石膏的生产

（1）建筑石膏　建筑石膏（半水石膏）是将二水石膏加热脱水制成的产品，由于其脱水工艺不同，所形成的半水石膏类型也不同。其中在蒸压环境中加热（蒸炼）可得 α 型半水石膏，在回转窑中进行直接加热（煅烧）可得 β 型半水石膏。

普通建筑石膏：β 型半水石膏再经磨细所制得的白色粉末，其密度为 2.60 ~ 2.75g/cm^3，松散堆积密度为 800 ~ 1000kg/m^3，是工程中应用最多的石膏材料。

（2）高强石膏　高强石膏是将天然二水石膏蒸压脱水后经磨细制得的白色粉末，其密度为 2.6 ~ 2.8g/cm^3，松堆积密度为 1000 ~ 1200kg/m^3。由于高强石膏具有较高的强度和黏结能力，多用于要求较高的抹灰工程、装饰制品和制作石膏板；当加入防水剂后它还可制成高强防水石膏，加入少量有机胶凝材料可使其成为无收缩的胶粘剂。

（3）硬石膏　半水石膏在 200℃ 左右时转变而成脱水半水石膏，其结构不稳定，在潮湿条件下易转变成相应的半水石膏。当温度继续升高时可转变成可溶性硬石膏（$CaSO_4$ Ⅲ），但其性质变化不大，能很快地从空气中吸收水分而水化，且强度较低。

可溶性硬石膏在 400 ~ 1180℃ 范围煅烧转变成不溶性硬石膏（$CaSO_4$ Ⅱ），其结构体变得紧密和稳定，密度大于 2.99g/cm^3，难溶于水，凝结很慢。只有加入某些激发剂（如碱性粒化高炉矿渣、石灰等）后，才能使其具有一定的水化和硬化能力；可溶性硬石膏经磨细后可制成无水石膏水泥（硬石膏水泥），它主要用于制作石膏灰浆、石膏板和其他石膏制品。

（4）高温煅烧石膏　煅烧温度大于 1180℃ 时，$CaSO_4$ 开始部分分解，称为煅烧石膏，其主要成分为 $CaSO_4$ 和少量石灰，能凝结硬化，强度高。在 1600℃ 以上，$CaSO_4$ 全部分解成

石灰。

$$CaSO_4 \longrightarrow CaO + SO_2\uparrow + O_2\uparrow$$

3. 建筑石膏的凝结与硬化

建筑石膏的凝结与硬化机理很复杂，但其硬化理论主要有以下两种：

1）结晶理论（又称溶解—沉淀理论）。

2）胶体理论（又称局部反应理论）。

浆体内部的化学变化结果主要为

$$CaSO_4 \cdot 0.5H_2O + 1.5H_2O \longrightarrow CaSO_4 \cdot 2H_2O + 19300J/mol$$

按照结晶理论，建筑石膏的凝结硬化过程可分为三个阶段，即：水化作用的化学反应阶段、结晶作用的物理变化阶段和硬化作用的强度增强阶段。

石膏凝结硬化机理：半水石膏加水拌和后很快溶解于水，并生成不稳定的过饱和溶液；溶液中的半水石膏经过水化反应而转化为二水石膏。因为二水石膏比半水石膏的溶解度要低（20℃时，以 $CaSO_4$ 计，二水石膏为 2.05g/L，α 型半水石膏为 7.06g/L，β 型半水石膏为 8.16g/L)，所以二水石膏在溶液中处于高度过饱和状态，从而导致二水石膏晶体很快析出。

由于半水石膏完全水化的理论需水量是 18.6%，而实际用水量远大于此，通常普通建筑石膏（β 型半水石膏）水化时的用水量一般为 60% ~80%。因此，未参与水化的多余水分蒸发后在石膏硬化体内会留下大量的孔隙，从而使其密实度和强度都大大降低。通常其强度只有 7.0 ~10.0MPa。

对于高强石膏（α 型半水石膏），由于其水化时的用水量较低（为 35% ~45%），只是建筑石膏用水量的一半，因此其硬化体结构较密实，强度也较高（可达 24.0 ~40.0MPa）。

2.2.2 建筑石膏的特性与技术要求

1. 建筑石膏的技术特性

（1）凝结硬化快　建筑石膏水化迅速，常温下完全水化所需时间仅为 7 ~12min，适合于大规模连续生产。在使用石膏浆体时，若需要延长凝结时间，可掺加适量缓凝剂。

（2）硬化后孔隙率大、强度较低　建筑石膏孔隙率可高达 40% ~60%。建筑石膏制品的表观密度较小，为 400 ~900kg/m^3；热导率较小，为 0.121 ~0.205W/（m · K)。较高的孔隙率使得石膏制品的强度较低。

（3）体积稳定　建筑石膏凝结硬化过程中体积不收缩，还略有膨胀，一般体膨胀系数为 0.5% ~1.5%。

（4）不耐水　石膏的软化系数仅为 0.3 ~0.45。若长期浸泡在水中还会因二水石膏晶体溶解而引起溃散破坏；若吸水后受冻，还会因孔隙中水分结冰膨胀而引起崩溃。因此，石膏的耐水性、抗冻性都较差。

（5）防火性能良好　石膏制品本身不可燃，而且具有抵抗火焰靠近的能力。

（6）具有一定调湿作用　由于石膏制品内部的大量毛细孔隙对空气中水分具有较强的吸附能力，而在干燥时又可释放水分，所以石膏制品可以对建筑室内起到一定的湿度调节作用。

（7）装饰性好　石膏洁白、细腻。

2. 建筑石膏的技术要求

《建筑石膏》（GB 9776—2008）规定，根据建筑石膏的主要技术指标可划分为优等品、一级品和合格品等三个质量等级，并要求它们的初凝时间不小于6min，终凝时间不大于30min，其他技术性能指标应满足规定要求，见表2-4。

表2-4 建筑石膏的主要技术指标

技术指标		产品等级		
		优等品	一级品	合格品
强度/MPa	抗折强度，≥	2.5	2.1	1.8
	抗压强度，≥	4.9	3.9	2.9
细度（%）	0.2mm方孔筛筛，≤	5.0	10.0	15.0
凝结时间/min	初凝时间，≥	6		
	终凝时间，≥	30		

2.2.3 建筑石膏的应用

1. 粉刷石膏

粉刷石膏是由建筑石膏或由建筑石膏与无水石膏（$CaSO_4$，又称硬石膏）二者混合后，再掺入外加剂、集料等制成的。按其用途不同可分为面层粉刷石膏（F）、底层粉刷石膏（B）和保温层粉刷石膏（T）三类。《粉刷石膏》（JC/T 517—2004）的标准规定，面层粉刷石膏的细度要求其1.0mm和0.2mm方孔筛的筛余量，应分别不大于0%和40%。粉刷石膏的初凝时间应不小于1h，终凝时间应不大于8h。石膏洁白细腻，用于室内抹灰后的墙面、顶棚，还可直接涂刷涂料、粘贴壁纸等。因建筑石膏凝结快，用于抹灰、粉刷时，需加入适量缓凝剂及附加材料（如硬石膏或煅烧黏土质石膏、石灰膏等）配制成粉刷石膏，其凝结时间可控制为略大于1h，抗压和抗折强度及硬度应满足设计需要。粉刷石膏自生产之日算起，贮存期为六个月。

2. 制作石膏制品

由于石膏制品质量轻，且可锯、可刨、可钉，加工性能好，同时石膏凝结硬化快，制品可连续生产，工艺简单，能耗低，生产效率高，施工时制品拼装快，可加快施工进度等，所以石膏制品在我国有着广阔的发展前途，是当前着重发展的新型轻质材料之一。

（1）纸面石膏板　根据《纸面石膏板》（GB/T 9775－2008）的规定，纸面石膏板的主要技术要求有：外观质量、尺寸偏差、对角线长度差、断裂荷载、面密度、硬度、护面纸与石膏芯的黏结、吸水率、表面吸水量和遇火稳定性等。其中吸水率和表面吸水量仅适用于耐水以及耐水耐火纸面石膏板；遇火稳定性仅适用于耐火纸面石膏板以及耐水耐火纸面石膏板。

纸面石膏板按其功能分为：普通纸面石膏板、耐水纸面石膏板、耐火纸面石膏板和耐水耐火纸面石膏板四种。

1）普通纸面石膏板。普通纸面石膏板是以建筑石膏作为主要原料，掺入适量纤维增强材料和外加剂构成芯材，并与护面纸板牢固地黏结在一起的建筑板材。护面纸板（专用的

厚质纸）主要起到提高板材抗弯和抗冲击性能的作用。其质轻、抗弯和抗冲击性高、防火、保温隔热、抗震性好，并具有较好的隔声性和可调节室内湿度等优点。

纸面石膏板具有质轻、防火、隔声、保温、隔热、加工性良好（可刨、可钉、可锯）、施工方便、可拆装性能好和增大使用面积等优点，因此广泛用于各种工业建筑和民用建筑，尤其在高层建筑中可作为内墙材料和装饰装修材料，如：用于框架结构中的非承重墙、室内贴面板、吊顶等。

2）耐水纸面石膏板。耐水纸面石膏板是以建筑石膏为主要原料，掺入适量纤维增强材料和耐水外加剂等构成耐水芯材，并与耐水护面纸牢固地黏结在一起的吸水率较低的建筑板材。其板芯和护面纸均经过了防水处理，根据《纸面石膏板》（GB/T 9775—2008）的要求，耐水纸面石膏板的纸面和板芯都必须达到一定的防水要求（表面吸水量不大于160g，吸水率不超过10%）。耐水纸面石膏板适用于连续相对湿度不超过95%的使用场所，如卫生间、浴室等。

3）耐火纸面石膏板。耐火纸面石膏板以建筑石膏为主，掺入适量轻集料、无机耐火纤维增强材料和外加剂构成耐火芯材，并与护面纸牢固地黏结在一起的改善高温下芯材结合力的建筑板材。它属难燃性建筑材料，具有较高的遇火稳定性，其遇火稳定时间大于20～30min。《建筑内部装修设计防火规范》（GB 50222—1995）规定，当耐火纸面石膏板安装在钢龙骨上时，可作为A级装饰材料使用。其他性能与普通纸面石膏板相同，其主要用作防火等级要求高的建筑物的装饰材料，如影剧院、体育馆、幼儿园、展览馆、博物馆、候机（车）大厅、售票厅、商场、娱乐场所及其通道、楼梯间、电梯间等的吊顶、墙面、隔断等。

4）耐水耐火纸面石膏板。以建筑石膏为主要原料，掺入耐水外加剂和无机耐火纤维增强材料等，在与水搅拌后，浇注于耐水护面纸的面纸与背纸之间，并与耐水护面纸牢固地黏结在一起，旨在改善防水性能和提高防火性能的建筑板材。板芯材质为耐火及耐水双重特殊配方，在满足耐火性能要求的同时，提供了优秀的防潮性能，特别适用于相对湿度较大且有防火要求的场所（如医院）使用。

（2）装饰石膏板　以建筑石膏为主要原料，掺入适量纤维增强材料和外加剂，与水一起搅拌成均匀的料浆，经浇筑成型和干燥而成的不带护面纸的装饰板材，如石膏印花板、穿孔吊顶板、石膏浮雕吊顶板、纸面石膏饰面装饰板等。它是一种新型的室内装饰材料，适用于中高档装饰，具有轻质、防火、防潮、易加工、安装简单等特点。特别是新型树脂仿型饰面防水石膏板，板面覆以树脂，饰面配以仿型花纹，其色调图案逼真，新颖大方，板材强度高、耐污染、易清洗，可用于装饰墙面，做护墙板及踢脚板等，是代替天然石材和水磨石的理想材料。

（3）石膏砌块　以建筑石膏为主要原材料，经加水搅拌、浇筑成型和干燥制成的轻质建筑石膏制品。生产中允许加入纤维增强材料或轻集料，也可加入发泡剂。它具有隔声防火、施工便捷等多项优点，是一种低碳环保、健康和符合时代发展要求的新型墙体材料。

3. 制作建筑雕塑和模型

建筑石膏可以制作建筑雕塑和模型，而且建筑石膏配以纤维增强材料、黏结剂等，还可以制作各种石膏角线、线板、角花、雕塑艺术装饰制品等。

>>> 相关链接 【案例 2-2 分析】

厨房、厕所、浴室等处一般较潮湿，普通石膏制品具有强的吸湿性和吸水性，在潮湿的环境中，晶体间的黏结力削弱，强度下降、变形，且还会发霉。

思考与练习 2.2

2.2-1 请描述建筑石膏的凝结硬化过程。

2.2-2 建筑石膏的特性有哪些？土木工程对建筑石膏的主要技术要求是什么？

2.2-3 建筑石膏的主要用途有哪些？

2.2-4 建筑石膏及其制品为什么适用于室内，而不适用于室外使用？

2.3 水玻璃

导入案例

【案例 2-3】某建筑单位购买了一批水玻璃材料，堆放了一段时间后，发现有一部分固体水玻璃难溶于水，有一部分常温水即能溶解，还有一部分需热水才能溶解。同时，施工单位还发现这批水玻璃黏度大时，却易于分解硬化，黏结力增强。请结合本节课所学的知识来分析产生此现象的原因。

2.3.1 水玻璃的组成及硬化

1. 水玻璃的组成

水玻璃分为钠水玻璃和钾水玻璃两类，俗称泡花碱。钠水玻璃为硅酸钠水溶液，分子式为 $Na_2O \cdot nSiO_2$。钾水玻璃为硅酸钾水溶液，分子式为 $K_2O \cdot nSiO_2$。工程中主要使用钠水玻璃，当工程技术要求较高时也可采用钾水玻璃。优质纯净的水玻璃为无色透明的黏稠液体，溶于水，当含有杂质时呈淡黄色或青灰色。

钠水玻璃分子式中的 n 称为水玻璃的模数，代表 SiO_2 和 Na_2O 的分子数比，是非常重要的参数。n 值越大，水玻璃的黏性和强度越高，但水中的溶解能力下降。当 n 大于 3.0 时，只能溶于热水中，给使用带来麻烦。n 值越小，水玻璃的黏性和强度越低，越易溶于水。故工程中常用模数 n 为 2.6 ~ 2.8，既易溶于水又有较高的强度。

我国生产的水玻璃模数一般为 2.4 ~ 3.3。水玻璃在水溶液中的含量（或称浓度）常用密度或者波美度表示。工程中常用水玻璃的密度一般为 1.36 ~ 1.50g/cm³，密度越大，水玻璃含量越高，黏度越大。

水玻璃通常采用石英粉（SiO_2）加上纯碱（Na_2CO_3），在 1300 ~ 1400℃ 的高温下煅烧生

成固体，再在高温或高温高压水中溶解，制得溶液状水玻璃产品。

2. 水玻璃的硬化

水玻璃在空气中吸收二氧化碳，析出二氧化硅凝胶，并逐渐干燥脱水成为氧化硅而硬化，其表达式为

$$Na_2O \cdot nSiO_2 + CO_2 + mH_2O = nSiO_2 \cdot mH_2O + Na_2CO_3$$

由于空气中二氧化碳的浓度较低，为加速水玻璃的硬化，常加入氟硅酸钠（Na_2SiF_6）作为促硬剂，加速二氧化硅凝胶的析出。

$$2(Na_2O \cdot nSiO_2) + mH_2O + Na_2SiF_6 = (2n+1)SiO_2 \cdot mH_2O + 6NaF$$

氟硅酸钠的适宜用量为水玻璃重的12%～15%。

2.3.2 水玻璃的性质及应用

1. 水玻璃的性质

（1）黏结力强、强度较高　水玻璃在硬化后，其主要成分为二氧化硅凝胶和氧化硅，因而具有较高的黏结力和强度。用水玻璃配制的混凝土的抗压强度可达15～40MPa。

（2）耐酸性好　由于水玻璃硬化后的主要成分为二氧化硅，它可以抵抗除氢氟酸、氟硅酸以外的几乎所有的无机酸和有机酸，因此可用于配制水玻璃耐酸混凝土、耐酸砂浆、耐酸胶泥等。

（3）耐热性好　硬化后形成的二氧化硅网状骨架，在高温下强度下降不大，可用于配制水玻璃耐热混凝土、耐热砂浆、耐热胶泥。

（4）耐碱性和耐水性差　在硬化后，仍然有一定量的水玻璃 $Na_2O \cdot nSiO_2$。由于 SiO_2 和 $Na_2O \cdot nSiO_2$ 均可溶于碱，因此碱或碱金属的氢氧化物，几乎都可与水玻璃发生反应，生成相应的水化硅酸盐晶体。另外，$Na_2O \cdot nSiO_2$ 可溶于水，所以水玻璃硬化后不耐碱、不耐水。因此，为提高耐水性，常采用中等浓度的酸对已硬化的水玻璃进行酸洗处理。

2. 水玻璃的应用

（1）涂刷材料表面，提高抗风化能力　以密度为1.35g/cm^{3}的水玻璃浸渍或涂刷黏土砖、水泥混凝土、硅酸盐混凝土、石材等多孔材料，可提高材料的密实度、强度、抗渗性、抗冻性及耐水性等，反应式为

$$Na_2O \cdot nSiO_2 + Ca(OH)_2 = Na_2O \cdot (n-1)SiO_2 + CaO \cdot SiO_2 + H_2O$$

（2）加固土壤　将水玻璃和氯化钙溶液交替压注到土壤中，生成的硅酸凝胶和硅酸钙凝胶可使土壤固结，从而避免了由于地下水渗透引起的土壤下沉，反应式为

$$CaCl_2 + Na_2O \cdot nSiO_2 + mH_2O = 2NaCl + nSiO_2 \cdot (m-1)H_2O + Ca(OH)_2$$

（3）配制速凝防水剂　水玻璃加两种、三种或四种矾，即可配制成所谓的二矾、三矾、四矾速凝防水剂。

（4）修补砖墙裂缝　将水玻璃、粒化高炉矿渣粉、砂及氟硅酸钠按适当比例拌和后，直接压入砖墙裂缝，可起到黏结和补强作用。

（5）配制耐酸胶凝、耐酸砂浆和耐酸混凝土　耐酸胶凝是用水玻璃和耐酸粉料（常用石英粉）配制而成。与耐酸砂浆和混凝土一样，主要用于有耐酸要求的工程，如硫酸池等。

（6）配制耐热胶凝、耐热砂浆和耐热混凝土　水玻璃胶凝主要用于耐火材料的砌筑和修补。水玻璃耐热砂浆和混凝土主要用于高炉基础和其他有耐热要求的结构部位。

>>> **相关链接**【案例 2-3 分析】

水玻璃是由碱金属氧化物和二氧化硅结合而成的可溶性碱金属硅酸盐材料，又称泡花碱。水玻璃可根据碱金属的种类分为钠水玻璃和钾水玻璃，其分子式分别为 $Na_2O \cdot nSiO_2$ 和 $K_2O \cdot nSiO_2$ 式中的系数 n 称为水玻璃模数，是水玻璃中的氧化硅和碱金属氧化物的分子比（或摩尔比）。水玻璃模数是水玻璃的重要参数，一般为 1.5～3.5。一般而言，水玻璃的模数 n 越大时，水玻璃的黏度越大，硬化速度越快，干缩越大，硬化后的黏结强度、抗压强度等越高，耐水性、抗渗性及耐酸性越好。其主要原因是硬化时析出的硅酸凝胶 $nSiO_2 \cdot mH_2O$ 较多。水玻璃模数越大，固体水玻璃越难溶于水，n 为 1 时常温水即能溶解，n 加大时需热水才能溶解，n 大于 3 时需 4 个大气压以上的蒸汽才能溶解。同一模数的水玻璃，密度越大，则其有效成分 $Na_2O \cdot nSiO_2$ 的含量越多，硬化时析出的硅酸凝胶也多，易于分解硬化，黏结力越强。然而如果水玻璃的模数或密度太大，往往由于黏度过大而影响到施工质量和硬化后水玻璃的性质，故不宜过大。

思考与练习 2.3

2.3-1 水玻璃的化学组成是什么？

2.3-2 何为水玻璃模数？

2.3-3 水玻璃的模数、密度（浓度）对水玻璃的性能有什么影响？

2.3-4 水玻璃的性质是怎么样的？有何用途？

2.3-5 水玻璃与建筑石膏的凝结硬化条件有什么不同？

本章回顾

- 胶凝材料是指能将散粒材料（如砂石）、块状材料或纤维材料胶结成为具有一定强度的整体的材料，并经物理、化学作用后可由塑性浆体逐渐硬化而成为人造石材的材料。
- 无机胶凝材料按硬化条件分为气硬性胶凝材料和水硬性胶凝材料。本章重点介绍了石灰、石膏、水玻璃三种气硬性胶凝材料的性质、技术要求及应用情况等。
- 要求掌握这几种胶凝材料的制备方法、硬化机理、化学及物理性质和各自的适用条件，还应该了解它们在配制、贮运和使用中应注意的问题。

知识应用

请同学们到就近的一些石灰、石膏生产厂家调查，通过调查石灰、石膏的生产工艺及流程，让学生体验所学知识、确定其技术特性及此种材料的使用范围，运用这些知识写一份调查报告。

【延伸阅读】

石膏板在 CCTV 井道隔墙设计中的应用

从生命安全的角度看，井道隔墙是建筑物最重要的隔墙，一旦发生火灾，就可以阻挡与割断火势的延伸，因此其防火性能必须达到防火要求。墙体隔声的好坏直接影响到人的生活质量，因此井道隔墙应具有良好的隔声性能。电梯井道是一个封闭的空间，而且内侧板被石膏板和装饰层覆盖不易更换和修理，如受潮产生发霉会导致强度降低，不断受到风压作用也会对井道的使用产生非常大的隐患。所以应考虑井道内侧板的防潮问题与安装问题。中央电视台（CCTV）井道隔墙构造为在井道外侧采用自攻螺钉安装石膏板，内侧直接插入一层 25mm 厚高级耐水耐火石膏板，解决并满足了防火、防潮、隔声和安装不便的问题。石膏、石灰和水玻璃同属无机材料，它们的结构和性质稳定，使用中或遭受破坏时不会释放出有害气体，因此是理想的绿色建筑材料之一。特别是石膏，它多种良好的性能使它在新型墙体材料和吊顶材料中的使用越来越广泛。

第3章　水　泥

本章导入

水泥是重要的建筑材料，广泛应用于工业、农业、国防、水利、交通、城市建设、海洋工程等的基本建设中，用来生产各种混凝土、钢筋混凝土及其他水泥产品。不同强度、不同种类的水泥其用途也各有不同，只有充分地了解水泥的组成及其各种性质，才能更好地在实际工程中应用。本章将主要介绍水泥的种类、技术指标及应用。

水泥是应用极广的建筑材料，呈粉末状，与水混合进行水化后，能由可塑性浆体变成坚硬的水泥石，并能将散粒状材料胶结成为整体。但与气硬性胶凝材料不同的是，水泥不仅能在空气中硬化，而且能更好地在水中硬化，保持并继续发展其强度。因此，称水泥为水硬性胶凝材料。

我国于 1876 年在河北唐山建立了第一家水泥厂——启新洋灰公司，正式生产水泥，年产水泥 4 万吨。1949 年生产水泥 66 万吨，水泥品种只有一个。2003 年我国水泥品种数十个，年产量已经突破 8 亿吨，位居世界首位。

随着基本建设发展的需要，水泥品种越来越多，按用途及性能分为三大类。

（1）通用水泥　用于一般工程，主要指硅酸盐水泥、普遍硅酸盐水泥、矿渣硅酸盐水泥、火山灰质硅酸盐水泥、粉煤灰硅酸盐水泥和复合硅酸盐水泥。

（2）专用水泥　用于某种专用工程，如油井水泥、型砂水泥等。

（3）特种水泥　用于对混凝土某些性能有特殊要求的工程，如快硬水泥、水工水泥、抗硫酸盐水泥、膨胀水泥、自应力水泥等。

按矿物组成，水泥可分为硅酸盐类水泥（以硅酸盐为其基本组分）、铝酸盐类水泥（以铝酸盐为其基本组分）及硫铝酸盐类水泥（以硫铝酸盐为其基本组分）等。

建筑工程中使用最多的水泥为硅酸盐类水泥，硅酸盐水泥是通用水泥中的一个基本品种，本章主要研究硅酸盐水泥的性质及应用。

3.1　通用硅酸盐水泥

导入案例

【案例 3-1】 实际施工中发现水泥放置一段时间，其表层变硬结块了，用手轻捏，可以将其捏碎，其性能是否发生变化？还能不能将这批水泥应用到工程中？以上现象在实际施工中可能会时常出现，要弄清问题的原因，找到解决的方法，必须掌握水泥的基本性质。

3.1.1 通用硅酸盐水泥的生产及凝结硬化

1. 通用硅酸盐水泥的原料及生产

生产硅酸盐水泥的原料主要是石灰质原料和黏土质原料。石灰质原料，如石灰石等，主要提供氧化钙；黏土质原料（又称硅质原料），如黏土、黄土、页岩、泥岩等，主要提供氧化硅、氧化铝与氧化铁。有时为调整化学成分还需加入少量辅助原料（又称校正原料），如用铁矿粉等铁质原料补充氧化铁的含量，以砂岩等硅质原料增加氧化硅的成分等。此外，为了改善煅烧条件，提高熟料质量，还常加入少量矿化剂，如氟石、石膏等。

硅酸盐水泥生产的简要过程如图 3-1 所示。

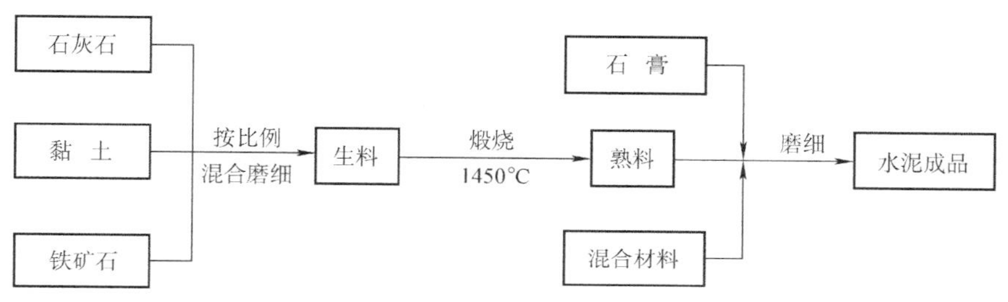

图 3-1 硅酸盐水泥生产示意图

硅酸盐水泥的生产过程分为制备生料、煅烧生料、粉磨熟料等三个阶段。首先将几种原料按适当比例混合后在磨机中磨细，制成生料。然后将生料加入回转窑煅烧，煅烧后获得的黑色球状物即为熟料。熟料与少量石膏，或者再加入少量混合材料（石灰石或粒化高炉矿渣）共同磨细即成水泥。概括地讲，水泥生产主要工艺就是"两磨"（磨细生料，磨细熟料）"一烧"（生料煅烧成熟料）。

硅酸盐水泥熟料主要由四种矿物组成，其名称、分子式和含量范围如下：

（1）硅酸三钙（$3CaO \cdot SiO_2$，简写为 C_3S） 含量 37%～60%。

（2）硅酸二钙（$2CaO \cdot SiO_2$，简写为 C_2S） 含量 15%～37%。

（3）铝酸三钙（$3CaO \cdot Al_2O_3$，简写为 C_3A） 含量 7%～15%。

（4）铁铝酸四钙（$4CaO \cdot Al_2O_3 \cdot Fe_2O_3$，简写为 C_4AF） 含量 10%～18%。

前两种称硅酸盐矿物，一般占总量的 75%～82%。后两种矿物称熔剂矿物，一般占总量的 18%～25%。硅酸盐水泥熟料除上述主要成分外，尚含有少量的游离氧化钙、游离氧化镁和含碱矿物，但总量不超过 10%。其含量过高将造成水泥安定性不良，危害很大，不能应用到工程当中。含碱量高的水泥，当其遇到活性集料时，易发生碱-集料膨胀反应，导致水泥石开裂。各种矿物单独与水作用时所表现的特性见表 3-1。

表 3-1 各种熟料矿物单独与水作用时所表现出的特性

名 称	C_3S	C_2S	C_3A	C_4AF
凝结硬化速度	快	慢	最快	中
水化放热量	大	小	最大	中
强度	高	早期低、后期高	低	低

表3-1中所列各种矿物的强度是指最终强度，其中的水化热是指单位质量矿物水化放出的热量。硅酸三钙在最初4周内强度发展迅速，硅酸盐水泥4周内的强度，实际上就是由它决定的。硅酸二钙大约从第4周起才发挥其强度作用，约半年左右才能达到硅酸三钙4周时的强度。铝酸三钙强度发展很快，但强度低，它对硅酸盐水泥1~3d的强度起一定作用。铁铝酸四钙的强度发展也较快，但强度较低，对硅酸盐水泥的强度贡献小。

水泥熟料是由几种不同特性的矿物混合组成的。因此，改变各熟料矿物的含量，水泥性质即发生相应的变化。例如，要使水泥具有硬化快、强度高的性能，就必须适当提高熟料中C_3S和C_3A的含量；要使水泥具有较低的水化热，就应降低C_3A和C_3S的含量。

2. 硅酸盐水泥的凝结硬化

水泥加水拌和后，最初是具有可塑性的浆体，经过一定时间，水泥浆逐渐变稠失去可塑性，这一过程称为凝结。随着时间的增长产生强度，强度逐渐提高，形成坚硬的水泥石，这一过程称为硬化。水泥的凝结硬化是一个连续的、复杂的物理化学过程，此过程决定了水泥石具有一系列性能。

水泥颗粒与水接触后，水泥颗粒表面的各种矿物立即与水发生水化作用，生成新的水化物，并放出一定的热量。

如果忽略一些次要的和少量的成分，则硅酸盐水泥与水作用后，生成的主要产物有：水化硅酸钙和水化铁酸钙凝胶，氢氧化钙、水化铝酸钙和水化硫铝酸钙晶体。水泥完全水化后，水化硅酸钙约占50%，氢氧化钙约占25%，水化硫铝酸钙约占7%。

硅酸盐水泥的凝结硬化过程，按水化反应速度和水泥浆体结构的变化特征，可分为以下四个阶段。

（1）初始反应期　水泥加水拌和成水泥浆的同时，水泥颗粒表面上的熟料矿物立即溶于水，并与水发生水化反应，或者固态的熟料矿物直接与水发生水化反应。这时伴有放热反应，此即初始反应期。时间很短，仅5~10min。这时由于水化物生成的速度很快，来不及扩散，便附着在水泥颗粒表面，形成膜层。膜层是以水化硅酸钙凝胶为主体，其中分布着氢氧化钙等晶体，所以通常称之为凝胶体膜层。凝胶体膜层的形成，妨碍水泥的水化。

（2）潜伏期　初始反应以后，由于凝胶体膜层的形成，水化反应和放热速度缓慢。在一段时间（约30min至1h）内，水泥颗粒仍是分散的，水泥浆的流动性基本保持不变。

（3）凝结期　经过1~6h，放热速度加快，并达到最大值，说明水泥继续加速水化。原因是凝胶体膜层虽然妨碍水分渗入，使水化速度减慢，但它是半透膜，水分向膜层内渗透的速度，大于膜层内水化物向外扩散的速度，因而产生渗透压，导致膜层破裂，使水泥颗粒得以继续水化。

由于水化物的增多和凝胶体膜层的增厚，被膜层包裹的水泥颗粒逐渐接近，以致在接触点互相黏结，形成网状结构，水泥浆体变稠，失去可塑性，这就是凝结过程。

（4）硬化期　由于水泥颗粒之间的空隙逐渐缩小为毛细孔，水化生成物进一步填充毛细孔，毛细孔越来越少，使水泥浆体结构更加紧密，逐渐产生强度。在适宜的温度和湿度条件下，水泥强度可继续增长（6h至若干年），此即硬化阶段。

水泥浆体硬化后的石状物称为水泥石。水泥石是水泥水化产物、未水化的水泥颗粒内核和毛细孔等组成的非均质体。

3. 影响硅酸盐水泥凝结硬化的主要因素

（1）熟料矿物组成　硅酸盐水泥的熟料矿物组成，是影响水泥的水化速度、凝结硬化过程以及产生强度等的主要因素。硅酸盐水泥的四种熟料矿物中，C_3A 的水化和凝结硬化速度最快，因此它是影响水泥凝结时间的决定性因素。

（2）水泥细度　细度是指水泥颗粒的粗细程度。水泥颗粒的粗细直接影响水泥的水化、凝结硬化、强度、干缩及水化热等，这是因为水泥加水后，开始仅在水泥颗粒的表面进行水化，而后逐步向颗粒内部发展，而且是一个较长时间的过程。显然，水泥颗粒越细，水化作用的发展就越迅速而充分，使凝结硬化的速度加快，早期强度也就越高。一般认为，水泥颗粒小于4μm 时就具有较高的活性，大于100μm 活性较小。通常，水泥颗粒的粒径在7～200μm（0.007～0.2mm）范围内。

（3）石膏掺量　水泥中掺入石膏，是为了延缓初凝时间。否则，水泥凝结异常迅速，称之为瞬凝，原因是水泥熟料中的铝酸三钙水化极快，水化热极大所致。在有石膏存在时，C_3A 水化后易与石膏反应而生成难溶于水的钙矾石，它立刻沉淀在水泥熟料颗粒的周围，阻碍了与水的接触，延缓了水化，从而起到延缓水泥凝结的作用。但石膏掺量不能过多，因过多时不仅缓凝作用不大，还会对水泥引起安定性不良。合理的石膏掺量主要取决于水泥中 C_3A 的含量和石膏的品种及质量，同时也与水泥细度和熟料中的 SO_3 含量有关。一般生产水泥时石膏掺量占水泥质量的3%～5%，具体掺量应通过试验确定。

（4）拌和加水量（水胶比）　水与水泥的质量比，称为水胶比。拌和水泥浆体时，为使浆体具有一定塑性和流动性，所加入的水量通常要大大超过水泥充分水化时所需的水量。水胶比越大，水泥浆越稀，凝结硬化和强度发展越慢，且硬化后的水泥石中毛细孔含量越多。当水胶比为0.40时，完全水化后水泥石的总孔隙率为29.6%；而水胶比为0.70时，水泥石的孔隙率高达50.3%。水泥石的强度随其毛细孔孔隙率的增加呈线性关系下降。因此，在保证成型质量的前提下，应降低水胶比，以提高水泥石的硬化速度和强度。

（5）调凝外加剂　由于实际上硅酸盐水泥的水化、凝结硬化在很大程度上受到 C_3S、C_3A 的制约，因此凡对 C_3S 和 C_3A 的水化能产生影响的外加剂，都能改变硅酸盐水泥的水化、凝结硬化性能。例如加入促凝剂（$CaCl_2$、Na_2SO_4 等）就能促进水泥水化、硬化，提高早期强度。相反，掺加缓凝剂（木钙、糖类等）就会延缓水泥的水化硬化，影响水泥早期强度的发展。

（6）养护湿度和温度　水是参与水泥水化反应的物质，是水泥水化、硬化的必要条件。环境湿度大，水分蒸发慢，水泥浆体可保持水泥水化所需的水分。如环境干燥，水分将很快蒸发，水泥浆体中缺乏水泥水化所需的水分，使水化不能正常进行，强度也不再增长，还可能使水泥石或水泥制品表面产生干缩裂纹。因此，用水泥拌制的砂浆和混凝土，在浇筑后应注意保持潮湿状态，以利获得和增加强度。

通常提高温度可加速硅酸盐水泥的早期水化，使早期强度能较快发展，但对后期强度反而可能有所降低。相反，在较低温度下硬化时，虽然硬化速率慢，但水化产物较致密，所以可获得较高的最终强度。不过在0℃以下，当水结成冰时，水泥的水化、凝结硬化作用将停止。

（7）养护龄期　水泥的水化硬化是一个较长时期不断进行的过程，随着水泥颗粒内各熟料矿物水化程度的提高，凝胶体不断增加，毛细孔隙相应减小，从而随着龄期的增长使水泥石的强度逐渐提高。由于熟料矿物中对强度起决定性作用的 C_3S 在早期的强度发展快，所以水泥在 3 ~ 14d 内强度增长较快，28d 后增长缓慢。

（8）水泥受潮与久存　水泥受潮后，因表面已水化而结块，从而丧失胶凝能力，严重降低其强度。而且，即使在良好的贮存条件下，水泥也不可贮存过久，因为水泥会吸收空气中的水分和二氧化碳，产生缓慢水化和炭化作用，经三个月后水泥强度降低 10% ~20%，六个月后降低 15% ~30%，一年后降低 25% ~40%。

由于水泥水化从颗粒表面开始，水化过程中水泥颗粒被水化产物所包裹，随着包裹层厚的增加，反应速率减缓。据研究测试，当包裹层厚达 25μm 时，水化将终止。因此，受潮水泥颗粒只在表面水化，若将其重磨，可使其暴露出新表面而恢复部分活性。至于轻微结块（能用手捏碎）的水泥，强度降低 10% ~20%，这种水泥可以适当方式压碎后用于次要工程。

想一想

生产水泥时为什么必须掺入适量石膏？石膏掺多、掺少或不掺对水泥有什么影响？

3.1.2　通用硅酸盐水泥的品种与技术要求

通用硅酸盐水泥是以硅酸盐水泥熟料、适量的石膏以及规定的混合材料制成的水硬性胶凝材料。

通用硅酸盐水泥按其所掺混合材料的种类和数量不同，有硅酸盐水泥、普通硅酸盐水泥（简称普通水泥）、矿渣硅酸盐水泥（简称矿渣水泥）、火山灰硅酸盐水泥（简称火山灰水泥）、粉煤灰硅酸盐水泥（简称粉煤灰水泥）和复合硅酸盐水泥（简称复合水泥），统称为六大水泥。

1. 硅酸盐水泥

（1）硅酸盐水泥的定义、类型及代号　《通用硅酸盐水泥》（GB 175—2007）对硅酸盐水泥的定义为：凡由硅酸盐水泥熟料、0% ~5% 的石灰石或粒化高炉矿渣、适量石膏磨细制成的水硬性胶凝材料称为硅酸盐水泥。硅酸盐水泥分为两种类型，未掺加混合材料的称为Ⅰ型硅酸盐水泥（代号 P·Ⅰ）；掺加混合材料≤5% 的称为Ⅱ型硅酸盐水泥（代号P·Ⅱ）。

（2）硅酸盐水泥的技术要求　国家标准（GB 175—2007）对硅酸盐水泥提出如下技术要求。

1）细度。如前所述，细度对水泥的水化、凝结硬化以及强度发展均有很大影响。水泥颗粒越细，其比表面积（单位质量的表面积）越大，因而水化较快也较充分，水泥的早期强度和后期强度均较高。但水泥颗粒过细，易与空气中的水分及二氧化碳反应，致使水泥不宜久存，过细的水泥硬化时产生的收缩也较大，而且磨制过细的水泥耗能多，成本高。

细度是鉴定水泥品质的主要项目之一。水泥细度通常采用筛析法或比表面法（勃氏法）测定。筛析法以 80μm 方孔筛的筛余量表示。比表面法以外水泥所具有的总表面积

(m^2/kg) 表示。

《通用硅酸盐水泥》(GB 175—2007) 规定，硅酸盐水泥的细度采用比表面测定仪检验，其比表面积应不小于 $300m^2/kg$，凡水泥细度不符合规定者为不合格品。

2) 凝结时间。水泥的凝结时间分初凝和终凝。自水泥加水拌和算起到水泥浆开始失去可塑性所需的时间称为初凝时间；自水泥加水拌和算起到水泥浆完全失去可塑性、开始有一定结构强度所需的时间称为终凝时间。

水泥的凝结时间在施工中具有重要作用。初凝时间不宜过快，以便有足够的时间在初凝之前对混凝土进行搅拌、运输和浇注。当浇注完毕，则要求混凝土尽快凝结硬化，产生强度，以利于下道工序的进行。为此，终凝时间又不宜过迟。

水泥凝结时间的测定，是以标准稠度的水泥浆，在规定温度和湿度条件下，用凝结时间测定仪测定。所谓标准稠度用水量是指水泥净浆达到规定稠度时所需的拌和水量，以占水泥质量的百分率表示。硅酸盐水泥的标准稠度用水量，一般在 24% ~30%。水泥熟料矿物成分不同时，其标准稠度用水量也有所差别，磨得越细的水泥，标准稠度用水量越大。

国家标准规定，硅酸盐水泥的初凝时间不得早于 45min，终凝时间不得迟于 390min。凡初凝时间和终凝时间不符合规定者为不合格品。

3) 体积安定性。水泥体积安定性是指水泥浆在凝结硬化过程中，体积变化的均匀性。如水泥硬化后产生不均匀的体积变化，即为体积安定性不良。使用体积安定性不良的水泥，会使水泥制品、混凝土构件产生膨胀性裂缝，降低建筑物质量，甚至引起严重的工程事故。因此，水泥的体积安定性检验必须合格，体积安定性不合格的水泥作废品处理。

水泥安定性不良的原因是由于其熟料矿物组成中含有过多的游离氧化钙或游离氧化镁，以及水泥粉磨时所掺石膏超量等所致。熟料中所含的游离氧化钙或游离氧化镁都是在高温下生成的，属过烧氧化物，水化很慢，它要在水泥凝结硬化后才慢慢开始水化，公式为

$$CaO + H_2O \longrightarrow Ca(OH)_2$$

$$MgO + H_2O \longrightarrow Mg(OH)_2$$

水化时产生体积膨胀，从而引起不均匀的体积变化，破坏已经硬化的水泥石结构，引起龟裂、弯曲、崩溃等现象。

当水泥中石膏掺量过多时，在水泥硬化后，硫酸根离子还会继续与固态的水化铝酸钙反应生成高硫型水化硫铝酸钙，体积膨胀，引起水泥石开裂。

《通用硅酸盐水泥》(GB 175—2007) 规定，由游离氧化钙引起的水泥安定性不良可采用煮沸法（试饼法和雷氏法）检验。试饼法是将标准稠度的水泥净浆做成试饼经恒沸 3h 后，观察其外形变化，目测试饼未出现裂缝，用直尺检查没有弯曲现象，即认为体积安定性合格，反之为不合格。雷氏法是测定水泥浆在雷氏夹中硬化沸煮后的膨胀值，当两个试件沸煮后的膨胀值的平均值不大于规定值 5.0mm 时，即判为该水泥安定性合格，反之为不合格。当试饼法与雷氏法所得的结论有争议时，以雷氏法为准。

游离氧化镁的水化比游离氧化钙更缓慢，由游离氧化镁引起的安定性不良，必须采用压蒸法才能检验出来。由石膏造成的体积安定性不良，则需长期浸泡在常温水中才能发现。

由于游离氧化镁和石膏引起的体积安定性不良不易快速检验，故常在水泥生产中严格加以控制。《通用硅酸盐水泥》(GB 175—2007) 规定，水泥中游离氧化镁含量不得超过 5.0%，三氧化硫含量不得超过 3.5%。

体积安定性不合格的水泥属于不合格品，不得使用。但某些体积安定性不合格的水泥在放置一段时间后，由于水泥中的游离氧化钙吸收空气中的水蒸气而水化，变得合格。

4）硅酸盐水泥强度与强度等级。水泥的强度是评定其质量的重要指标。国家标准《水泥胶砂强度检验方法（ISO法）》（GB/T 17671—1999）规定，水泥的强度是由水泥胶砂试件测定的。将水泥、标准砂按质量比以1:3混合，用0.5的水胶比按规定的方法，拌制成塑性水泥胶砂，并按规定方法成型为40mm×40mm×160mm的试件，在标准养护条件［(20±1)℃的水中］下，养护至3d和28d，测定各龄期的抗折强度和抗压强度。据此将硅酸盐水泥分为42.5、42.5R、52.5、52.5R、62.5、62.5R六个强度等级。各强度等级硅酸盐水泥各龄期的强度值不得低于表3-2中的数值。如强度低于强度等级的指标时为不合格品。

表3-2 各强度等级硅酸盐水泥各龄期的强度值（GB 175—2007）

强度等级	抗压强度/MPa		抗折强度/MPa	
	3d	28d	3d	28d
42.5	≥17.0	≥42.5	≥3.5	≥6.5
42.5R	≥22.0	≥42.5	≥4.0	≥6.5
52.5	≥23.0	≥52.5	≥4.0	≥7.0
52.5R	≥27.0	≥52.5	≥5.0	≥7.0
62.5	≥28.0	≥62.5	≥5.0	≥8.0
62.5R	≥32.0	≥62.5	≥5.5	≥8.0

5）碱含量。水泥中碱含量按 $Na_2O+0.658K_2O$ 计算值来表示。若使用活性集料，用户要求提供低碱水泥时，水泥中碱含量不得大于0.6%，或由供需双方商定。

6）真密度与堆积密度。在进行混凝土配合比计算和贮运水泥时需要知道水泥的真密度和堆积密度。硅酸盐水泥的真密度一般为3.1～3.2g/cm³。水泥在松散状态时的堆积密度一般为900～1300kg/m³，紧密堆积状态为1400～1700kg/m³。

>>> 相关链接 【案例3-1分析】

水泥放置时间长了，容易吸收空气中多水分，使水泥表层凝结硬化，轻微的硬化可以用手捏碎，如果应用到工程当中，则水泥的使用强度降低了。

2. 普通硅酸盐水泥

（1）普通硅酸盐水泥的定义、代号　凡由硅酸盐水泥熟料、混合材料、适量石膏磨细制成的水硬性胶凝材料，称为普通硅酸盐水泥，简称普通水泥，代号P·O。掺活性混合材料时，其掺量>5%且≤20%，其中允许用不超过水泥质量5%的窑灰或不超过水泥质量8%的非活性混合材料来代替。掺非活性混合材料时，最大掺量不得超过水泥质量的10%。

（2）普通硅酸盐水泥的技术要求　《通用硅酸盐水泥》（GB 175—2007）对普通硅酸盐水泥的技术要求有以下几方面：

1）细度。80μm 方孔筛筛余不超过 10%。

2）凝结时间。初凝不得早于 45min，终凝不得迟于 600min。

3）体积安定性。普通硅酸盐水泥的体积安定性及氧化镁、三氧化硫含量等其他技术要求与硅酸盐水泥相同。

4）强度等级。根据 3d 和 28d 龄期的抗折和抗压强度，将普通硅酸盐水泥划分为 42.5、42.5R、52.5、52.5R 四个强度等级。各强度等级水泥各龄期的强度不得低于表 3-3 中的数值。

表 3-3 普通硅酸盐水泥各强度等级各龄期的强度值（GB 175—2007）

强度等级	抗压强度/MPa		抗折强度/MPa	
	3d	28d	3d	28d
42.5	≥17.0	≥42.5	≥3.5	6.5
42.5R	≥22.0	≥42.5	≥4.0	
52.5	≥23.0	≥52.5	≥4.0	7.0
52.5R	≥27.0	≥52.5	≥5.0	

3. 矿渣硅酸盐水泥、火山灰质硅酸盐水泥及粉煤灰硅酸盐水泥

（1）组成、定义及代号　凡由硅酸盐水泥熟料和粒化高炉矿渣、适量石膏磨细制成的水硬性胶凝材料称为矿渣硅酸盐水泥（简称矿渣水泥，代号 P·S）。水泥中粒化高炉矿渣的掺入量按质量百分比计为 >20% 且≤70%。允许用石灰石、窑灰、粉煤灰和火山灰质混合材料代替粒化高炉矿渣，代替数量不得超过水泥质量的 8%。替代后水泥中的粒化高炉矿渣不得少于 20%。

凡由硅酸盐水泥熟料和火山灰质材料、适量石膏磨细制成的水硬性胶凝材料称为火山灰质硅酸盐水泥（简称火山灰水泥，代号 P·P）。水泥中火山灰质混合材料掺量按质量百分比计为 20% ~50%。

凡由硅酸盐水泥熟料和粉煤灰、适量石膏磨细制成的水硬性胶凝材料称为粉煤灰硅酸盐水泥（简称粉煤灰水泥，代号 P·F）。水泥中粉煤灰掺量按质量百分比计为 20% ~40%。

（2）矿渣水泥、火山灰水泥及粉煤灰水泥的技术要求

1）强度等级。这三种水泥按 3d、28d 抗压及抗折强度分为 32.5、32.5R、42.5、42.5R、52.5、52.5R 六个强度等级。各强度等级各龄期的强度值不得低于表 3-4 中的数值（GB 175—2007）。

表 3-4 矿渣水泥、火山灰水泥、粉煤灰水泥各强度等级各龄期的强度值（GB 175—2007）

强度等级	抗压强度/MPa		抗折强度/MPa	
	3d	28d	3d	28d
32.5	≥10.0	≥32.5	≥2.5	≥5.5
32.5R	≥15.0	≥32.5	≥3.5	≥5.5
42.5	≥15.0	≥42.5	≥3.5	≥6.5
42.5R	≥19.0	≥42.5	≥4.0	≥6.5
52.5	≥21.0	≥52.5	≥4.0	≥7.0
52.5R	≥23.0	≥52.5	≥4.5	≥7.0

2）氧化镁。熟料中的氧化镁含量不得超过5%，如水泥经压蒸后体积安定性试验合格，则熟料中氧化镁的含量可放宽到6%。

3）三氧化硫。矿渣水泥中的三氧化硫不得超过4.0%，火山灰水泥和粉煤灰水泥中的三氧化硫不得超过3.5%。

矿渣水泥、火山灰水泥和粉煤灰水泥的其他技术要求与普通硅酸盐水泥相同。

4. 复合硅酸盐水泥

（1）复合硅酸盐水泥定义及代号　凡由硅酸盐水泥熟料、两种或两种以上规定的混合材料和适量石膏磨细而成的水硬性胶凝材料，称为复合硅酸盐水泥（简称复合水泥，代号P·C）。其中混合材料掺量为>20%且≤50%，允许用不超过8%的窑灰代替部分混合材料，掺矿渣时混合材料掺量不得与矿渣水泥重复。

当使用新开辟的混合材料时，为保证水泥的质量（品质），对这类混合材料作了新的规定，即水泥胶砂28d抗压强度比大于等于75%者为活性混合材料，小于75%者为非活性混合材料。同时还规定，启用新开辟的混合材料生产复合水泥时，必须经国家级水泥质量监督和检验机构充分试验和鉴定。

（2）复合硅酸盐水泥技术要求　复合水泥分32.5、32.5R、42.5、42.5R、52.5、52.5R六个强度等级，各强度等级复合水泥各龄期的强度值不得低于表3-5中的数值。其余技术要求与火山灰水泥相同。

表3-5　复合水泥各强度等级各龄期的强度值（GB 175—2007）

强度等级	抗压强度/MPa		抗折强度/MPa	
	3d	28d	3d	28d
32.5	≥10.0	≥32.5	≥2.5	≥5.5
32.5R	≥15.0		≥3.5	
42.5	≥15.0	≥42.5	≥3.5	≥6.5
42.5R	≥19.0		≥4.0	
52.5	≥21.0	≥52.5	≥4.0	≥7.0
52.5R	≥23.0		≥4.5	

想一想

施工工地进行混凝土浇筑后，为什么要进行保湿养护？冬天进行混凝土施工时为什么一定要采取防冻措施？在此基础上，请说出硅酸盐水泥、普通硅酸盐水泥、矿渣硅酸盐水泥、火山灰质硅酸盐水泥、粉煤灰硅酸盐水泥、复合硅酸盐水泥之间的区别是什么？

3.1.3　通用水泥的选用

1. 硅酸盐水泥的性质与应用

（1）强度等级高，强度发展快　硅酸盐水泥因其C_3S含量高，强度等级较高，适用于

地上、地下和水中重要结构的高强度混凝土和预应力混凝土工程。这种水泥凝结硬化较快，还适用于要求早期强度高和冬期施工的混凝土工程。

(2) 水化热高　硅酸盐水泥中含有大量的硅酸三钙和较多的铝酸三钙，其水化放热速度快，放热量高。对大型基础、水坝、桥墩等大体积混凝土，由于水化热聚集在内部不易散发，而形成温度应力，可导致混凝土产生裂纹。所以，硅酸盐水泥不得用于大体积混凝土。

(3) 耐腐蚀性差　硅酸盐水泥石中含有较多的易受腐蚀的氢氧化钙和水化铝酸钙，不宜用于受流动的和有压力的软水作用的混凝土工程，也不宜用于受海水及其他腐蚀性介质作用的混凝土工程。

(4) 抗冻性好　水泥石抗冻性主要决定于孔隙率和孔隙特征。硅酸盐水泥如采用较小的水胶比，并经充分养护，可获得密实的水泥石。因此，这种水泥适用于严寒地区遭受反复冻融的混凝土工程。

(5) 抗炭化性好　水泥石中的氢氧化钙与空气中二氧化碳作用称为炭化。炭化使水泥石的碱度（即 pH 值）降低，引起水泥石收缩和钢筋锈蚀。硅酸盐水泥石中含较多氢氧化钙，炭化时碱度不易降低。这种水泥制成的混凝土抗炭化性好，适合用于空气中二氧化碳浓度较高的环境，如翻砂、铸造车间。

(6) 耐热性差　水泥石受热到 300℃时，水泥水化产物开始脱水、分解，体积收缩，强度开始下降。温度达 700～1000℃时，强度降低很多，甚至完全破坏。其中，氢氧化钙高温下分解成氧化钙，若再吸湿或长期放置，氧化钙又会重新熟化，体积膨胀使水泥石再次受到破坏。可见，硅酸盐水泥是不耐热的，不得用于耐热混凝土工程。但应指出，硅酸盐水泥石在受热温度不高（100～250℃）时，由于内部存在游离水可使水化继续进行，且凝胶脱水使得水泥石进一步密实，水泥石强度反而有所提高。当受到短时间火灾时，因混凝土的热导率相对较小，仅表面受到高温作用，内部温度仍很低，故不致发生破坏。

(7) 干缩小　硅酸盐水泥硬化时干缩小，不易产生干缩裂纹，可用于干燥环境下的混凝土工程。

(8) 耐磨性好　硅酸盐水泥的耐磨性好，且干缩小，表面不易起粉，可用于地面和道路工程。硅酸盐水泥的运输和贮存应按国家标准的规定进行。水泥贮运时应注意防潮。即使是在良好的贮存条件下，水泥也不宜久存。因水泥在存放过程中会吸收空气中的水蒸气和二氧化碳，发生水化和炭化，使水泥丧失胶结能力，强度下降。一般贮存三个月后，强度降低 10%～20%，六个月后降低 15%～30%，一年后降低 25%～40%。超过三个月的水泥须重新试验，确定其强度等级。

2. 普通硅酸盐水泥的性质和应用

普通硅酸盐水泥中掺入少量混合材料的主要作用是扩大强度等级范围，以利于合理选用。由于混合材料掺量较少，其矿物组成的比例仍在硅酸盐水泥的范围内，所以其性能、应用范围与同强度等级的硅酸盐水泥相近。只是与硅酸盐水泥比较，其早期硬化速度稍慢，强度略低；抗冻性、耐磨性及抗炭化性稍差；而耐腐蚀性稍好，水化热略有降低。

3. 矿渣水泥、火山灰水泥和粉煤灰水泥的性质和应用

这三种水泥的组成及所用混合材料的活性来源基本相同，所以这三种水泥在性质和应用上有许多相同点，在许多情况下可以替代使用。但由于混合材料的活性来源和物理性质（如致密程度、需水量大小等）存在着某些差别，故这三种水泥又各有其特性。

(1) 三种水泥的性质与应用的相同点

1) 早期强度低，后期强度增进率大。与硅酸盐水泥及普通水泥比较，其熟料含量较少，即快硬的矿物 C_3S 和 C_3A 较少，而且二次反应很慢，所以早期强度低。后期，由于二次反应不断进行和水泥熟料的水化产物不断增多，使得水泥强度的增进率加大，后期强度可赶上甚至超过同强度等级的硅酸盐水泥。

这三种水泥不宜用于早期强度要求高的混凝土，如现浇混凝土、冬期施工混凝土等。

2) 硬化时对湿热敏感性强，强度发展受温度影响较大。矿渣水泥等三种水泥强度发展受温度的影响，较硅酸盐水泥或普通水泥更为敏感。这三种水泥在低温下水化明显减慢，强度较低。采用高温养护时，加大二次反应的速度，可提高早期强度，且不影响常温下后期强度的发展。而硅酸盐水泥或普通水泥，采用高温养护也可提高早期强度，但其后期强度比一直在常温下养护的强度低。

这三种水泥不宜用于有早强要求的现浇混凝土，适用于蒸汽养护的构件。

3) 水化热少。由于熟料含量少，水化时发热量高的 C_3S、C_3A 含量相对减少，因而水化放热量少，适用于大体积混凝土工程。

4) 耐腐蚀性好，具有较强的抗溶出性侵蚀及抗硫酸盐侵蚀的能力。这三种水泥中熟料数量相对较少，水化生成的氢氧化钙数量也较少，而且还要与活性混合材料进行二次反应，使水泥石中易受腐蚀的氢氧化钙含量大为降低。同时，由于熟料数量较少，使水泥石中易受硫酸盐腐蚀的水化铝酸三钙含量也相对降低，因而它们的耐腐蚀性较好。但当采用含活性 Al_2O_3 含量较多的混合材料（如烧新土）时，水化生成较多的水化铝酸钙，因而耐硫酸盐腐蚀性较差。

适用于受溶出性侵蚀以及硫酸盐、镁盐腐蚀的水工建筑工程、海港工程及地下工程。

5) 抗冻性及耐磨性较差。因水泥石的密实性不及硅酸盐水泥和普通水泥，所以抗冻性和抗磨性较差，不宜用于严寒地区水位升降范围内的混凝土工程，也不宜用于受高速夹砂水流冲刷或其他具有耐磨要求的混凝土工程。

6) 抗炭化能力较差。由于水泥石中氢氧化钙含量少，所以抵抗炭化的能力差，表层的炭化作用进行得较快，炭化深度也较大，这对钢筋混凝土极为不利，故不适合用于二氧化碳浓度高的环境（如铸造、翻砂车间）中的混凝土工程。

(2) 矿渣水泥的性质与应用的特点

1) 泌水性和干缩性较大。由于粒化高炉矿渣系玻璃体，对水的吸附能力差，即保水性差，成型时易泌水而形成毛细通路及粗大的水隙，降低混凝土的密实性及均匀性。由于泌水性大，形成毛细通道，增加水分的蒸发，所以其干缩较大，干缩易使混凝土表面发生很多微细裂缝，从而降低混凝土的力学性能和耐久性。矿渣混凝土不宜用于要求抗渗的混凝土工程和受冻融干湿交替作用的混凝土工程。

2) 耐热性好。矿渣水泥硬化后氢氧化钙含量低，矿渣本身又是耐火掺料，当受高温（不高于200℃）作用时，强度不致显著降低。因此，矿渣水泥适用于受热的混凝土工程，若掺入耐火砖粉等材料可制成耐更高温度的混凝土。在三种水泥中矿渣水泥的活性混合材料的含量最多，耐腐蚀性最好、最稳定。

(3) 火山灰水泥的性质与应用的特点

1) 抗渗性高。水泥中含大量较细的火山灰，泌水性小，当在潮湿环境下或水中养护时，生成较多的水化硅酸钙凝胶，使水泥石结构致密，因而具有较高的抗渗性，适用于要求

抗渗的水中混凝土。

2）干缩大，易起粉。火山灰水泥在硬化过程中干缩现象较矿渣水泥更显著。若处在干燥的空气中，水泥石中的水化硅酸钙会逐渐干燥，产生干缩裂缝。在水泥石表面，由于空气中二氧化碳的作用，可使水化硅酸钙分解成碳酸钙和氧化硅的粉状混合物，使已硬化的水泥石表面产生“起粉”现象。为此，施工时应加强养护，较长时间保持潮湿，以免产生干缩裂缝和起粉。所以，火山灰水泥不宜用于干燥或干湿交替环境下的混凝土，以及有耐磨要求的混凝土。

（4）粉煤灰水泥的性质与应用的特点

1）早期强度最低。在三种水泥中，粉煤灰水泥的早期强度最低，这是因为粉煤灰呈球形颗粒，表面致密，不易水化。粉煤灰活性的发挥主要在后期，所以这种水泥早期强度的增进率比矿渣水泥和火山灰水泥低，但后期可以赶上。

2）干缩小，抗裂性高。因粉煤灰吸水能力弱，拌和时需水量较小，因而干缩小，抗裂性高。但球形颗粒保水性差，泌水较快，若养护不当易引起混凝土产生失水裂缝。

4. 复合水泥的性质与应用的特点

复合水泥由于掺入了两种以上的混合材料，改善了上述矿渣水泥等三种水泥的性质。其性质接近于普通水泥，并且水化热低，耐腐蚀性、抗渗性及抗冻性较好。

表3-6、表3-7为通用硅酸盐水泥（硅酸盐水泥、普通水泥、矿渣水泥、火山灰水泥及粉煤灰水泥、复合水泥）的组成、特性和应用一览表，集中说明了上述内容。

表3-6　通用硅酸盐水泥的成分及特性

水泥品种	主要成分	特性	
		优点	缺点
硅酸盐水泥	以硅酸盐水泥熟料为主，0～5%的石灰石或粒化高炉矿渣	1. 凝结硬化快，强度高 2. 抗冻性好，耐磨性和不透水性强	1. 水化热大 2. 耐腐蚀性能差 3. 耐热性较差
普通硅酸盐水泥	硅酸盐水泥熟料、>5%且≤20%的混合材料，或非活性混合材料10%以下	与硅酸盐水泥相比，性能基本相同仅有以下改变： 1. 早期强度增进率略有减少 2. 抗冻性、耐磨性稍有下降 3. 抗硫酸盐腐蚀能力有所增强	
矿渣硅酸盐水泥	硅酸盐水泥熟料、20%～70%的粒化高炉矿渣	1. 水化热较小 2. 抗硫酸盐腐蚀性能较好 3. 耐热性较好	1. 早期强度低，后期强度增长较快 2. 抗冻性差
火山灰硅酸盐水泥	硅酸盐水泥熟料>20%且≤40%的火山灰质混合料	抗渗性较好，耐热性不及矿渣水泥其他优点同矿渣硅酸盐水泥	缺点同矿渣水泥
粉煤灰硅酸盐水泥	硅酸盐水泥熟料、>20%且≤40%的粉煤灰	1. 干缩性较好 2. 抗裂性较好 3. 其他优点同矿渣水泥	缺点同矿渣水泥
复合硅酸盐水泥	硅酸盐水泥熟料、>20%且≤50%的两种或两种以上混合材料	3d龄期强度高于矿渣水泥，其他优点同矿渣水泥	缺点同矿渣水泥

表 3-7 通用硅酸盐水泥的应用范围

混凝土工程特点或所处环境条件		优先选用	可以使用	不宜使用
普通混凝土	1. 在普通气候环境中的混凝土	普通水泥	矿渣水泥 火山灰水泥 粉煤灰水泥 复合水泥	
	2. 在干燥环境中的混凝土	普通水泥	矿渣水泥	火山灰水泥 粉煤灰水泥
	3. 在高湿度环境中或永远处在水下的混凝土	矿渣水泥	普通水泥 粉煤灰水泥 火山灰水泥 复合水泥	
	4. 厚大体积的混凝土	粉煤灰水泥 矿渣水泥 火山灰水泥 复合水泥	普通水泥	硅酸盐水泥 快硬硅酸盐水泥
有特殊要求的混凝土	1. 要求快硬的混凝土	快硬硅酸盐水泥 硅酸盐水泥	普通水泥	矿渣水泥 火山灰水泥 粉煤灰水泥 复合水泥
	2. 高强混凝土	硅酸盐水泥	普通水泥 矿渣水泥	火山灰水泥 粉煤灰水泥
	3. 严寒地区的露天混凝土	普通水泥	矿渣水泥（强度等级大于 32.5）	火山灰水泥 粉煤灰水泥
	4. 寒冷地区处在水位升降范围内的混凝土	普通水泥（强度等级大于 42.5）		矿渣水泥 火山灰水泥 粉煤灰水泥 复合水泥
	5. 有抗渗要求的混凝土	普通水泥 火山灰水泥		矿渣水泥
	6. 又耐磨性要求的混凝土	硅酸盐水泥 普通水泥	矿渣水泥（强度等级大于 32.5）	火山灰水泥 粉煤灰水泥
	7. 受侵蚀性介质作用的混凝土	矿渣水泥 火山灰水泥 粉煤灰水泥 复合水泥		硅酸盐水泥

思考与练习 3.1

3.1-1 名词解释

1. 复合硅酸盐水泥 2. 初凝 3. 终凝 4. 体积安定性

3.1-2 填空题

硅酸盐水泥代号为________、普通硅酸盐水泥代号为________、矿渣硅酸盐水泥代号为________、火山灰硅酸盐水泥代号为________、粉煤灰硅酸盐水泥代号为________、复合硅酸盐水泥代号为________。

3.1-3 简答题

1. 影响硅酸盐水泥凝结硬化的主要因素有哪些？
2. 引起硅酸盐水泥安定性不良的原因有哪些？如何检验？水泥安定性不合格怎么办？
3. 普通硅酸盐水泥与硅酸盐水泥在组成和性质上有什么不同？

3.1-4 判断题

有一水泥，经检验其初凝时间不合格，判定此水泥为________（合格、不合格、废品）；如终凝时间不合格，判定此水泥为________（合格、不合格、废品）；如体积安定性不合格，判定此水泥为________（合格、不合格、废品）。

3.2 特种水泥

导入案例

【案例 3-2】 有一些混凝土建筑物上出现了损坏，需要我们维修。因建筑物所处的环境不同，所以采用的方法使用的材料都不相同。如混凝土桥梁、建筑物上的裂缝等，要求我们使用的水泥要有一定的特殊性，比如早期强度高，凝结速度快，耐腐蚀，自密性好等，还要有一定的耐久性。我们应当如何选用水泥呢？通过本节的学习应该了解、掌握。

3.2.1 铝酸盐水泥

1. 定义

铝酸盐水泥是以铝矾土和石灰石为原料，经高温锻烧得到的以铝酸盐为主要成分的熟料，再经磨细而成的水硬性胶凝材料。按所用原料或熟料矿物组成，可称为矾土水泥或铝酸盐水泥。这是一种快硬、早强、耐腐蚀、耐热的水泥。

2. 铝酸盐水泥的矿物组成及水化特点

铝酸盐水泥的主要矿物组成是铝酸一钙（$CaO \cdot Al_2O_3$，简写 CA）和其他铝酸盐矿物。铝酸一钙具有很高的水化活性，硬化迅速，是铝酸盐水泥强度的主要来源。

铝酸一钙的水化反应因温度不同而异：温度低于 20℃时，水化产物为水化铝酸一钙

($CaO \cdot Al_2O_3 \cdot 10H_2O$)；温度在 20～30℃时，水化产物为水化铝酸二钙（$2CaO \cdot Al_2O_3 \cdot 8H_2O$）；温度高于 30℃时，水化产物为水化铝酸三钙（$3CaO \cdot Al_2O_3 \cdot 6H_2O$）。在上述后两种水化物生成的同时有氢氧化铝（$Al_2O_3 \cdot 3H_2O$）凝胶生成。

水化铝酸一钙和水化铝酸二钙为强度高的片状或针状的结晶连生体，而氢氧化铝凝胶填充于结晶连生体骨架中，形成致密的结构。经 3～5d 后水化产物的数量就很少增加，强度趋于稳定。

水化铝酸一钙和水化铝酸二钙属亚稳定的晶体，随时间的推移将逐渐转化为稳定的铝酸三钙，其转化过程随温度增高而加剧。晶型转化结果，使水泥石的孔隙率增大，耐腐蚀性变差，强度大为降低。一般浇灌五年以上的铝酸盐水泥混凝土，其强度仅为早期的一半，甚至更低。因此，在配制混凝土时，必须充分考虑这一因素。

铝酸盐水泥强度发展很快，按 Al_2O_3 的含量百分数分为四类。

CA—50　$50\% \leqslant Al_2O_3 < 60\%$　　CA—60　$60\% \leqslant Al_2O_3 < 68\%$

CA—70　$68\% \leqslant Al_2O_3 < 77\%$　　CA—80　$77\% \leqslant Al_2O_3$

3. 铝酸盐水泥的技术要求

铝酸盐水泥常为黄色或褐色，也有呈灰色的。《铝酸盐水泥》（GB 201—2000）规定，其细度要求比表面积不小于 $300m^2/kg$，或 0.045mm 孔筛筛余不得超过 20%，其水泥胶砂强度和凝结时间见表 3-8 和表 3-9。

表 3-8　铝酸盐水泥胶砂强度

水泥类型	抗压强度/MPa				抗折强度/MPa			
	6h	1d	2d	28d	6h	1d	2d	28d
CA—50	20①	40	50	—	3.0①	5.5	6.5	
CA—60	—	20	45	85	—	2.5	5.0	10.0
CA—70	—	30	40	—	—	5.0	6.0	
CA—80	—	25	30	—	—	4.0	5.0	

① 当用户需要时，生产厂应提供结果。

表 3-9　铝酸盐水泥凝结时间

水泥类型	初凝时间不得早于/min	终凝时间不得迟于/h
CA—50、CA—70、CA—80	30	6
CA—60	60	18

4. 铝酸盐水泥的性质及应用

铝酸盐水泥与硅酸盐水泥比较有如下特点：

（1）早期强度增长快　其属于快硬型水泥，适用于紧急抢修工程和早期强度要求高的特殊工程，但必须考虑其后期强度的降低。使用铝酸盐水泥应严格控制其养护温度，一般不得超过 25℃，最宜为 15℃左右。

（2）水化热大　水化热放热量大而且集中，因此不宜用于大体积混凝土工程。

（3）抗硫酸盐腐蚀性强　由于水化时不生成氢氧化钙，且水泥石结构致密，因此具有较好的抗硫酸盐及镁盐腐蚀的作用，但是该种水泥对碱的腐蚀无抵抗能力。

(4) 耐热性高　铝酸盐水泥在高温下仍能保持较高的强度，甚至高达1300℃时尚有50%的强度，因此可作为耐热混凝土的胶结材料。

铝酸盐水泥在使用时应避免与硅酸盐类水泥混杂使用，以免降低强度和缩短凝结时间。

3.2.2　快硬型水泥

高强、早强混凝土在土木工程中的应用量日益增加，高早强水泥的品种与产量也随之增多。目前，我国快硬、高强水泥已有了很多个品种，是世界上少有的品种齐全的国家之一。

1. 快硬硅酸盐水泥

(1) 定义　凡以硅酸钙为主要成分的水泥熟料，加入适量石膏，经磨细制成的具有早期强度增进率较快的水硬性胶凝材料，称快硬硅酸盐水泥，简称快硬水泥。

快硬硅酸盐水泥的原料和生产过程与硅酸盐水泥基本相同，只是为了快硬和早强，生产时适当提高熟料中硅酸三钙和铝酸三钙的含量，硅酸三钙含量达50%～60%，铝酸三钙为8%～14%，两者总量应不少于60%～65%，同时适当增加石膏的掺量，并提高水泥的粉磨细度。通常比表面积达450m^2/kg。

(2) 性质和应用　快硬硅酸盐水泥的早期、后期强度均高，抗渗性和抗冻性好，水化热大，耐腐蚀性差，适用于早强、高强混凝土工程，以及紧急抢修工程和冬期施工等工程。快硬硅酸盐水泥不得用于大体积混凝土工程和与腐蚀介质接触的混凝土工程。快硬硅酸盐水泥易吸收空气中的水蒸气，存放时应特别注意防潮，且存放期一般不得超过一个月。

2. 快硬硫铝酸盐水泥

(1) 定义　以适当成分的生料，烧成以无水硫铝酸钙 [$3(CaO \cdot Al_2O_3) \cdot CaSO_4$] 和β型硅酸二钙为主要矿物成分的熟料，加入适量石膏磨细制成的水硬性胶凝材料，称为快硬硫铝酸盐水泥。

以硫铝酸盐水泥为基础，再加入不同数量的二水石膏，随石膏量的增加，水泥膨胀量从小到大递增，而成为微膨胀硫铝酸盐水泥、膨胀硫铝酸盐水泥和自应力硫铝酸盐水泥。

快硬硫铝酸盐水泥按12h、1d、3d的强度划分为425、525、625三个标号。这是一种早期强度很高的水泥，其12h强度即可达3d强度的60%～70%。

(2) 性质及应用　快硬硫铝酸盐水泥具有快凝、早强、不收缩的特点，可用于配制早强、抗渗和抗硫酸盐侵蚀的混凝土，适用于负温施工（冬期施工），浆锚、喷锚支护，抢修、堵漏水泥制品及一般建筑工程。此外，由于这种水泥的碱度较低，用于玻璃纤维增强水泥制品，可防止玻璃纤维腐蚀。

(3) 注意事项　硫铝酸盐系列水泥不能与其他品种水泥混合使用；硫铝酸盐系列水泥泌水性大，形聚性差，应避免用水量大；硫铝酸盐水泥水化产物钙矾石在150℃以上会脱水，强度大幅度下降，故耐热性较差，一般应在常温下使用；硫铝酸盐水泥制品碱度低，对钢筋的保护作用较弱，混凝土保护层薄时则钢筋锈蚀加重，在潮湿环境中使用，必须采取相应措施。

3.2.3　膨胀水泥

1. 作用原理

一般硅酸盐类水泥在空气中硬化时，通常都表现为收缩，常导致混凝土内部产生微裂缝，降低了混凝土的耐久性。在浇筑构件的节点、堵塞孔洞、修补缝隙时，由于水泥石的干缩，也不能达到预期的效果。膨胀水泥在硬化过程中能产生一定体积的膨胀，采用膨胀水泥配制混凝土，能克服或改善一般水泥的上述缺点，解决由于收缩带来的不利后果。

膨胀水泥按膨胀值不同，分为膨胀水泥和自应力水泥。膨胀水泥的线膨胀系数一般在1%以下，相当或稍大于一般水泥的收缩率，可以补偿收缩，所以又称补偿收缩水泥或无收缩水泥。自应力水泥的线膨胀系数一般为1%～3%，膨胀值较大，在限制的条件（如配有钢筋）下，使混凝土受到压应力，这种压应力能使混凝土免于产生内部微裂缝，还能抵消一部分因外界因素（例如水泥混凝土管道中输送的压力水或压力气体）所产生的拉应力，从而有效地改善混凝土抗拉强度低的缺陷。

2. 膨胀水泥常用种类

膨胀水泥按其强度组分的类型可分为如下几种。

（1）硅酸盐膨胀水泥　硅酸盐膨胀水泥是以硅酸盐水泥为主要组分，外加高铝水泥和石膏配制而成的。其膨胀作用是由于高铝水泥中的铝酸盐矿物和石膏遇水后生成具有膨胀性的钙矾石晶体，膨胀值的大小可通过改变高铝水泥和石膏的含量来调节。

（2）铝酸盐膨胀水泥　由高铝水泥和二水石膏混合磨细或分别磨细后混合而成。

（3）硫铝酸盐膨胀水泥　以含有适量无水硫铝酸钙的熟料，加入较多石膏磨细而成。

3. 应用

膨胀水泥适用于补偿混凝土收缩的结构工程，作防渗层或防渗混凝土，填灌构件的接缝及管道接头，结构的加固与修补，固结机器底座及地脚螺钉等。自应力水泥适用于制造自应力钢筋混凝土压力管及其配件。

3.2.4　白色及彩色硅酸盐水泥

1. 白水泥

（1）定义　凡以适当成分的生料烧至部分熔融，所得以硅酸钙为主要成分、氧化铁含量很少的白色硅酸盐水泥熟料，再加入适量石膏，共同磨细制成的水硬性胶凝材料，称为白色硅酸盐水泥，简称白水泥。

白水泥与硅酸盐水泥的区别，在于水泥熟料中氧化铁的含量限制在0.5%以下，其他着色氧化物（氧化锰、氧化钛等）含量降至极微。为此，应精选原料，生产应在无着色物沾污的条件下进行，严格控制水泥中的含铁量。

（2）技术要求　根据国家标准《白色硅酸盐水泥》（GB/T 2015—2005）规定，白水泥按3d、7d、28d的强度划分为325、425、525、625四个标号，见表3-10。

表3-10　白水泥各龄期的强度要求

标号	抗压强度/MPa			抗折强度/MPa		
	3d	7d	28d	3d	7d	28d
325	14.0	20.5	32.5	2.5	3.5	5.5
425	18.0	26.5	42.5	3.5	4.5	6.5
525	23.0	33.5	52.5	4.0	5.5	7.0
625	28.0	42.5	62.5	5.0	6.0	8.0

想一想

常用的特种水泥有哪几种？观察一下在你的生活中哪些地方是用的特种水泥？

2. 彩色水泥

彩色硅酸盐水泥简称彩色水泥。按生产方法可分为两类：一类是在白水泥的生料中加入少量金属氧化物，直接烧成彩色水泥熟料，然后再加入适量石膏磨细制成。另一类是采用白色硅酸盐水泥熟料，适量石膏和耐碱矿物颜料共同磨细而制成。

3. 应用

白色及彩色水泥主要在建筑装修工程中配制彩色水泥浆、彩色砂浆、装饰混凝土，以及制造各种色彩的水刷石、人造大理石及水磨石等制品，如：地面、楼面、楼梯、墙、柱及台阶等。制作方法可以在现场浇制，也可以在工厂预制。

3.2.5 道路硅酸盐水泥

道路硅酸盐水泥简称道路水泥。它是在硅酸盐水泥基础上，通过对水泥熟料矿物组成的调整及合理煅烧、粉磨，使之达到增加抗折强度及增韧、阻裂、抗冲击、抗冻和抗疲劳等性能。为此对水泥熟料的组成作如下的限制：$C_3A \leqslant 5.0\%$，$C_4AF \geqslant 16\%$。道路水泥有强度等级，各强度等级相应龄期的强度要求见表3-11。

表3-11 道路水泥的各龄期强度要求（GB 13693—2005）

强度等级	抗压强度/MPa		抗折强度/MPa	
	3d	28d	3d	28d
32.5	16.0	32.5	3.5	6.5
42.5	21.0	42.5	4.0	7.0
52.5	26.0	52.5	5.0	7.5

在道路水泥技术要求中，对初凝时间要求应大于1.5h，这是考虑混凝土的运输、铺浇需较长的时间。

在道路水泥技术要求中，对水泥的干缩率和耐磨性作如下要求：28d干缩率≤0.10%；28d磨耗量≤$3.0kg/m^2$。混凝土路面的破坏，往往是从产生裂缝开始的，干缩率小可减少产生裂缝的几率。磨耗损坏也是路面破坏的一个重要方面，所以设了限制磨耗量的指标。

思考与练习3.2

3.2-1 填空题

1. 铝酸盐水泥按 Al_2O_3 的含量百分数分为四类，分别是______、______、______、______。

2. 膨胀水泥常用的种类有________、________、________。

3.2-2 简答题

1. 膨胀水泥与自应力水泥的膨胀作用的来源是什么？常见的膨胀水泥有哪些？

2. 下列品种的水泥与硅酸盐水泥相比，它们的矿物组成有何不同？为什么？

(1) 白水泥　　(2) 快硬硅酸盐水泥　　(3) 抗硫酸盐硅酸盐水泥

3. 硫铝酸盐水泥的主要用途及使用时注意事项有哪些？

3.3 水泥演示试验

导入案例

【案例 3-3】某工程有一办公楼，外墙贴瓷砖，经过一段时间后，发现有的瓷砖脱落。经过技术检测，发现是水泥的问题。我们如何能够及早发现问题，杜绝事故发生？通过试验，我们可以观察到水泥的物理变化及化学变化，掌握一些水泥检测的基本的操作技能，掌握水泥质量的评定标准及评定方法。

1. 水泥标准稠度用水量测定（标准法）

(1) 主要仪器设备　水泥净浆搅拌机（由主机、搅拌叶和搅拌锅组成）、标准法维卡仪［仪器主要由试杆和盛装水泥净浆的试模两部分组成（图3-2）］、天平、铲子、小刀、平板玻璃底板、量筒等。

(2) 试验步骤

1) 调整维卡仪并检查水泥净浆搅拌机。使维卡仪上的金属棒能够自由的滑动，并调整至试杆接触玻璃板使得指针对准零点，搅拌机运行正常，并用湿布将搅拌锅和搅拌叶片擦湿。

2) 称取水泥试样 500g，拌和水量按经验确定并用量筒量好。

3) 将拌和用水倒入搅拌锅内，然后再 5 ~ 10s 内将水泥试样加入水中。将搅拌锅放在锅座上，升至搅拌位，起动搅拌机，先低速搅拌 120s，停 15s，再快速搅拌 120s，然后停机。

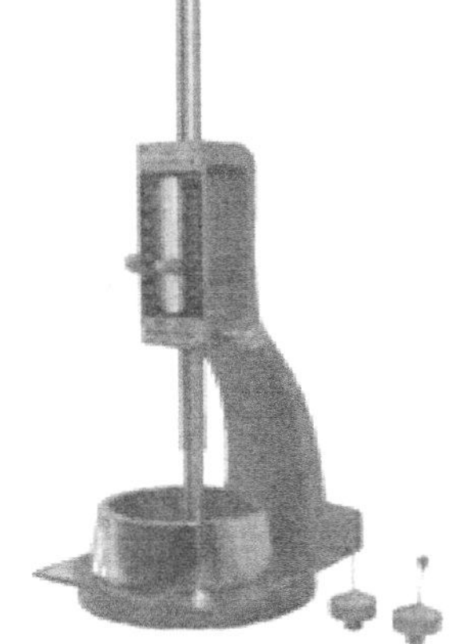
图 3-2　标准法维卡仪

4) 拌和结束后，立即取适量水泥净浆一次性将其装入已置于玻璃底板上的试模中，浆体超过试模上端，用宽约 25mm 的直边刀轻轻拍打超出试模部分的浆体 5 次，以排出浆体中的孔隙，然后在试模上表面约 1/3 处，略倾斜于试模分别向外轻轻锯掉多余净浆，再从试模边沿轻抹顶部一次，使净浆表面光滑。在锯掉多余净浆和抹平的操作过程中，注意不要压实净浆；抹平后迅速将试模和底板移到维卡仪上，调整试杆至与水泥净浆表面接触，拧紧螺钉，然后突然放松，试杆垂直自由地沉入水泥净浆中。

5) 在试杆停止沉入或释放杆 30s 时记录试杆距底板之间的距离。整个操作应在搅拌后 1.5min 内完成。

(3) 试验结果　以试杆沉入净浆并距底板 6mm ± 1mm 的水泥净浆为标准稠度水泥净浆。标准稠度用水量（P）以拌和标准稠度水泥净浆的水量除以水泥试样总质量的百分数为结果。

2. 水泥净浆凝结时间测定

（1）主要仪器设备　标准法维卡仪（仪器主要由试针和试模两部分组成如图 3-2 所示），其他仪器设备同标准稠度测定。

（2）试验步骤

1）称取水泥试样 500g，按标准稠度用水量制备标准稠度水泥净浆，并一次装满试模，振动数次刮平，立即放入湿气养护箱中。记录水泥全部加入水中的时间为凝结的起始时间。

2）初凝时间测定。首先调整维卡仪，使其试针接触玻璃板时的指针为零，试模在湿气养护箱中养护至加水后 30min 时进行第一次测定：将试模放在试针下，调整试针于水泥净浆表面接触，拧紧螺钉，然后突然放松，试针垂直自由地沉入水泥净浆；观察试针停止下沉或释放试针 30s 时指针的读数；临近初凝时，每隔 5min 测定一次，当试针沉至距底板 4mm ± 1mm 时为水泥达到初凝状态。

3）终凝时间的测定。为了准确观察试针沉入的状况，在试针上安装一个环形附件，在完成水泥初凝时间测定后，立即将试模连同浆体以平移的方式从玻璃板上取下，翻转 180°，直径大端向上，小端向下放在玻璃板上，再放入湿气养护箱中继续养护，临近终凝时间时每隔 15min 测一次，当试针沉入水泥净浆只有 0.5mm 时，即环形附件开始不能在水泥浆上留下痕迹时，为水泥达到终凝状态。

4）达到初凝时应立即重复一次，当两次结论相同时才能定为达到初凝，达到终凝时，需要在试体另外两个不同点测试，结论相同时才能定为终凝。每次测定不能让试针落入原针孔，每次测定后，须将试模放回湿气养护箱内，并将试针擦净，而且要防止试模受振。

（3）试验结果

1）由水泥全部加入水中至初凝状态的时间为水泥的初凝时间，用“min”表示。

2）由水泥全部加入水中至终凝状态的时间为水泥的终凝时间，用“min”表示。

图 3-3　雷氏夹

3. 水泥体积安定性的测定（标准法）

（1）主要仪器设备　雷氏夹（由铜质材料制成，其结构如图 3-3 所示，当用 300g 砝码较正时，两根针的针尖距离增加应在 17.5mm ± 2.5mm 范围内），雷氏夹膨胀测定仪（如图 3-4 所示，其标尺最小刻度为 0.5mm），沸煮箱（能在 30min ± 5min 内将箱内的试验用水由室温升至沸腾状态并保持 3h 以上，整个过程不需要补充水量），水泥净浆搅拌机，天平，湿气养护箱，小刀等。

（2）试验步骤

1）测定前准备工作。每个试样需成型两个试件，每个雷氏夹需配备两块质量为 75 ~ 85g 的玻璃板，一垫一盖，并先在与水泥接触的玻璃板和雷氏夹表面涂一层机油。

2）将制备好的标准稠度水泥净浆立即一次装满雷氏夹，用小刀插捣数次，抹平，并盖上涂油的玻璃板，然后将试件移至湿气养护箱内养护 24h ± 2h。

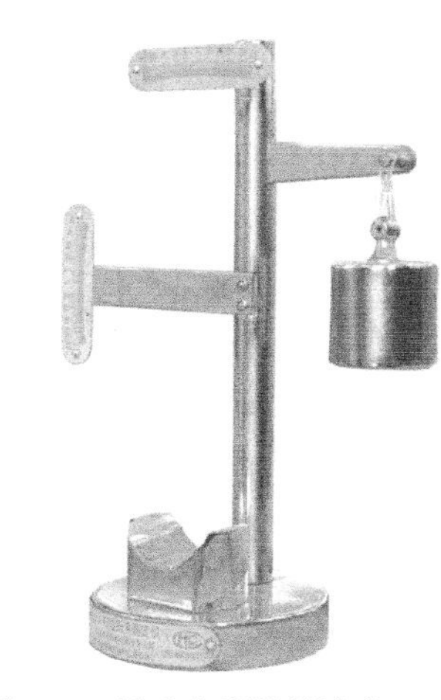

图 3-4　雷氏夹膨胀测定仪

3）脱去玻璃板取下试件，先测量雷氏夹指针尖的距离，精确至0.5mm。然后将试件放入沸煮箱水中的试件架上，指针朝上，调好水位与水温，接通电源，在30min±5min之内加热至沸腾，并保持3h±5min。

4）取出沸煮后冷却至室温的试件，用雷氏夹膨胀测定仪，测量雷氏夹两指针间的距离，精确至0.5mm。

（3）试验结果　当两个试件沸煮后增加的距离的平均值不大于5.0mm时，即认为水泥安定性合格。当两个试件的值相差超过4.0mm时，应用同一样品立即重做一次试验。再如此，则认为该水泥为安定性不合格。

>>> **相关链接**｜**【案例3-3分析】**

外墙瓷砖脱落，是由于所用水泥的体积安定性不合格造成的，如水泥硬化后产生不均匀的体积变化，即为体积安定性不良。使用体积安定性不良的水泥，会使水泥制品、混凝土构件产生膨胀性裂缝，降低建筑物质量，甚至引起严重工程事故。因此，水泥的体积安定性检验必须合格，体积安定性不合格的水泥作废品处理。

思考与练习3.3

3.3-1　填空题

1. 水泥标准稠度用水量测定时，称取水泥试样（　　）g，拌和水量按经验确定并用量筒量好，将拌和用水倒入搅拌锅内，然后在（　　）时间内将水泥试样加入水中。

2. 水泥初凝时间测定是测定水泥的初凝时间和终凝时间，当维卡仪试针沉至距底板（　　）时为水泥达到初凝状态，当试针沉入水泥净浆（　　）时为水泥的终凝状态。

3.3-2　单项选择题

1. 水泥体积安定性的测定时，将制备好的标准稠度水泥净浆装满雷氏夹然后将试件放入沸煮箱水中的试件架上，需加温煮沸（　　）。

A. 1小时　　B. 2小时　　C. 3小时　　D. 4小时

2. 水泥净浆凝结时间测定时，试模在湿气养护箱中养护至加水24小时后才能进行第一次测定。（　　）

A. 对　　B. 错

3.3-3　思考题

为什么要进行水泥的凝结时间测定，如果凝结时间不合格的水泥应用到工程中会造成什么影响？

本章回顾

- 通用硅酸盐水泥包括：硅酸盐水泥、普通硅酸盐水泥、矿渣硅酸盐水泥、火山灰硅

酸盐水泥、粉煤灰硅酸盐水泥、复合硅酸盐水泥共六大水泥。

● 硅酸盐水泥的凝结硬化过程共四个阶段：初始反应期、潜伏期、凝结期、硬化期。

● 影响硅酸盐水泥凝结硬化的因素包括：熟料矿物组成、水泥细度、石膏掺量、拌和用水量、调凝外加剂、养护湿度和温度、养护龄期、水泥受潮及久存。

● 硅酸盐水泥的主要技术性质有：细度、凝结时间、体积安定性和强度。其技术性质的要求应符合相应标准的规定。硅酸盐水泥的特性，决定了其使用范围。

● 矿渣、火山灰、粉煤灰水泥以及复合水泥相互之间的异同点，各自的特性、组成及各自的应用范围以及如何根据技术指标判定水泥。

● 特种水泥的特性：只有掌握好各种水泥的性质，才能更好地应用，发挥特种水泥的特性。

知识应用

可以到附近工地调查一下，看一看他们所使用的水泥是什么品种，应用到什么部位上，是如何存放的。根据自己所学的知识判断一下是否有错误，并写一份调查报告。

【延伸阅读】

水泥行业新的发展

国家主张转变经济增长方式，发展低碳经济，水泥行业因大量排放二氧化碳，减排任务为当务之急。因此，从水泥行业自身发展的角度来看，也不应该再走过去单纯扩大规模的老路，水泥行业新的发展方向将会随着国家经济、政策发生转变。

1. 标号化：提高水泥产品性能

现在我国32.5水泥使用量占总用量的60%～70%，42.5水泥只占30%左右，这和我国经济发展及建筑质量的要求很不匹配，更重要的是和国家的节能减排政策不匹配。混凝土的等级也很低，目前我国以C30为主，而发达国家基本是C50。混凝土提高一个等级，就可以减少10%～15%的水泥和钢筋用量。推广高性能混凝土不仅会给建筑业带来革命，也会给建材业带来深刻变化。水泥企业必须实行高标号化来迎接这场变化，这是水泥行业迎接低碳经济的不二选择。

2. 特种化：实现产品品种多样化

企业应该加大创新力度，大力开发特种水泥，使产品向多样化发展。我国的特种水泥用量正在逐渐增加，如桥梁、核电站、高铁、大坝等，不同的施工环境需要用不同的水泥。因此，水泥企业应该进一步提升技术含量，细分市场，研发各种特种水泥，增加产品附加值。

3. 商混化：推行粉磨站和搅拌站一体化

如果粉磨站和搅拌站一体化，不但能延伸产业链，使水泥厂大规模进入商混，更能直接面对终端客户，从而确保混凝土质量。把水泥和商品混凝土（商混）大规模整合、重组、改造，让商混作为水泥企业的最终产品出现，减少中间环节，节约生产成本，确保产品质量，这是水泥行业必须要走的一步。

4. 制品构件化：推动水泥与建筑的结合

水泥制品构件化是水泥企业延伸产业链的方向，水泥产品大型构件化、集成化、模式化，可以极大提高水泥产品的附加值。如今技术发展迅速，预制构件可以做到天衣无缝，成品房屋可以不粉刷就十分美观，有些构件甚至可以上机床加工。

第4章 混凝土与砂浆

本章导入

混凝土是目前世界上用量最大的人工复合材料，是现代最重要的建筑材料之一。混凝土这种材料具有优越的技术性能及良好的经济效益，混凝土是由胶凝材料、粗细集料以及水、外加剂和矿物掺和料按适当比例配合、拌制成混合物，经一定成型工艺，再经硬化而成的人造石材，旧又称“砼（tóng）”。而砂浆由胶凝材料、细集料、掺和料和水等材料按适当比例配制而成。砂浆和混凝土在组成上的差别在于不含粗集料。砌体工程施工中，保证砂浆的质量是一个非常重要的问题，它直接影响砌体强度。

4.1 普通混凝土

导入案例

【案例4-1】钢筋混凝土斜拉桥主桥的斜拉板开裂严重

概况：某钢筋混凝土斜拉桥经过几年使用后，其主桥的斜拉板等上部主要构件均出现较多裂缝，具体情况是：斜拉板开裂较多且较严重，很多斜拉板由上至下都出现裂缝，而开裂部位、裂缝形态基本相同。

分析：由于混凝土抗拉强度远低于其抗压强度，加之混凝土斜拉板在活动荷载、混凝土收缩徐变、温差等因素作用下，板内拉应力过大而导致斜拉板开裂。

4.1.1 混凝土概述

1. 混凝土

混凝土是由胶凝材料、粗细集料以及水，必要时掺入的外加剂和矿物掺和料按适当比例配合、拌制成混合物，经一定成型工艺，再经硬化而成的人造石材，旧又称“砼（tóng）”。由于胶凝材料、细集料和粗集料的品种很多，因此混凝土的种类也很多。

2. 普通混凝土

由水泥、砂、石子、水以及必要时掺入的化学外加剂组成，经过水泥凝结硬化后形成的具有一定强度和耐久性的人造石材，称为普通混凝土，又称水泥混凝土，简称混凝土。这类混凝土在工程中应用广泛，因此本章主要讲述普通混凝土。

3. 特种混凝土

我们将普通混凝土之外的其他混凝土通称为特种混凝土，主要有以下几种：

(1) 轻混凝土　轻混凝土是指体积密度小于 2000kg/m³ 的混凝土，可分为轻集料混凝土、多孔混凝土和无砂混凝土等。轻混凝土具有体积密度小，孔隙率大，保温隔热性能好等优点，适用于建筑物的隔墙及有保温隔热性能要求的工程结构。

(2) 耐热混凝土　耐热混凝土是指长期在高温（200～900℃）作用下仍能保持其物理力学性能的特种混凝土。依胶凝材料不同分为硅酸盐水泥耐热混凝土、铝酸盐水泥耐热混凝土、水玻璃耐热混凝土等。耐热混凝土多用于高炉、焦炉、热工设备围护结构、烟囱等。

(3) 耐酸混凝土　耐酸混凝土是指能抵抗多种酸及大部分腐蚀性气体侵蚀作用的混凝土。一般以水玻璃为胶凝材料、氟硅酸钠为促硬剂，用耐酸粉料和耐酸粗细集料，按一定比例配制而成，强度为 10～40MPa，主要用于有耐酸要求的工程结构。

(4) 防辐射混凝土　防辐射混凝土是指能屏蔽 X 射线、γ 射线及中子射线的混凝土。常用水泥、水及重集料配制而成的体积密度在 3500kg/m³ 以上的重混凝土。防辐射混凝土主要用于核电厂等科技、国防工程结构。

(5) 纤维混凝土　纤维混凝土是指以混凝土为基本载体，掺入各种纤维材料的混凝土。其抗拉强度、抗弯强度、冲击韧度均得到提高，脆性也能得到改善，主要用于非承重结构及对抗裂、抗冲击性能有较高要求的工程结构，如高速公路、机场跑道、桥面等。

想一想

什么样的混凝土是普通混凝土？

4. 有关混凝土的分类方法

建筑技术的迅速发展推动了混凝土品种、性能、施工方法的不断创新，混凝土品种繁多。从不同的角度考虑，有以下几种分类方法：

(1) 按体积密度分类

1) 重混凝土。体积密度大于 2800kg/m³，常采用重晶石、铁矿石、钢屑等做集料和锶水泥、钡水泥共同配制防辐射混凝土，作为核工程的屏蔽结构材料。

2) 普通混凝土。体积密度 2000～2800kg/m³ 范围内的混凝土，是工程中应用最为普遍的混凝土，主要用作各种工程的承重结构材料。

3) 轻混凝土。体积密度小于 2000kg/m³ 采用陶粒、页岩等轻质多孔集料或掺加引气剂、泡沫剂形成多孔结构的混凝土，具有保温隔热性能好，质量轻等优点，多用于保温材料或高层、大跨度建筑的结构材料。

(2) 按所用胶凝材料分类　按照所用胶凝材料的种类，混凝土可以分为水泥混凝土、硅酸盐混凝土、石膏混凝土、水玻璃混凝土、沥青混凝土、聚合物混凝土、树脂混凝土等。

（3）按流动性分类　按照新拌混凝土流动性大小，可分为干硬性混凝土（坍落度小于10mm且需用维勃稠度表示）、塑性混凝土（坍落度为10～90mm）、流动性混凝土（坍落度为100～150mm）及大流动性混凝土（坍落度不小于160mm）。

（4）按用途分类　可分为结构混凝土、大体积混凝土、防水混凝土、耐热混凝土、膨胀混凝土、防辐射混凝土、道路混凝土等。

（5）按生产和施工方法分类　按照生产方式，混凝土可分为预拌混凝土和现场搅拌混凝土；按照施工方法可分为泵送混凝土、喷射混凝土、碾压混凝土、挤压混凝土、离心混凝土、压力灌浆混凝土等。

（6）按强度等级分类

1）低强度混凝土：抗压强度小于30MPa。

2）中强度混凝土：抗压强度为30～60MPa。

3）高强度混凝土：抗压强度大于或等于60MPa。

4）超高强混凝土：其抗压强度在100MPa以上。

混凝土的品种虽然繁多，但在工程中还是以普通的水泥混凝土应用最为广泛。

试一试

按生产方式和施工方法给混凝土分类。

5. 混凝土的组成及其应用

普通混凝土的基本组成材料是水泥、粗细集料和水。其中，水泥浆体占20%～30%，砂石集料占70%左右。水泥浆在硬化前起润滑作用，使混凝土拌合物具有可塑性，在混凝土拌合物中水泥浆填充砂子孔隙，包裹砂粒，形成砂浆，砂浆又填充石子孔隙，包裹石子颗粒，形成混凝土浆体；在混凝土硬化后，水泥浆则起胶结和填充作用。水泥浆多，混凝土拌合物流动性大，反之干稠。

6. 混凝土的性能特点与基本要求

（1）混凝土的优点　混凝土作为一种使用最为广泛的工程材料，它的优点主要体现在以下方面。

1）易塑性。现代混凝土可以具备很好的和易性，几乎可以随心所欲地通过设计和模板形成形态各异的建筑物及构件，可塑性强。

2）经济性。同其他材料相比，混凝土价格较低，容易就地取材，结构建成后的维护费用也较低。

3）安全性。硬化混凝土具有较高的力学强度，目前工程构件最高强度可达130MPa，与钢筋有牢固的黏结力，使结构安全性得到充分保证。

4）耐火性。混凝土一般可有1～2h的防火时效，比起钢铁来说，安全多了，不会像钢结构建筑物那样在高温下很快软化而造成坍塌。

5）多用性。混凝土在土木工程中适用于多种结构形式，满足多种施工要求。可以根据不同要求配制不同的混凝土加以满足，所以我们称之为“万用之石”。

6）耐久性。混凝土本来就是一种耐久性很好的材料，古罗马建筑经过几千年的风雨仍然屹立不倒，最好地证明了这一点。

（2）混凝土的缺点　当然，混凝土具有许多缺点也不容忽视，主要表现如下：

1）抗拉强度低。混凝土的抗拉强度为抗压强度的1/10左右，是钢筋抗拉强度的1/100左右。

2）延展性不高。混凝土属于脆性材料，变形能力差，抗冲击能力差，在冲击荷载作用下容易产生脆断。

3）自重大，比强度低。高层、大跨度建筑物要求材料在保证力学性质的前提下，应以轻为宜。

4）体积不稳定性。尤其是当水泥浆量过大时，这一缺陷表现得更加突出，随着温度、湿度、环境介质的变化，容易引发体积变化，产生裂纹等内部缺陷，直接影响建筑物的使用寿命。

（3）混凝土的基本要求　混凝土在建筑工程中的使用，必须满足以下五项基本要求：

1）满足与使用环境相适应的耐久性要求。

2）满足设计的强度要求。

3）满足施工规定所需的工作性要求。

4）满足施工单位的经济性要求。

5）满足经济发展所必需的生态环境要求。

试一试

比较一下混凝土作为一种使用最为广泛的工程材料的优缺点。

7. 现代混凝土的发展方向

21世纪，混凝土研究主要围绕两个方面展开，一是解决好混凝土的耐久性问题，二是大力倡导绿色混凝土的发展。人们越来越多认识到传统混凝土过分地依赖水泥是导致混凝土耐久性不良的首要因素。给水泥重新定位及合理地控制水泥浆用量势在必行。另一方面，由于水泥工业带来的能耗巨大，生产水泥放出的二氧化碳导致的“温室效应”日益明显，国家的资源和环境已经不堪重负，混凝土工业必须走可持续发展之路。大力发展绿色混凝土技术的途径是：

1）大量使用工业废弃资源，例如用尾矿资源做集料，大量使用粉煤灰和磨细矿粉替代水泥等。

2）扶植再生混凝土产业，使越来越多的建筑垃圾作为集料（再生集料）循环使用。

4.1.2　普通混凝土的组成材料

在工程中，应用最广的是以水泥为胶凝材料，普通砂、石为集料，加水拌成拌合物经凝结硬化而成的水泥混凝土，又称普通混凝土。必要时也可加入外加剂和矿物掺和料以改善混凝土的性能。

混凝土的技术性质是由原材料的性质、配合比、施工工艺（搅拌、成型、养护）等因素决定的。因此，了解原材料的性质、作用及其质量要求，合理选择和正确使用原材料，才能保证混凝土的质量。

1. 水泥

水泥是普通混凝土的胶凝材料，其性能对混凝土的性质影响很大，在确定混凝土组成材料时，应正确选择水泥品种和水泥强度等级。

（1）水泥品种的选择　水泥品种应根据混凝土工程特点、所处的环境条件和施工条件等进行选择。一般可采用硅酸盐水泥、普通硅酸盐水泥、矿渣硅酸盐水泥、火山灰硅酸盐水泥、粉煤灰硅酸盐水泥和复合水泥，必要时也可采用膨胀水泥、自应力水泥或快硬硅酸盐水泥等。所用水泥的性能必须符合现行国家有关标准的规定。在满足工程要求的前提下，应选用价格较低的水泥品种以节约造价。例如：在大体积混凝土工程中，为了避免水泥水化热过大，通常选用矿渣硅酸盐水泥、火山灰硅酸盐水泥和粉煤灰硅酸盐水泥，也可使用硅酸盐水泥、普通硅酸盐水泥，但这时应掺入掺和料和必要的外加剂。

试一试

［**单项选择题**］要求快硬的混凝土，应选用的水泥品种是________。

A. 矿渣水泥　　B. 粉煤灰水泥　　C. 硅酸盐水泥　　D. 火山灰水泥

（2）水泥强度等级的选择　水泥强度等级应与混凝土的设计强度等级相适应。原则上配制高强度等级的混凝土应选用强度等级高的水泥；配制低强度等级的混凝土，选用强度等级低的水泥。如采用强度等级高的水泥配制低强度等级混凝土时，会使水泥用量偏少，影响混凝土的和易性和耐久性，因此必须掺入一定数量的矿物掺和料。如采用强度等级低的水泥配制高强度等级混凝土，会使水泥用量较多，不够经济，而且会影响混凝土的其他技术性质。通常，混凝土强度等级在C30以下时，可采用强度等级为32.5的水泥；混凝土强度等级≥C30时，可采用强度等级为42.5以上的水泥。

【案例4-2】使用受潮水泥

概况：某车间单层砖房屋盖，采用12m跨现浇钢筋混凝土大梁，某年7月工程备料时，把工程使用的水泥存放于潮湿地方，由于某种原因，工程拖到10月施工，仍按原计划使用该水泥。次年1月4日上午拆除大梁底模板和支撑，下午房屋全部倒塌。

分析：事故的主因是使用受潮水泥，受潮后的水泥中的部分熟料已经开始水化，相应的水泥的有效成分含量开始下降，导致搅拌的混凝土实际强度低于按照水泥等级设计的混凝土强度。正确做法是，使用该受潮水泥时应事先检测该水泥的实际强度，以决定其能否使用。

2. 细集料

普通混凝土用集料按粒径分为细集料和粗集料。集料在混凝土中所占的体积为70%～

80%。虽然集料不参与水泥复杂的水化反应，但集料对混凝土的许多重要性能如和易性、强度、体积稳定性及耐久性等都会产生很大的影响。

颗粒粒径小于4.75mm的集料为细集料，它包括天然砂和人工砂。天然砂是由自然风化、水流搬运和分选、堆积形成的，包括河砂、淡化海砂、湖砂、山砂；人工砂是机制砂和混合砂的总称。机制砂是由机械破碎、筛分制成的，混合砂是由机制砂和天然砂混合制成的砂。

混凝土用砂的质量要求如下：

（1）砂的粗细程度和颗粒级配　砂的粗细程度是指不同粒径的砂混合在一起后的总体平均粗细程度，通常有粗砂、中砂、细砂之分。颗粒级配是指不同粒径砂相互间搭配情况，良好的级配能使集料的空隙率和总表面积均较小，从而使所需的水泥浆量较少，并且能够提高混凝土的密实度，而进一步改善混凝土的其他性能。混凝土中砂粒之间的空隙是由水泥浆所填充，为达到节约水泥的目的，就应尽量减少砂粒之间的空隙，因此就必须有大小不同的颗粒搭配。从图4-1可以看出，如果是单一粒径的砂堆积，空隙最大（图4-1a）；两种不同粒径的砂搭配起来，空隙就减少了（图4-1b）；如果三种不同粒径的砂搭配起来，空隙就更小了（图4-1c）。

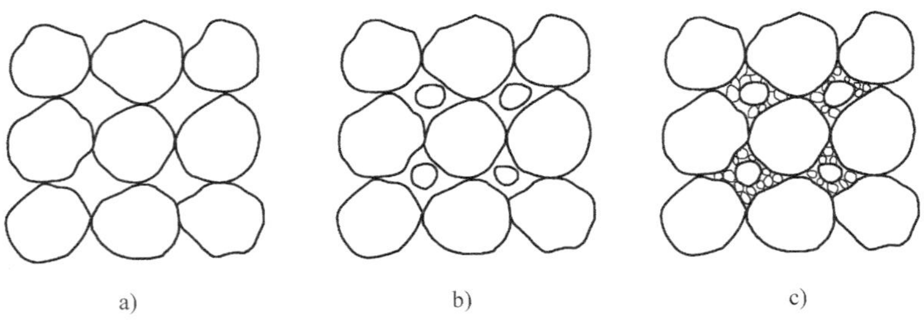

图4-1　集料颗粒级配示意

国家标准《建设用砂》（GB/T 14684—2011）规定，砂的颗粒级配和粗细程度用筛分析的方法进行测定，用级配区表示砂的颗粒级配，用细度模数表示砂的粗细。砂的筛分析方法是用一套孔径为9.50mm、4.75mm、2.36mm、1.18mm、0.60mm、0.30mm和0.15mm的标准方孔筛，将质量为500g的干砂试样由粗到细依次过筛，然后称得余留在各个筛上的砂子质量（g），计算分计筛余百分率 a（各号筛的筛余量与试样总量之比的百分数）、累计筛余百分率 A（某号筛的筛余百分率加上该号筛以上各筛余百分率之和）。分计筛余与累计筛余的关系见表4-1。

表4-1　分计筛余与累计筛余

筛孔尺寸/mm	分计筛余量/g	分计筛余（%）	累计筛余（%）
4.75	m_1	a_1	$A_1=a_1$
2.36	m_2	a_2	$A_2=a_1+a_2$
1.18	m_3	a_3	$A_3=a_1+a_2+a_3$
0.60	m_4	a_4	$A_4=a_1+a_2+a_3+a_4$
0.30	m_5	a_5	$A_5=a_1+a_2+a_3+a_4+a_5$
0.15	m_6	a_6	$A_6=a_1+a_2+a_3+a_4+a_5+a_6$
<0.15	m_7		

砂的细度模数（μ_f）计算如下

$$\mu_f = \frac{(A_2 + A_3 + A_4 + A_5 + A_6) - 5A_1}{100 - A_1}$$

按照细度模数把砂分为粗砂、中砂、细砂。其中 μ_f 在 3.7～3.1 为粗砂，μ_f 在3.0～2.3 为中砂，μ_f 在 2.2～1.6 为细砂。

颗粒级配常以级配区和级配曲线表示，国家标准根据 0.60mm 方孔筛的累计筛余量分成三个级配区，砂的颗粒级配表见表 4-2，砂的颗粒级配图如图 4-2 所示。

表 4-2　砂的颗粒级配表

累计筛余（%） 方筛孔径/mm	级配区		
	1	2	3
9.50	0	0	0
4.75	10～0	10～0	10～0
2.36	35～5	25～0	15～0
1.18	65～35	50～10	25～0
0.60	85～71	70～41	40～16
0.30	95～80	92～70	85～55
0.15	100～90	100～90	100～90

注：1. 砂的实际颗粒级配与表中所列数字相比，除 4.75mm 和 0.60mm 筛档外，可以略有超出，但超出总量应小于 5%。

2. 1 区人工砂中 0.15mm 筛孔的累计筛余可以放宽到 100～85，2 区人工砂中 0.15mm 筛孔的累计筛余可以放宽到 100～80，3 区人工砂中 0.15mm 筛孔的累计筛余可以放宽到 100～75。

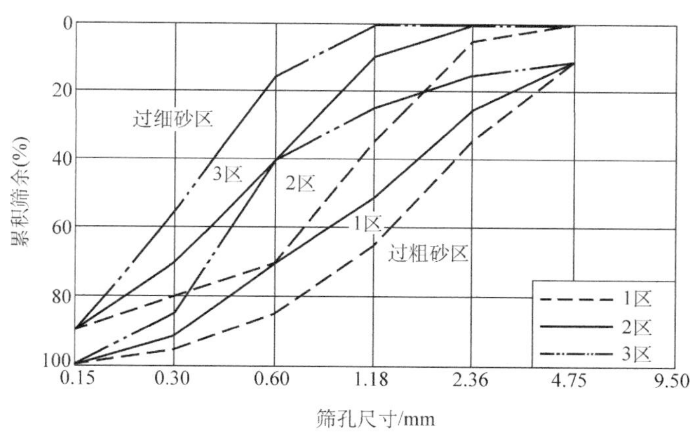

图 4-2　砂的颗粒级配图

筛分曲线超过 3 区往左上偏时，表示砂过细，拌制混凝土时需要的水泥浆量多，易使混凝土强度降低，收缩增大。超过 1 区往右下偏时，表示砂过粗，配制的混凝土，其拌合物的和易性不易控制，而且内摩擦大，不易振捣成型。通常认为，处于 2 区级配的砂，其粗细适中，级配较好，是配制混凝土的最理想的级配区。

试一试

[**单项选择题**] 选择混凝土集料时，应使其________。

A. 总表面积大，空隙率大　　B. 总表面积大，空隙率小

C. 总表面积小，空隙率大　　D. 总表面积小，空隙率小

(2) 砂中有害物质的含量及其坚固性　为保证质量，混凝土用砂不应混有草根、树叶、树枝、塑料品、煤块、炉渣等杂物。砂中常含有如云母、有机物、硫化物及硫酸盐、黏土、淤泥等杂质。云母呈薄片状，表面光滑，容易沿着解理面裂开，与水泥黏结不牢，会降低混凝土强度；黏土、淤泥多覆盖在砂的表面，妨碍水泥与砂的黏结，降低混凝土的强度和耐久性；硫酸盐、硫化物将对硬化的水泥凝胶体产生腐蚀；有机物通常是植物的腐烂产物，妨碍、延缓水泥的正常水化，降低混凝土强度；氯盐能引起混凝土中钢筋锈蚀，破坏钢筋与混凝土的黏结，使保护层混凝土开裂。

砂的坚固性是指砂在自然风化和其他外界物理化学因素作用下抵抗破裂的能力。通常天然砂以硫酸钠溶液干湿循环 6 次后的质量损失来表示；人工砂采用压碎指标法进行试验。各指标应符合表 4-3 的规定。

表 4-3　有害物质的含量、坚固性指标及压碎指标

项目＼类别	Ⅰ类	Ⅱ类	Ⅲ类
云母（按质量计,%）	<1.0	<2.0	<2.0
轻物质（按质量计,%）	<1.0	<1.0	<1.0
有机物（比色法）	合格	合格	合格
硫化物及硫酸盐（按 SO_3 质量计,%）	<0.5	<0.5	<0.5
氯化物（以氯离子质量计,%）	<0.01	<0.02	<0.06
质量损失（%）	<8	<8	<10
单级最大压碎指标（%）	<20	<25	<30

(3) 砂的含泥量、泥块含量和石粉含量　天然砂中的粒径小于 75μm 的尘屑、淤泥等颗粒的质量占砂子质量的百分率称为含泥量。砂中小于 0.6mm 的颗粒含量称为泥块含量。砂中的泥土包裹在颗粒表面，阻碍水泥凝胶体与砂粒之间的黏结，降低界面强度，降低混凝土强度，并增加混凝土的干缩，易产生开裂，影响混凝土耐久性。石粉是在生产人工砂的过程中产生的粒径小于 75μm 颗粒，其矿物组成和化学成分与母岩相同，在混凝土中有负面影响。天然砂的含泥量和泥块含量应符合表 4-4 的规定。人工砂的石粉含量和泥块含量应符合表 4-5 的规定。

表 4-4　天然砂的含泥量和泥块含量

项目＼类别	Ⅰ类	Ⅱ类	Ⅲ类
含泥量（按质量计,%）	<1.0	<3.0	<5.0
泥块含量（按质量计,%）	0	<1.0	<2.0

表 4-5　石粉含量和泥块含量

项目			类别	Ⅰ类	Ⅱ类	Ⅲ类
1	亚甲蓝试验	MB 值 <1.40 或合格	石粉含量（按质量计,%）	<3.0	<5.0	<7.0[①]
2			泥块含量（按质量计,%）	0	<1.0	<2.0
3		MB 值≥1.40 或不合格	石粉含量（按质量计,%）	<1.0	<3.0	<5.0
4			泥块含量（按质量计,%）	0	<1.0	<2.0

① 根据使用地区和用途，在试验验证的基础上，可由供需双方协商确定。

试一试

［**填空题**］砂中的泥土包裹在颗粒表面，阻碍水泥凝胶体与砂粒之间的（　　），降低界面强度，降低混凝土的（　　），并增加混凝土的（　　），易产生开裂，影响混凝土的（　　）。

【案例 4-3】砂质量不合格导致混凝土凝结异常

概况：某钢筋混凝土条形基础，使用强度设计等级 C30 的混凝土，混凝土浇筑后，次日发现部分硬化结块，部分呈疏松状，未完全硬化，轻轻敲击纷纷落下，混凝土基本无强度，工程被迫停工。

分析：经调查，混凝土用砂含泥量超过标准一倍以上，导致泥粉总面积大幅度增加，需要更多的水泥浆包裹它们。而泥粉本身强度低，降低了混凝土的强度，导致了上述情况的发生。

3. 粗集料

颗粒粒径大于 4.75mm 的集料称为粗集料，混凝土常用的粗集料有碎石和卵石。卵石是由自然风化、水流搬运和分选、堆积形成的岩石颗粒；碎石是天然岩石或卵石经机械破碎、筛分制成的岩石颗粒。

为了保证混凝土质量，国家标准《建设用碎石、卵石》（GB/T 14685—2011）按各项技术指标对混凝土用粗集料划分为Ⅰ、Ⅱ、Ⅲ类集料。其中Ⅰ类适用于 C60 以上的混凝土，Ⅱ类适用于 C30～C60 的混凝土；Ⅲ类适用于 C30 以下的混凝土。并且提出了具体质量要求，主要有以下几个方面。

（1）有害杂质含量　粗集料中的有害杂质主要有：黏土、淤泥及细屑，硫酸盐及硫化物，有机物质及含有活性氧化硅的岩石颗粒等。它们的危害作用与在细集料中相同。对各种有害杂质的含量都不应超出规范的规定，其有害物质含量及其技术要求见表 4-6。

表 4-6 粗集料的有害物质含量及技术要求

项目 \ 类别	Ⅰ类	Ⅱ类	Ⅲ类
有机物（比色法）	合格	合格	合格
硫化物及硫酸盐（按 SO_3 质量计,%）	<0.5	<1.0	<1.0
含泥量（按质量计,%）	<0.5	<1.0	<1.5
泥块含量（按质量计,%）	0	<0.5	<0.7
针片状颗粒（按质量计,%）	<5	<15	<25

【案例 4-4】粗集料含有害杂质引发事故

概况：某四层钢筋混凝土框架结构厂房，梁、柱为现浇混凝土。该厂房于某年 1 月开工，工期 10 个月，交付使用一个月后，梁、柱等多处出现爆裂。半年后混凝土柱基础、大梁根部等处混凝土也陆续出现爆裂，并导致大梁折断。

分析：调查发现，该厂房使用含有害杂质的工业废渣做集料。原来是施工单位为了节省资金，使用了大量含有 MgO 和 CaO 的工业废渣代替部分混凝土集料，导致了事故的发生。

（2）颗粒形状与表面特征　卵石表面光滑少棱角，空隙率和总表面积均较小，拌制混凝土时所需的水泥浆量较少，混凝土拌合物和易性较好。碎石表面粗糙有棱角，空隙率和总表面积较大，与卵石混凝土比较，碎石混凝土拌合物集料间的摩擦力较大，对混凝土的流动阻滞性较强，因此所需包裹集料表面和填充空隙的水泥浆较多。但制备高强度混凝土时，使用更好的是碎石，这主要是因为碎石界面黏结和机械咬合力强。

（3）最大粒径与颗粒级配

1）最大粒径。粗集料中公称粒级的上限称为该粒级的最大粒径。当集料粒径增大时，其总表面积随之减小，包裹集料表面水泥浆或砂浆的数量也相应减少，就可以节约水泥。因此，最大粒径在条件许可时，尽量选得大些。同时集料最大粒径还受结构形式和配筋疏密限制，石子粒径过大，对运输和搅拌都不方便，要综合考虑集料最大粒径。根据《混凝土结构工程施工质量验收规范》（GB 50204—2002）的规定，混凝土用粗集料的最大粒径不得超过结构截面最小尺寸的 1/4，同时不得超过钢筋间最小净距的 3/4。对于混凝土实心板，最大粒径不要超过板厚 1/2，而且不得超过 50mm。对于泵送混凝土，为防止混凝土泵送时管道堵塞，保证泵送顺利进行，粗集料的最大粒径与输送管的管径之比应符合表 4-7 的要求。

表 4-7 粗集料的最大粒径与输送管的管径之比

石子品种	泵送高度/m	粗集料的最大粒径与输送管的管径之比
碎石	<50	≤1:3
	50~100	≤1:4
	>100	≤1:5
卵石	<50	≤1:2.5
	50~100	≤1:3
	>100	≤1:4

试一试

［**单项选择题**］有条件时，尽量选用较大粒径的粗集料，是为了________。

A. 节省集料　　B. 节省水泥　　C. 减少混凝土干缩　　D. A 和 C

算一算

［**单项选择题**］配制钢筋最小净距为 48mm 和截面尺寸为 200mm × 300mm 的混凝土构件（C30 以下），应选用的石子粒级为________mm。

A. 5 ~ 16　　B. 5 ~ 31.5　　C. 5 ~ 40　　D. 20 ~ 40

2）颗粒级配。粗集料的级配试验也采用筛分法测定，即用孔径（mm）为 2.36、4.75、9.50、16.0、19.0、26.5、31.5、37.5、53.0、63.0、75.0 和 90.0 共 12 种的方孔筛进行筛分，其原理与砂的基本相同。国家标准《建设用碎石、卵石》（GB/T 14685—2011）对碎石和卵石的颗粒级配规定见表 4-8。

表 4-8　碎石和卵石的颗粒级配

公称粒径/mm		累计筛余（%）											
		方孔筛孔径/mm											
		2.36	4.75	9.50	16.0	19.0	26.5	31.5	37.5	53.0	63.0	75.0	90.0
连续粒级	5 ~ 10	95 ~ 100	80 ~ 100	0 ~ 15	0								
	5 ~ 16	95 ~ 100	85 ~ 100	30 ~ 60	0 ~ 10	0							
	5 ~ 20	95 ~ 100	90 ~ 100	40 ~ 80	—	0 ~ 10	0						
	5 ~ 25	95 ~ 100	90 ~ 100	—	30 ~ 70	—	0 ~ 5	0					
	5 ~ 31.5	95 ~ 100	90 ~ 100	70 ~ 90	—	15 ~ 45	—	0 ~ 5	0				
	5 ~ 40	—	95 ~ 100	70 ~ 90	—	30 ~ 65	—	—	0 ~ 5	0			
单粒粒级	10 ~ 20		95 ~ 100	85 ~ 100	—	0 ~ 15	0						
	16 ~ 31.5		95 ~ 100		85 ~ 100			0 ~ 10	0				
	20 ~ 40			95 ~ 100		80 ~ 100			0 ~ 10	0			
	31.5 ~ 63				95 ~ 100			75 ~ 100	45 ~ 75		0 ~ 10	0	
	40 ~ 80					95 ~ 100			70 ~ 100		30 ~ 60	0 ~ 10	0

石子的级配按粒径尺寸分为连续粒级和单粒粒级。连续粒级是石子颗粒由小到大连续分级，每级石子占一定比例。用连续粒级配制的混凝土混合料，和易性较好，不易发生离析现象，易于保证混凝土的质量，便于大型混凝土搅拌站使用，适合泵送混凝土。许多搅拌站选择 5 ~ 20mm 连续粒级的石子生产泵送混凝土。单粒粒级是人为地去除集料中某些粒级颗粒，大颗粒空隙由粒径是其几分之一的小颗粒填充，降低石子的空隙率，密实度增加，节约水泥，但是拌合物容易产生分层离析，造成施工困难，一般在工程中较少采用。

试一试

［**单项选择题**］石子级配中，________级配的空隙率最小。

A. 连续　　B. 间断　　C. 单粒

（4）坚固性　混凝土中粗集料起骨架作用必须具有足够的坚固性。坚固性是指卵石、碎石在自然风化和其他外界物理化学因素作用下抵抗破裂的能力。采用硫酸钠溶液法进行试验，卵石和碎石经5次循环后，其质量损失应符合表4-9的规定。压碎指标（δ_a）是将一定量经风干后的石子筛除大于19.0mm及小于9.50mm的颗粒，并去除针片状颗粒再装入一定规格的圆筒内，在压力机上施加荷载到200kN并稳定5s，卸荷后称取试样质量（m_0），再用孔径为2.36mm的筛筛除被压碎的细粒，称取出留在筛上的试样质量（m_1）。最后通过下式计算。

$$\delta_a = \frac{m_0 - m_1}{m_0} \times 100\%$$

式中　m_0——试样的质量（g）；

m_1——压碎试验后筛余的试样质量（g）。

压碎指标值越小，表明石子的强度越高。对不同强度等级的混凝土，所用石子的压碎指标应符合表4-9的规定。

表4-9　坚固性指标和压碎指标

项目＼类别	Ⅰ类	Ⅱ类	Ⅲ类
质量损失（%）	<5	<8	<12
碎石压碎指标（%）	<10	<20	<30
卵石压碎指标（%）	<12	<16	<16

试一试

［**单项选择题**］压碎指标是用来表示________坚固性的指标。

A. 砂子　　B. 石子　　C. 水泥　　D. 混凝土

（5）碱活性　集料中若含有活性氧化硅或活性碳酸盐，在一定条件下会与水泥的碱发生碱-集料反应（碱-硅酸反应或碱-碳酸反应），生成凝胶，吸水产生膨胀，导致混凝土开裂。经碱集料反应试验后，由卵石、碎石制备的试件无裂缝、酥裂、胶体外溢等现象，在规定的试验龄期体膨胀系数应小于0.10%。

4. 拌和与养护用水

1）饮用水、地下水、地表水及经过处理达到要求的工业废水均可用作混凝土拌和用

水。混凝土拌和及养护用水的质量要求具体是：不得影响混凝土的和易性及凝结；不得有损于混凝土强度发展；不得降低混凝土的耐久性；不得加快钢筋腐蚀及导致预应力钢筋脆断；不得污染混凝土表面；各物质限量应符合表4-10的要求。当对水质有怀疑时，应将该水与蒸馏水或饮用水进行水泥凝结时间、砂浆或混凝土强度对比试验。测得的初凝时间差及终凝时间差均不得大于30min，其初凝和终凝时间还应符合水泥国家标准的规定。用该水制成的砂浆或混凝土28d抗压强度应不低于蒸馏水或饮用水制成的砂浆或混凝土抗压强度的90%。

表4-10　水中物质含量限值

项　　目	预应力混凝土	钢筋混凝土	素混凝土
pH值	>4	>4	>4
不溶物/（mg/L）	<2000	<2000	<5000
可溶物/（mg/L）	<2000	<5000	<10000
氯化物（以Cl^-计）/（mg/L）	<500	<1200	<3500
硫酸盐（以SO_4^{2-}计）/（mg/L）	<600	<2700	<2700
硫化物（以S^{2-}计）/（mg/L）	<100		

注：使用钢丝或经热处理钢筋的预应力混凝土氯化物含量不得超过350mg/L。

2）海水中含有硫酸盐、镁盐和氯化物，对水泥石有侵蚀作用，对钢筋也会造成锈蚀，因此不得用于拌制钢筋混凝土和预应力混凝土。

试一试

[**单项选择题**] 配制钢筋混凝土所用的水，应选用________。

A. 含油的水　　B. 饮用水　　C. 含糖的水　　D. 海水

【案例4-5】海水做拌和水导致混凝土腐蚀破坏

概况：海南某市临出海口建造7层住宅综合楼，采用现浇钢筋混凝土框架结构，工地现场挖井取水配制C30混凝土，该工程竣工投入使用不到6年住户陆续发现部分柱、梁、板混凝土出现顺筋开裂现象，个别地方混凝土崩落，钢筋外露，锈蚀发展迅速。

分析：由于工程场地毗邻出海口，秋冬时节出现海水倒灌入井，调查得知，混凝土拌和用水氯离子及硫酸根离子超标，这是导致混凝土开裂和钢筋锈蚀的主要原因。

5. 外加剂

在拌制混凝土过程中掺入外加剂，用以改善混凝土的性能，掺量一般不大于水泥质量的5%。外加剂能改善新拌混凝土和硬化混凝土的性能，如提高抗冻性，调节凝结时间和硬化时间，改善工作性，提高强度等，是生产各种高性能混凝土和特种混凝土必不可少的组分。

（1）外加剂的分类　根据《混凝土外加剂定义、分类、命名与术语》（GB 8075—2005）

的规定，混凝土外加剂按其主要功能分为四类：

1）改善混凝土拌合物流变性能的外加剂，包括各种减水剂和泵送剂等。

2）调节混凝土凝结时间、硬化性能的外加剂，包括各种缓凝剂、早强剂和速凝剂等。

3）改善混凝土耐久性的外加剂，包括各种引气剂、防水剂、阻锈剂和矿物外加剂等。

4）改善混凝土其他性能的外加剂，包括各种加气剂、膨胀剂、防冻剂、着色剂、防水剂等。

（2）常用的混凝土外加剂

1）减水剂。减水剂是一种在混凝土拌合物坍落度相同条件下能减少拌和水量的外加剂。减水剂按其减水的程度分为普通减水剂和高效减水剂。减水剂本身有一定的缓凝作用。

2）早强剂。早强剂能加速混凝土早期强度并对后期强度无明显影响的外加剂，其中氯化钙早强效果好而成本低，应用最广。早强剂的种类有无机物类（氯盐类、硫酸盐类、碳酸盐类），有机物类（有机胺等）和矿物类（明矾石、氟铝酸钙、无水硫铝酸钙类）。

3）缓凝剂。缓凝剂是一种能延缓水泥水化反应，从而延长混凝土的凝结时间，使新拌混凝土较长时间保持塑性，方便浇筑，提高施工效率，同时对混凝土后期各项性能不会造成不良影响的外加剂。按其缓凝时间可分为普通缓凝剂和超缓凝剂，按化学成分可分为无机缓凝剂和有机缓凝剂。

4）速凝剂。速凝剂是能使混凝土迅速硬化的外加剂。按其主要成分可以分成三类：铝氧熟料加碳酸盐系速凝剂、硫铝酸盐系速凝剂、水玻璃系速凝剂。

5）膨胀剂。膨胀剂是能使混凝土产生一定体积膨胀的外加剂。按化学成分可分为：硫铝酸盐系膨胀剂、石灰系膨胀剂、铁粉系膨胀剂、复合膨胀剂。

6）引气剂。引气剂在混凝土搅拌过程中引入大量均匀分布、稳定而封闭的微小气泡，起到改善混凝土和易性，提高混凝土抗冻性和耐久性的作用。

7）防水剂。防水剂是一种能降低砂浆、混凝土在静水压力下透水性的外加剂。防水剂按化学成分可分为无机质防水剂和有机质防水剂。

（3）外加剂与水泥的适应性问题　外加剂在使用过程中存在一个非常重要的问题，就是外加剂与水泥的适应性问题。外加剂与水泥的适应性不好，不但会降低外加剂的有效作用，增加外加剂的掺量从而增加混凝土成本，而且还可能使混凝土无法施工或者引发工程事故。一般来说，影响外加剂与水泥适应性问题的因素包括三个方面：

1）水泥方面，如水泥的矿物组成、含碱量、混合材料种类、细度等。

2）化学外加剂方面，如减水剂分子结构等。

3）环境条件方面，如温度、距离等。

长期以来，混凝土工作者在提高外加剂与水泥的适应性方面进行了大量持久的研究工作，提出了各种改善外加剂与水泥适应性的方法。

试一试

［**单项选择题**］大体积混凝土常用的外加剂是________。

A. 早强剂　　B. 缓凝剂　　C. 引气剂　　D. 速凝剂

【案例 4-6】外加剂过量导致混凝土凝结异常

概况：某学院学生公寓楼工程 B 幢柱体及楼面用 C30 混凝土，该批混凝土在浇筑后 50h 内仍处于松软状态，后逐渐凝结硬化。

分析：经调查，为施工人员拌和混凝土时，外加剂木钙的掺量搞错，多掺了两倍，导致混凝土长时间不凝结硬化。

6. 矿物掺和料

（1）常用的矿物掺和料　矿物掺和料是指在混凝土拌合物中，为了节约水泥，改善混凝土性能加入的矿物粉体材料，以硅、铝、钙等一种或多种氧化物为主要成分，也称为矿物外加剂，是混凝土的第六组分。常用的矿物掺和料有：粉煤灰、粒化高炉矿渣粉、硅灰、沸石粉等。其中粉煤灰应用最普遍。

1）粉煤灰。粉煤灰又称飞灰，是由燃烧煤粉的锅炉烟气中收集到的细粉末，其颗粒多呈球形，表面光滑。

2）硅灰。硅灰又称硅粉或硅烟灰，是从生产硅铁合金或硅钢等所排放的烟气中收集到的颗粒极细的烟尘，色呈浅灰到深灰。硅灰的颗粒是微细的玻璃球体，部分粒子凝聚成片或球状的粒子。

3）磨细矿粉。磨细矿粉是指将粒化高炉矿渣经干燥、磨细达到相当细度且符合相应活性指数的粉状材料。

4）沸石粉。沸石粉是天然的沸石岩磨细而成的，具有很大的内表面积。沸石岩是经天然煅烧后的火山灰质铝硅酸盐矿物，含有一定量活性 SiO_2 和 Al_2O_3，能与水泥水化析出的氢氧化钙作用。

5）燃烧煤矸石。煤矸石是煤矿开采或洗煤过程中所排除的夹杂物，主要成分是 SiO_2 和 Al_2O_3。将煤矸石经过高温煅烧后，使所含黏土矿物脱水分解，并去除碳分，烧掉有害物质，使其具有较好的活性。

（2）掺和料在混凝土中的作用

1）掺和料可代替部分水泥，成本低廉，经济效益显著。

2）增大混凝土的后期强度。但是值得注意的是掺入除硅灰外的矿物细掺料，混凝土的早期强度随着掺量的增加而降低。

3）改善新拌混凝土的工作性。混凝土提高流动性后，很容易使混凝土产生离析和泌水，掺入矿物细掺料后，混凝土会具有很好的黏聚性。像粉煤灰等需水量小的掺和料还可以降低混凝土的水胶比，提高混凝土的耐久性。

4）降低混凝土温升。水泥水化产生热量，而混凝土又是热的不良导体，在大体积混凝土施工中，混凝土内部温度可达到 50～70℃，比外部温度高，产生温度应力，使混凝土内部体积膨胀，而外部混凝土随着气温降低而收缩。内部膨胀和外部收缩使得混凝土表面产生很大的拉应力，导致混凝土产生裂缝。掺和料的加入，减少了水泥的用量，就进一步降低了水泥的水化热，降低混凝土温升。

5）提高混凝土的密实性。混凝土的耐久性与水泥水化产生的 $Ca(OH)_2$ 密切相关。矿物细掺料和 $Ca(OH)_2$ 发生化学反应，降低了混凝土中的 $Ca(OH)_2$ 含量，同时减少混凝土中大的毛细孔，优化混凝土孔结构，使混凝土结构更加致密，提高了混凝土的抗冻性、抗渗性、抗硫酸盐侵蚀等耐久性能。

6）抑制碱-集料反应。试验证明，矿物掺和料掺量较大时，可以有效地抑制碱-集料反应。内掺30%的低钙粉煤灰能有效地抑制碱-硅反应的有害膨胀。

试一试

[**单项选择题**] 用高标号水泥配制低标号混凝土时，为满足经济要求，可采用________的方法。

A. 提高砂子含量　　B. 掺适量的混合材料　　C. 适当提高石子的粒径

4.1.3 混凝土拌合物的和易性

混凝土在未凝结硬化之前，称为混凝土拌合物。它必须具有良好的和易性，便于施工，以保证能获得均匀密实的浇筑质量，同时应注意到混凝土浇筑后凝结前的6~10h内，以及硬化最初几天对其长期强度的显著影响。

1. 和易性的概念

和易性（又称工作性）是混凝土在凝结硬化前必备的性能，是指混凝土拌合物易于施工操作（拌和、运输、浇灌、捣实）并获得质量均匀、成型密实的混凝土性能。和易性是一项综合的技术性质，包括流动性、黏聚性和保水性三方面含义。

（1）流动性　流动性是指混凝土拌合物在本身自重或施工机械振捣的作用下，克服内部阻力和与模板、钢筋之间的阻力，产生流动，并均匀密实地填满模板的能力。

（2）黏聚性　是指混凝土拌合物具有一定的黏聚力，在施工、运输及浇筑过程中，不致出现分层离析，使混凝土保持整体均匀性的能力。

（3）保水性　是指混凝土拌合物具有一定的保水能力，在施工中不致产生严重的泌水现象。

混凝土拌合物的流动性、黏聚性和保水性三者之间既互相联系，又互相矛盾。如黏聚性好则保水性一般也较好，但流动性可能较差；当增大流动性时，黏聚性和保水性往往较差。因此，拌合物的工作性是三个方面性能的总和，直接影响混凝土施工的难易程度，同时对硬化后的混凝土的强度、耐久性、外观完好性及内部结构都具有重要影响，是混凝土的重要性能之一。

2. 和易性测定方法及指标

到目前为止，混凝土拌合物的和易性还没有一个综合的定量指标来衡量。通常采用坍落度或维勃稠度来定量地测定流动性，而黏聚性和保水性主要通过目测观察来判定。

（1）坍落度测定　目前普遍采用的坍落度方法适用于测定最大集料粒径不大于40mm、坍落度不小于10mm的混凝土拌合物的流动性。测定的具体方法为：将标准圆锥坍落度筒（无底）放在水平的、不吸水的刚性底板上并固定，混凝土拌合物按规定方法装入其中，装满刮平后，垂直向上提起，筒内拌合物失去水平方向约束后，由于自重将会产生坍落现象。

然后量出向下坍落的尺寸（mm）就是坍落度，作为流动性指标，如图4-3所示。坍落度越大表示混凝土拌合物的流动性越大。

根据坍落度的不同，可将混凝土拌合物分为4级：低塑性混凝土（坍落度值为10～40mm）、塑性混凝土（坍落度值为50～90mm）、流动性混凝土（坍落度值为100～150mm）及大流动性混凝土（坍落度值>160mm）。

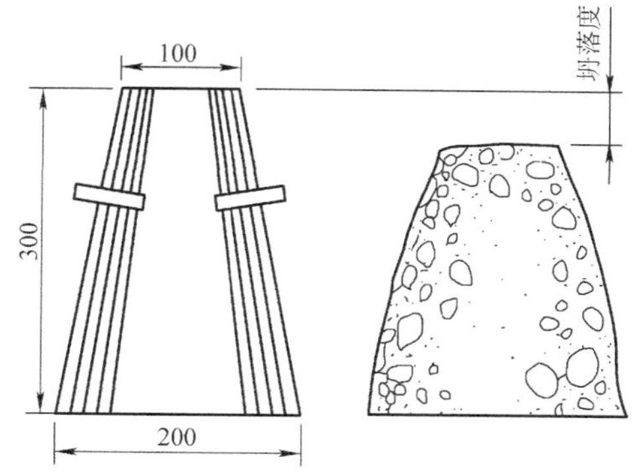

图4-3 混凝土拌合物坍落度的测定

（2）维勃稠度测定 坍落度值小于10mm的混凝土叫做干硬性混凝土，通常采用维勃稠度仪测定其稠度（维勃稠度）。测定的具体方法为：在筒内按坍落度实验方法装料，提起坍落度筒，在拌合物试体顶面放一透明盘，开启振动台，测量从开始振动至混凝土拌合物与压板全面接触时的时间即为维勃稠度值（s）。该方法适用于集料最大粒径不超过40mm，维勃稠度在5～30s之间的混凝土拌合物的稠度测定。

（3）影响和易性的主要因素

1）水泥浆。水泥浆是由水泥与水拌和而成的浆体，具有流动性和可塑性，它是普通混凝土拌合物和易性的主要影响因素。混凝土拌合物的流动性是其在外力与自重作用下克服内摩擦阻力产生运动的反映。混凝土拌合物内摩擦阻力，一部分来自水泥浆颗粒间的内聚力与黏性，另一部分来自集料颗粒间的摩擦力，集料间水泥浆层越厚，摩擦力越小，因此在原材料一定时，坍落度主要取决于水泥浆量的多少和黏度大小。只增大用水量时，坍落度加大，而稳定性降低（即易于离析和泌水），也影响拌合物硬化后的性能，所以过去通常是维持水胶比不变，调整水泥浆量来满足工作度要求。因考虑到水泥浆多会影响耐久性，有时掺外加剂来调整和易性，满足施工需要。

2）集料品种与品质。碎石比河卵石粗糙、棱角多，内摩擦阻力大，因而在水泥浆量和水胶比相同条件下，流动性要差些；石子最大粒径较大时，需要包裹的水泥浆少，流动性要好些，但稳定性较差，即容易离析；细砂的表面积大，拌制同样流动性的混凝土拌合物需要较多水泥浆或砂浆。所以应采用最大粒径稍小、棱角少、片针状颗粒少、级配好的粗集料。

【案例4-7】砂子细度对混凝土和易性的影响

概况：某混凝土搅拌站原混凝土配方可生产出性能良好的泵送混凝土。后来砂子细度模数由原来的2.8降为2.3。施工人员未引起重视，仍按原配方配制混凝土，后发觉混凝土坍落度明显下降，难以泵送，最后临时现场加水才得以泵送。

分析：因砂子细度模数下降，砂子偏细，表面积增大，在其他材料及配方不变的情况下，水泥浆包裹层变薄，混凝土的坍落度必然有所下降。

3）砂率。砂率是指混凝土拌合物砂用量与砂石总量比值的百分率。在混凝土拌合物中，是砂子填充石子（粗集料）的空隙，而水泥浆则填充砂子的空隙，同时有一定富裕量去包裹集料的表面，润滑集料，使拌合物具有流动性和易密实的性能。但砂率过大，细集料含量相对增多，集料的总表面积明显增大，包裹砂子颗粒表面的水泥浆层显得不足，砂粒之间的内摩阻力增大，这时随着砂率的增大流动性将降低。所以，在用水量及水泥用量一定的条件下，存在着一个最佳砂率（或合理砂率值），使混凝土拌合物获得最大的流动性，且保持良好的黏聚性及保水性，如图 4-4 所示。

在保持流动性一定的条件下，砂率还影响混凝土中水泥的用量，如图 4-5 所示。当砂率过小时，必须增大水泥用量，以保证有足够的砂浆量来包裹和润滑粗集料；当砂率过大时，也要加大水泥用量，以保证有足够的水泥浆包裹和润滑细集料。在最佳砂率时，水泥用量最少。

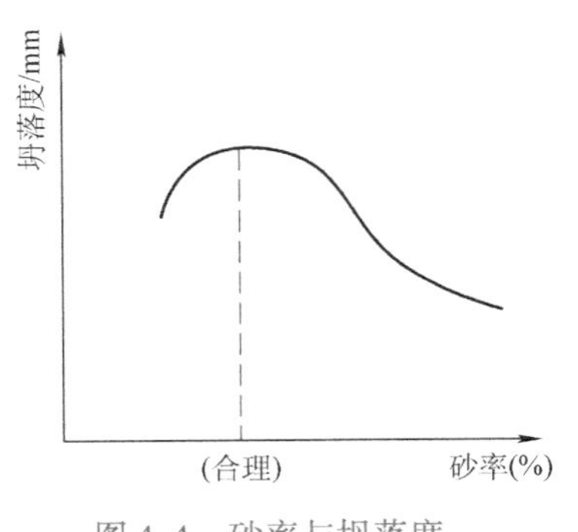

图 4-4 砂率与坍落度

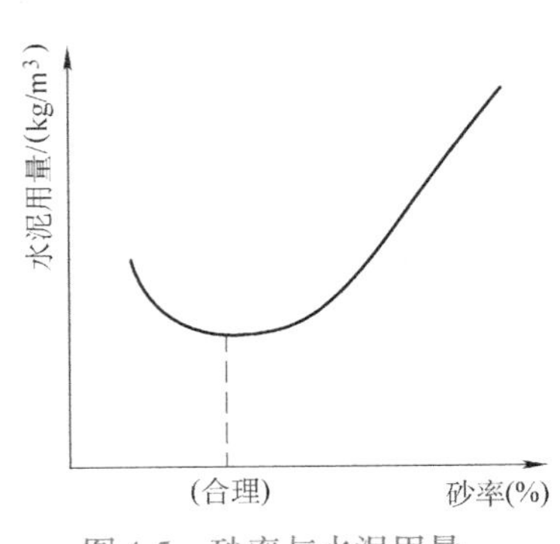

图 4-5 砂率与水泥用量

4）水泥与外加剂。与普通硅酸盐水泥相比，采用矿渣水泥、火山灰水泥的混凝土拌合物流动性较小，但是矿渣水泥的保水性差，气温低时泌水较大。在拌制混凝土拌合物时加入适量外加剂，如减水剂、引气剂等，使混凝土在较低水胶比、较小用水量的条件下仍能获得很高的流动性。

5）矿物掺和料。矿物掺和料不仅自身水化缓慢，而且优质矿物掺和料还有一定的减水效果，同时减缓了水泥的水化速度，使混凝土的工作性更加流畅，并防止泌水及离析的发生。

6）含气量。一方面，气泡包含于水泥浆中，相当于浆体的一部分，使浆体量增大；另一方面，小的气泡在混凝土中还可以起滚珠润滑作用，同时，封闭的气泡提高混凝土拌合物的稳定性，工作性会因此得到改善。

7）搅拌作用的影响。不同搅拌机械拌和出的混凝土拌合物，即使原材料条件相同，工作度仍可能出现明显的差别。特别是搅拌水泥用量大、水胶比小的混凝土拌合物，这种差别尤其显著。即使是同类搅拌机，如果使用维护不当，叶片被硬化的混凝土拌合物逐渐包裹，就减弱了搅拌效果，使拌合物越来越不均匀，工作度也会显著下降。

试一试

[单项选择题] 对混凝土拌合物流动性影响最大的因素是________。

A. 砂率　　B. 用水量　　C. 集料级配　　D. 水泥品种

【案例4-8】集料含水量变化对混凝土和易性的影响

概况：某混凝土搅拌站生产的混凝土强度不仅离散程度较大，而且有时会出现卸料及泵送困难，有时又易出现离析现象。后来经检测，除了使用的集料含水量波动较大外，没有发现其他问题。

分析：由于集料，特别是砂的含水量波动较大，使实际配比中的加水量随之波动，以致加水量不足时混凝土坍落度不足，水量过多则坍落度过大，混凝土强度的变动范围也就较大。当坍落度过大时，易出现离析。若振捣时间过长、坍落度过大，还会造成“过振”现象。

8）时间和温度。搅拌后的混凝土拌合物，随着时间的增长而逐渐变得干稠，坍落度降低，流动性下降，从而使和易性变差，这种现象称为坍落度损失。其原因是一部分水已与水泥硬化，一部分被水泥集料吸收，一部分水蒸发。

混凝土拌合物的和易性也受温度的影响，因为环境温度升高，水分蒸发及水化反应加快，相应使流动性降低。因此，施工中为保证一定的和易性，必须注意环境温度的变化，采取相应的措施。

（4）改善混凝土和易性的措施　针对如上影响混凝土和易性的因素，在施工中，可采取如下措施来改善混凝土的和易性。

1）采用合理砂率，有利于和易性的改善，同时可节省水泥，提高混凝土的强度。

2）改善集料粒形与级配，特别是粗集料的级配，并尽量采用较粗的砂、石。

3）掺加化学外加剂与活性矿物掺和料，改善、调整拌合物的工作性，以满足施工要求。

4）当混凝土拌合物坍落度太小时，保持水胶比不变，适当增加水与胶凝材料用量；当坍落度太大时，保持砂率不变，适当增加砂、石集料用量。

4.1.4　硬化混凝土的强度

1. 混凝土的立方体抗压强度

根据国家标准《普通混凝土力学性能试验方法标准》（GB/T 50081—2002）制作边长150mm的立方体标准试件，在标准条件（温度20℃±2℃，相对湿度90%以上）下，养护28d龄期，测得的抗压强度值作为混凝土的立方体抗压强度值，用f_{cu}表示。

$$f_{cu}=\frac{F}{A}$$

式中　f_{cu}——混凝土的立方体抗压强度（MPa）；

F——破坏荷载（N）；

A——试件承压面积（mm^2）。

对于同一混凝土材料，采用不同的试验方法，例如不同的养护温度、湿度，以及不同形状、尺寸的试件，其强度值将有所不同。

测定混凝土抗压强度时，也可采用非标准试件，然后将测定结果乘以换算系数，换算成相当于标准试件的强度值。对于边长为100mm的立方体试件，应乘以强度换算系数0.95；

边长为200mm的立方体试件，应乘以强度换算系数1.05。

2. 混凝土立方体抗压标准强度（$f_{cu,k}$）与强度等级

混凝土立方体抗压标准强度是指按标准方法制作和养护的边长为150mm的立方体试件，在28d龄期，用标准试验方法测得的强度总体分布中具有不低于95%保证率的抗压强度值，用$f_{cu,k}$表示。

混凝土强度等级是按照立方体抗压标准强度来划分的。混凝土强度等级用符号C与立方体抗压强度标准值（以MPa计）表示。根据《混凝土结构设计规范》（GB 50010—2010），将普通混凝土划分为C15、C20、C25、C30、C35、C40、C45、C50、C55、C60、C65、C70、C75、C80共14个等级。不同工程或用于不同部位的混凝土，其强度等级要求也不相同，一般应用如下：

（1）C15　用于垫层、基础、地坪及受力不大的结构，当前C7.5已很少采用。

（2）C20、C25　用于梁、板、柱、楼梯、屋架等普通钢筋混凝土结构。

（3）C25、C30　用于大跨度结构、要求耐久性高的结构、预制构件等。

（4）C40、C45　用于预应力钢筋混凝土构件、吊车梁及特种结构等，用于25~30层高层建筑。

（5）C50~C80　用于30~60层以上高层建筑。

3. 混凝土轴心抗压强度（f_{cp}）

混凝土强度等级是采用立方体试件确定的。在结构设计中，考虑到受压构件是棱柱体（或是圆柱体），而不是立方体，所以采用棱柱体试件比用立方体试件更能反映混凝土的实际受压情况。由棱柱体试件测得的抗压强度称为轴心抗压强度。国家标准规定采用150mm×150mm×300mm的标准棱柱体试件进行抗压强度试验，也可采用非标准尺寸的核柱体试件。当混凝土强度等级小于C60时，用非标准试件测得的强度值均应乘以尺寸换算系数。

4. 影响混凝土强度的因素

荷载作用下的混凝土破坏形式一般有三种：常见的是集料与水泥石的界面破坏，其次是水泥石本身的破坏，第三种是集料的破坏。在普通混凝土中，集料破坏的可能性较小，因为集料的强度通常大于水泥石的强度及其与集料表面的黏结强度。

（1）水泥强度等级及水胶比　水泥强度等级及水胶比是影响混凝土强度最主要的因素。在水胶比不变的前提下，水泥强度等级越高，硬化后的水泥石强度和胶结能力越强，混凝土的强度也就越高。当采用同一品种、同一强度等级的水泥时，混凝土的强度取决于水胶比（混凝土的用水量与胶凝材料用量之比）。试验证明，混凝土的强度随着水胶比的增加而降低，呈曲线关系，而混凝土强度和胶水比则呈直线关系，如图4-6所示。

（2）矿物掺和料与外加剂　现代混凝土掺加外加剂和矿物掺和料，而矿物掺和料的活性、掺量对混凝土的强度特别是早期强度有显著的影响。外加剂的选择和掺量也直接影响着混凝土的强度。

（3）温度和湿度的影响　养护温度和湿度是决定水泥水化速度的重要条件。混凝土养护温度越高，水泥的水化速度越快，达到相同龄期时混凝土的强度越高。但是，初期温度过高将导致混凝土的早期强度发展较快，引起水泥凝胶体结构发育不良，水泥凝胶分布不均

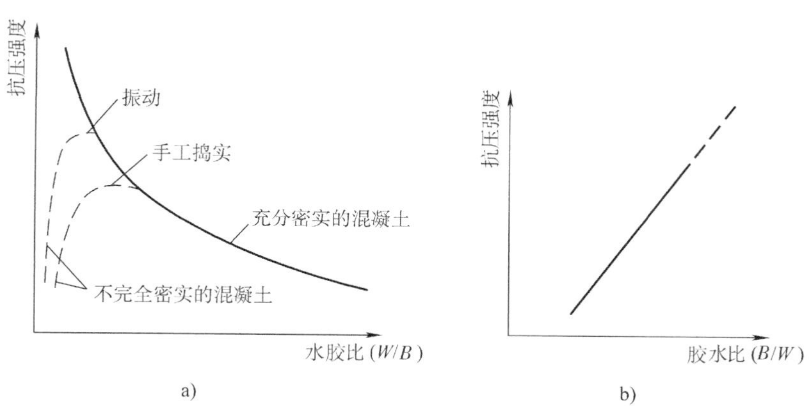

图 4-6　混凝土强度与水胶比及胶水比的关系

匀，对混凝土的后期强度发展不利，有可能降低混凝土的后期强度。较高温度下水化的水泥凝胶更为多孔。湿度对水泥的水化能否正常进行有显著的影响。湿度适当，水泥能够顺利进行水化，混凝土强度能够得到充分发展。如果湿度不够，混凝土会失水干燥而影响水泥水化的顺利进行，甚至停止水化，使混凝土结构疏松或者形成干缩裂缝从而降低混凝土的强度和耐久性。

（4）集料的影响　集料的有害杂质、含泥量、泥块含量、集料的形状及表面特征、颗粒级配等均影响混凝土的强度。例如含泥量较大将使界面强度降低；集料中的有机质将影响到水泥的水化，从而影响水泥石的强度。

（5）龄期的影响　在正常养护条件下，混凝土的强度随龄期的增长而增加。发展趋势可以用下式的对数关系来描述。

$$\frac{\lg 28}{\lg n}=\frac{f_{28}}{f_n}$$

式中　f_n——n 天龄期混凝土的抗压强度（MPa）；

f_{28}——28d 龄期混凝土的抗压强度（MPa）；

n——养护龄期（$n>3$d）。即随龄期的增长，强度呈对数曲线趋势增长，开始增长速度快，以后逐渐减慢，28d 以后强度基本趋于稳定，但混凝土的强度仍有增长。

试一试

［**单项选择题**］影响混凝土强度的主要因素是________。

A. 砂率　　B. 水胶比　　C. 集料的性能　　D. 施工工艺

【案例4-9】混凝土强度未达到强度要求而引起破坏

概况：某工业厂房，采用预应力混凝土拱形屋架，设计要求混凝土强度达到100%时，方可进行预应力张拉。混凝土在浇筑并自然养护28d后进行预应力张拉，但在完成第一根屋架的预应力工序时，发现屋架下弦距端部多处被压酥破坏，而上弦在很多处也出现折断裂缝。

分析：混凝土强度未达到强度要求就进行预应力张拉，从而引起屋架破坏。由于材料运输车曾运过化工原料，未进行彻底清理而运输石子，使石子中掺入了红锌矿。红锌矿水化使得水泥水化反应速度减慢，混凝土强度增长缓慢。经检查在35d时，试块强度仅为设计强度的70%，屋架强度不足，最终造成破坏。

5. 提高混凝土强度的措施

（1）选用高强度等级水泥　混凝土在满足施工和易性与耐久性要求条件下，在水胶比不变的前提下，水泥强度等级越高，混凝土强度越高。

（2）降低水胶比　水胶比越低，混凝土硬化后留下的孔隙越少，混凝土密实度越高，强度也显著提高。

（3）掺用混凝土外加剂、掺和料　在混凝土中掺入减水剂，可减少用水量，提高混凝土强度。一般来说，掺入矿物细料，是在低水胶比下配制高强度混凝土的重要技术途径，尤其是掺加硅灰既能够提高混凝土的早期强度，又能够提高混凝土的后期强度。

（4）采用湿热处理

1）蒸汽养护。将混凝土放在低于100℃的常压蒸汽中养护，经16～20h养护后，其强度可达正常条件下养护，28d强度的70%～80%。蒸汽养护最适合于掺加矿物掺和料的混凝土制品。

2）蒸压养护。混凝土在100℃以上温度和几个大气压的蒸压釜中进行养护，主要适用于硅酸盐混凝土拌合物及其制品，如灰-砂砖，石灰-粉煤灰砌块，石灰-粉煤灰加气混凝土等。

3）采用机械搅拌和振捣混凝土。采用机械搅拌，不仅比人工搅拌工效高，而且也更均匀。采用机械振捣，可使混凝土混合料的颗粒产生振动，暂时破坏水泥的凝絮结构，降低水泥浆黏度和集料的摩擦力，使混凝土拌合物转入液体状态，提高流动性。同时，混凝土拌合物被振捣后，它的颗粒互相靠近，并把空气排出，使混凝土内部孔隙大大减少，因此提高了混凝土的密实度和强度。

4.1.5　混凝土耐久性

1. 混凝土耐久性的概念

混凝土的耐久性是它暴露在使用环境下抵抗各种物理和化学作用破坏的能力。混凝土出现初期，人们认为能够使用50年以上就是耐久性很好的混凝土。而现在人们则希望混凝土构筑物能够有数百年的使用寿命，同时，由于人类开发领域的不断扩大，地下、海洋、高空建筑越来越多，结构物使用的环境更加苛刻，因此客观上要求混凝土有更优异的耐久性。

混凝土的耐久性是一个综合性概念，它包括的内容很多，如抗渗性、抗冻性、抗侵蚀性、抗炭化性、抗碱-集料反应等方面。这些性能决定着混凝土经久耐用的程度。

（1）抗渗性　混凝土的抗渗性是指混凝土抵抗压力水渗透的能力。混凝土渗水的主要

原因是由于混凝土内部存在连通的毛细孔和裂缝，形成了渗水通道。渗水通道主要来源于水泥石内的孔隙、水泥浆泌水形成的泌水通道和收缩引起的微小裂缝等。因此，提高混凝土的密实度，可提高其抗渗性。

混凝土的抗渗性用抗渗等级表示，是以28d龄期的标准试件，按规定方法进行试验时所能承受的最大静水压力来确定。可分为P4、P6、P8、P10和P12共五个等级，分别表示混凝土能抵抗0.4MPa、0.6MPa、0.8MPa、1.0MPa和1.2MPa的静水压力而不发生渗透。

试一试

［**单项选择题**］有抗渗要求的混凝土，应优先选用________。

A. 硅酸盐水泥　B. 火山灰水泥　C. 矿渣水泥　D. 粉煤灰水泥

（2）抗冻性　混凝土的抗冻性是指混凝土在饱和水状态下，能抵抗冻融循环作用而不发生破坏，强度也不显著降低的性质。在寒冷地区，特别是在严寒地区处于潮湿环境或干湿交替环境的混凝土，抗冻性是评定混凝土耐久性的重要指标。

混凝土的耐久性用抗冻等级表示。抗冻等级是以28d龄期的混凝土标准试件，在饱和水状态下，强度损失不超过25%，且质量损失不超过5%时，混凝土所能承受的最大冻融循环次数来表示，用F10、F15、F25、F50、F100、F150、F200、F250和F300共九个抗冻等级来表示。

混凝土的抗冻性主要决定于混凝土的孔隙率及孔隙特征、含水程度等因素。孔隙率较小且具有封闭孔隙的混凝土，其抗冻性较好。

（3）抗侵蚀性　混凝土的抗侵蚀性主要取决于水泥石的抗侵蚀性。合理选择水泥品种、提高混凝土制品的密实度均可以提高抗侵蚀性。

（4）抗炭化性　混凝土的炭化主要指水泥石的炭化。水泥石的炭化是指水泥石中的$Ca(OH)_2$与空气中的CO_2在潮湿条件下发生化学反应。混凝土炭化，一方面会使其碱度降低，从而使混凝土对钢筋的保护作用降低，钢筋易锈蚀；另一方面，会引起混凝土表面产生收缩而开裂。

（5）碱-集料反应　碱-集料反应是指水泥中的碱与集料中碱活性矿物在潮湿环境下缓慢发生的膨胀反应，并导致混凝土开裂破坏。碱-集料反应后，会在集料表面形成复杂的碱硅酸凝胶。吸水后凝胶不断膨胀而使混凝土产生膨胀性裂纹，严重时会导致结构破坏。为了防止碱-集料反应，应严格控制水泥中碱的含量和集料中碱活性物质的含量。

【案例4-10】碱-集料反应致使混凝土开裂破坏

概况：某钢筋混凝土土桥梁于20世纪80年代末建成后交付使用。第二年底发现该桥某段排水管道损坏，混凝土梁表面出现不同程度的裂缝，而裂缝正在继续发展，混凝土梁上常有雨水浸渍。

分析：混凝土发生碱-集料反应，致使混凝土梁开裂破坏。经调查发现该桥梁采用水泥为325号快硬水泥，水泥碱含量高达1.3%，单方混凝土水泥用量为500kg左右。因此，单方混凝土碱含量约6.5kg，超过了$3.5kg/m^3$的混凝土碱含量限定值，这为碱-集料反应提供了条件。混凝土发生碱-集料反应，反应产物吸水膨胀导致混凝土开裂。

2. 提高混凝土耐久性的措施

混凝土所处的环境条件不同，其耐久性的含义也有所不同，应根据混凝土所处环境条件采取相应的措施来提高耐久性。提高混凝土耐久性的主要措施有以下三点：

（1）合理选择混凝土的组成材料

1）应根据混凝土的工程特点或所处的环境条件，合理选择水泥品种。

2）选择质量良好、技术要求合格的集料。

（2）提高混凝土的密实度

1）严格控制混凝土的水胶比和水泥用量。混凝土的最大水胶比和最小水泥用量必须符合表4-11的规定。

表4-11 混凝土的最大水胶比和最小水泥用量

环境条件		结构物类别	最大水胶比			最小水泥用量		
			素混凝土	钢筋混凝土	预应力混凝土	素混凝土	钢筋混凝土	预应力混凝土
1. 干燥环境		正常的居住或办公用房室内部件	不作规定	0.65	0.60	200	260	300
2. 潮湿环境	无冻害	1. 高湿度的室内部件 2. 室外部件 3. 在非侵蚀性土和（或）水中的部件	0.7	0.6	0.6	225	280	300
	有冻害	1. 经受冻害的室外部件 2. 在非侵蚀性土和（或）水中且经受冻害的部件 3. 高湿度且经受冻害的室内部件	0.55	0.55	0.55	250	280	300
3. 有冻害和除冰剂的潮湿环境		经受冻害和除冰剂作用的室内和室外部件	0.50	0.50	0.50	300	300	300

注：1. 当用活性掺和料取代部分水泥时，表中的最大水胶比及最小水泥用量即为替代前的水胶比和水泥用量。
2. 配制C15级及其以下等级的混凝土，可不受本表限制。

2）选择级配良好的集料及合理砂率值，保证混凝土的密实度。

3）掺入适量减水剂，可减少混凝土的单位用水量，提高混凝土的密实度。

4）严格按操作规程进行施工操作，加强搅拌，合理浇筑，振捣密实，加强养护，确保施工质量，提高混凝土制品的密实度。

（3）改善混凝土的孔隙结构　在混凝土中掺入适量引气剂，可改善混凝土内部的孔结构，封闭孔隙的存在，可以提高混凝土的抗渗性、抗冻性及抗侵蚀性。

试一试

［**单项选择题**］影响混凝土耐久性的关键因素是________。
A. 水泥用量　　B. 混凝土的密实度　　C. 水胶比

4.1.6 普通混凝土配合比设计

1. 基本要求

配合比设计的任务就是根据原材料的技术性能及施工条件，合理地确定出能满足工程所要求的各项组成材料的用量。混凝土配合比设计的基本要求如下：

1）满足混凝土结构设计要求的强度等级。

2）满足混凝土施工所要求的和易性。

3）满足工程所处环境要求的混凝土耐久性。

4）在上述三项满足的前提下，考虑经济原则，节约水泥，降低成本。

2. 资料准备

在设计混凝土配合比之前，必须通过调查研究，预先掌握下列基本资料：

1）了解工程设计要求的混凝土强度等级，以便确定混凝土配制强度。

2）了解工程所处环境对混凝土耐久性的要求，以便确定所配制混凝土的最大水胶比和最小水泥用量。

3）掌握原材料的性能指标，包括：水泥的品种、强度等级、密度，砂、石集料的种类、表观密度、级配、最大粒径，拌和用水的水质情况，外加剂的品种、性能、适宜掺量。

3. 混凝土配合比设计中的三个参数

混凝土配合比设计，实质上就是确定水泥、水、砂与石子这四项基本组成材料用量之间的三个比例关系，即：水与胶凝材料之间的比例关系，常用水胶比表示；砂与石子之间的比例关系，常用砂率表示；水泥浆与集料之间的比例关系，常用单位用水量来反映。水胶比、砂率、单位用水量是混凝土配合比的三个重要参数，在配合比设计中正确地确定这三个参数，就能使混凝土满足配合比设计的四项基本要求。

（1）水胶比的确定　在原材料一定的情况下，水胶比对混凝土的强度和耐久性起着关键性的作用。在满足强度和耐久性要求的条件下取最大值。最大水胶比和最小水泥用量的规定见表4-11。

（2）用水量的确定　在水胶比一定的条件下，单位用水量是影响混凝土拌合物流动性的主要因素，单位用水量可根据施工要求的流动性及粗集料的最大粒经确定。在满足施工所要求的混凝土流动性前提下，取较小值，以满足经济的要求。

（3）砂率的确定　砂率影响混凝土拌合物的和易性，特别是黏聚性和保水性。提高砂率有利于保证混凝土的黏聚性和保水性。

想一想

［**单项选择题**］在混凝土配合比设计中，选择合理砂率的主要目的是________。

A. 提高混凝土强度　B. 改善混凝土拌合物的和易性　C. 节省水泥

4. 混凝土配合比设计的步骤

混凝土配合比设计步骤，首先按照已选择的原材料性能及对混凝土的技术要求进行初步计算，得出“初步计算配合比”。并经过实验室试拌调整，得出“基准配合比”。然后经过强度检验（如有抗渗、抗冻等其他性能要求，应当进行相应的检验），定出满足设计和施工要求并比较经济的“设计配合比（实验室配合比）”。最后根据现场砂、石的实际含水率对实验室配合比进行调整，求出“施工配合比”。

（1）初步计算配合比的确定

1）配制强度（$f_{cu,0}$）的确定。根据《普通混凝土配合比设计规程》（JGJ 55—2011），在实际施工过程中，由于原材料质量的波动和施工条件的波动，混凝土强度难免有波动，为使混凝土的强度保证率能满足国家标准的要求，必须使混凝土的试配强度高于设计强度等级。根据《普通混凝土配合比设计规程》（JGJ 55—2011），当混凝土的设计强度等级小于C60时，配制强度应按下式确定。

$$f_{cu,0} \geqslant f_{cu,k} + 1.645\sigma$$

式中 $f_{cu,0}$——混凝土配制强度（MPa）；

$f_{cu,k}$——混凝土立方体抗压强度标准值，这里取混凝土的设计强度等级值（MPa）；

σ——混凝土强度标准差（MPa）。

当设计强度不小于C60时，配制强度应按下式确定

$$f_{cu,0} \geqslant 1.15 f_{cu,k}$$

当具有近1个月~3个月的同一品种、同一强度等级混凝土的强度资料，且试件组数不小于30时，其混凝土强度标准差σ应按下式计算

$$\sigma = \sqrt{\frac{\sum_{i=1}^{n} f_{cu,i}^2 - n m_{fcu}}{n-1}}$$

式中 $f_{cu,i}$——第i组试件的强度值（MPa）；

m_{fcu}——n组试件强度的平均值（MPa）；

n——混凝土试件的组数。

对于强度等级不大于C30的混凝土，当混凝土强度标准差计算值不小于3.0MPa时，应按上式计算结果取值；当混凝土强度标准计算值小于3.0MPa时，应取3.0MPa，对于强度等级大于C30且小于C60的混凝土，当混凝土强度标准差计算值不小于4.0MPa时，应按上式计算结果取值；当混凝土强度标准值小于4.0MPa时，应取4.0MPa。

当没有近期的同一品种、同一强度等级混凝土强度资料时，可按表4-12取用。

表4-12 混凝土σ取值

混凝土强度等级	≤C20	C25~C45	C50~C55
σ	4.0	5.0	6.0

2）确定相应的水胶比（W/B）。混凝土强度等级小于C60级时，混凝土水胶比宜按下式计算

$$W/B = \frac{\alpha_a f_{ce}}{f_{cu,0} + \alpha_a \alpha_b f_b}$$

式中 α_a、α_b——回归系数；

4 CHAPTER

W/B——混凝土水胶比；

f_b——胶凝材料28d胶砂抗压强度实测值（MPa）。

① 当胶凝材料28d胶砂抗压强度值（f_b）无实测值时，可按下式计算

$$f_b = \gamma_f \gamma_s \cdot f_{ce}$$

式中 γ_f、γ_s——粉煤灰影响系数和粒化高炉矿渣粉影响系数，可按表4-13选用；

f_{ce}——水泥28d胶砂抗压强度（MPa），可实测，也可按②确定。

表4-13 粉煤灰影响系数（γ_f）和粒化高炉矿渣粉影响系数（γ_s）

种类 掺量（%）	粉煤灰影响系数γ_f	粒化高炉矿渣粉影响系数γ_s
0	1.00	1.00
10	0.85～0.95	1.00
20	0.75～0.85	0.95～1.00
30	0.65～0.75	0.90～1.00
40	0.55～0.65	0.80～0.90
50	—	0.70～0.85

注：1. 采用Ⅰ级、Ⅱ级粉煤灰宜取上限值。

2. 采用S75级粒化高炉矿渣粉宜取下限值，采用S95级粒化高炉矿渣粉宜取上限值，采用S105级粒化高炉矿渣粉可取上限值加0.05。

3. 当超出表中的掺量时，粉煤灰和粒化高炉矿渣粉影响系数应经试验确定。

② 当水泥28d胶砂抗压强度（f_{ce}）无实测值时，可按下式计算

$$f_{ce} = \gamma_c f_{ce,g}$$

式中 γ_c——水泥强度等级值的富余系数，可按实际统计资料确定；当缺乏实际统计资料时，也可按表4-14选用；

$f_{ce,g}$——水泥强度等级值（MPa）。

表4-14 水泥强度等级值的富余系数（γ_c）

水泥强度等级值	32.5	42.5	52.5
富余系数	1.12	1.16	1.10

③ 回归系数α_a、α_b宜按下列规定确定：

a. 回归系数α_a和α_b根据工程所使用的水泥、集料，通过试验由建立的水胶比与混凝土强度关系式确定。

b. 当不具备上述试验统计资料时，其回归系数可按表4-15采用。

表4-15 回归系数选用

石子品种 系数	碎石	卵石
α_a	0.53	0.49
α_b	0.20	0.13

④ 为了保证混凝土的耐久性，需要控制水胶比及水泥用量，水胶比不得大于表4-11中的最大水胶比值，如计算所得的水胶比大于规定的最大水胶比值时，应取规定的最大水胶比值。

试一试

[**单项选择题**] 混凝土配比设计时，确定水胶比的依据是________。

A. 强度 B. 耐久性 C. 和易性 D. A和B

3）选取配合比 $1m^3$ 混凝土的用水量（m_{w0}）。

① 干硬性和塑性混凝土用水量的确定。

a. 水胶比在 0.40～0.80 范围时，根据粗集料的品种、粒径及施工要求的混凝土拌合物稠度，其用水量可按表 4-16 选取。

表 4-16 干硬性和塑性混凝土的用水量 （单位：kg/m^3）

拌合物稠度		卵石最大粒径/mm				碎石最大粒径/mm			
项目	指标	10	20	31.5	40	16	20	31.5	40
维勃稠度/s	16－20	175	160	—	145	180	170	—	155
	11－15	180	165	—	150	185	175	—	160
	5－10	185	170	—	155	190	180	—	165
坍落度/mm	10－30	190	170	160	150	200	185	175	165
	35－50	200	180	170	160	210	195	185	175
	55－70	210	190	180	170	220	205	195	185
	75－90	215	195	185	175	230	215	205	195

注：1. 本表用水量是采用中砂时的平均取值。采用细砂时，每立方米混凝土用水量增加 5～10kg；采用粗砂时，则可减少 5～10kg。

2. 掺用各种外加剂或掺和料时，用水量应相应调整。

b. 水胶比小于 0.40 的混凝土以及采用特殊成型工艺的混凝土用水量应通过试验确定。

② 流动性和大流动性的混凝土的用水量宜按下列步骤计算：

a. 以表 3-4 中的坍落度 90mm 的用水量为基础，按坍落度每增大 20mm 用水量增加 $5kg/m^3$，计算出未掺外加剂时的混凝土的用水量。

b. 掺外加剂时的混凝土用水量可按下式计算

$$m_{w0} = m'_{w0}(1-\beta)$$

式中 m_{w0}——计算配合比 $1m^3$ 混凝土的用水量（kg/m^3）；

m'_{w0}——未掺外加剂时推定的满足实际坍落度要求的 $1m^3$ 混凝土的用水量（kg/m^3）；

β——外加剂的减水率（%），应经混凝土试验确定。

c. 外加剂的减水率应经试验确定。

4）计算每立方米混凝土的胶凝材料用量（m_{b0}）。根据已初步确定的水胶比（W/B）和选用的单位用水量（m_{w0}），可计算出胶凝材料用量（m_{b0}）。

$$m_{b0} = \frac{m_{w0}}{W/B}$$

为了保证混凝土的耐久性，由上式计算得出的水泥用量还应满足表 4-11 规定的最小水泥用量

的要求，如计算得出的水泥用量少于规定的最小水泥用量，则应取规定的最小水泥用量值。

5）计算 1m³ 混凝土的矿物掺合料用量（m_{f0}）。

$$m_{f0} = m_{b0}\beta_f$$

式中 m_{f0}——计算配合比 1m³ 混凝土中矿物掺合料用量（kg/m³）；

β_f——矿物掺合料掺量（%），可根据表 4-17 确定。

表 4-17 钢筋混凝土中矿物掺合料最大掺量

矿物掺合料种类	水胶比	最大掺量（%）	
		采用硅酸盐水泥时	采用普通硅酸盐水泥时
粉煤灰	≤0.40	45	35
	>0.40	40	30
粒化高炉矿渣粉	≤0.40	65	55
	>0.40	55	45
钢渣粉	—	30	20
磷渣粉	—	30	20
硅灰	—	10	10
复合掺合料	≤0.40	65	55
	>0.40	55	45

注：1. 采用其他通用硅酸盐水泥时，宜将水泥混合材掺量 20% 以上的混合材量计入矿物掺合料。

2. 复合掺合料各组分的掺量不宜超过单掺时的最大掺量。

3. 在混合使用两种或两种以上矿物掺合料时，矿物掺合料总掺量应符合表中复合掺合料的规定。

6）计算 1m³ 混凝土的水泥用量（m_{c0}）。

$$m_{c0} = m_{b0} - m_{f0}$$

7）选用合理的砂率值（β_s）。应当根据混凝土拌合物的和易性及充分满足砂填充粗集料空隙的原则，通过试验求出合理砂率。当无历史资料可参考时，混凝土砂率的确定应符合下列规定：

① 坍落度为 10～60mm 的混凝土砂率，可根据粗集料品种、粒径及水胶比按表 4-18 选取。

表 4-18 混凝土砂率选取表 （%）

水胶比（W/B）	卵石最大公称粒径/mm			碎石最大公称粒径/mm		
	10	20	40	16	20	40
0.40	26～32	25～31	24～30	30～35	29～34	27～32
0.50	30～35	29～34	28～33	33～38	32～37	30～35
0.60	33～38	32～37	13～36	36～41	35～40	33～38
0.70	36～41	35～40	34～39	39～44	38～43	36～41

注：1. 本表数值为中砂的选用砂率，对细砂或粗砂可相应地减少或增大砂率。

2. 一个单粒级粗集料配制混凝土时，砂率应适当增大。

3. 对薄壁构件，砂率取偏大值。

4. 本表中的砂率是指砂与集料总量的质量比。

5. 采用人工砂配制混凝土时，砂率应适当增大。

② 坍落度大于60mm的混凝土砂率，可经试验确定，也可在表4-18的基础上，按坍落度每增大20mm，砂率增大1%的幅度予以调整。

③ 坍落度小于10mm的混凝土，其砂率应经试验确定。

8）计算粗、细集料的用量（m_{g0}，m_{s0}）。

粗、细集料的用量可用质量法或体积法求得。

① 质量法。如果原材料情况比较稳定及相关技术指标符合标准要求，所配制的混凝土拌合物的表观密度将接近一个固定值，这样可以先假设一个$1m^3$混凝土拌合物的质量值。因此可列出

$$m_{f0}+m_{c0}+m_{g0}+m_{s0}+m_{w0}=m_{cp}$$

$$\beta_s=\frac{m_{s0}}{m_{g0}+m_{s0}}\times 100\%$$

式中 m_{g0}——计算配合比$1m^3$混凝土的粗集料用量（kg/m^3）；

m_{s0}——计算配合比$1m^3$混凝土的细集料用量（kg/m^3）；

m_{cp}——$1m^3$混凝土拌合物的假定质量（kg/m^3），其值可取2350~2450kg/m^3。

② 体积法。根据$1m^3$（1000L）混凝土体积等于各组成材料绝对体积与所含空气体积之和，按下式计算

$$\frac{m_{f0}}{\rho_f}+\frac{m_{c0}}{\rho_c}+\frac{m_{g0}}{\rho_g}+\frac{m_{s0}}{\rho_s}+\frac{m_{w0}}{\rho_w}+0.01\alpha=1$$

$$\beta_s=\frac{m_{s0}}{m_{g0}+m_{s0}}\times 100\%$$

式中 ρ_f——矿物掺合料密度（kg/m^3），可按《水泥密度测定方法》（GB/T 208—1994）测定；

ρ_c——水泥密度（kg/m^3），可按《水泥密度测定方法》（GB/T 208—1994）测定，也可取2900~3100kg/m^3；

ρ_g——粗集料表观密度（kg/m^3），应按《普通混凝土用砂、石质量及检验方法标准》（JGJ 52—2006）测定；

ρ_s——细集料表观密度（kg/m^3），应按《普通混凝土用砂、石质量及检验方法》（JGJ 52—2006）测定；

ρ_w——水的密度（kg/m^3），可取1000kg/m^3；

α——混凝土的含气量百分数，在不使用引气型外加剂时，α取1。

解联立两式，即可求出m_{s0}、m_{g0}。

通过以上六个步骤，便可将水、水泥、细集料和粗集料的用量全部求出，得出初步计算配合比，供试配用。

以上混凝土配合比计算公式和表格，均以干燥状态集料（指含水率小于0.5%的细集料和含水率小于0.2%的粗集料）为基准。当以饱和面干集料为基准进行计算时，则应做相应的修正。

（2）进行试配、提出基准配合比　以上求出的各材料用量，是借助于一些经验公式和数据计算出来，或是利用经验资料查得的，因而不一定能够完全符合具体的工程实际情况，必须通过试拌调整，直到混凝土拌合物的和易性符合要求为止，然后提出供检验强度用的基

准配合比。

1）按初步计算配合比，称取实际工程中使用的材料进行试拌，混凝土搅拌方法应与生产时用的方法相同。

2）混凝土配合比试配时，每盘混凝土的最小搅拌量应符合表4-19的规定；当采用机械搅拌时，其搅拌量不应小于搅拌机公称容量的1/4且不应大于搅拌机公称容量。

表4-19 混凝土试配的最小搅拌量

集料最大粒径/mm	拌合物数量/L
31.5及以下	20
40	25

3）试配时材料称量的精确度为：集料±1%，水泥及外加剂均为±0.5%。

4）混凝土搅拌均匀后，检查拌合物的性能。当试拌出的拌合物坍落度或维勃稠度不能满足要求，或黏聚性和保水性不良时，应在保持水胶比不变的条件下，相应调整用水量或砂率，一般调整幅度为1%～2%，直到符合要求为止。然后提出供强度试验用的基准混凝土配合比。具体调整方法见表4-20。

表4-20 混凝土拌合物和易性的调整方法

不能满足要求情况	调 整 方 法
坍落度小于要求，黏聚性和保水性合适	保持水胶比不变，增加水泥和水用量，相应减少砂石用量（砂率不变）
坍落度大于要求，黏聚性和保水性合适	保持水胶比不变，减少水泥和水用量，相应增加砂石用量（砂率不变）
坍落度合适，黏聚性和保水性不好	增加砂率（保持砂石总量不变，提高砂用量，减少石子用量）
砂浆过多引起坍落度过大	减少砂率（保持砂石总量不变，减少砂用量，增加石子用量）

经调整后得基准混凝土配合比，即$m_{f0}:m_{cj}:m_{wj}:m_{sj}:m_{gj}$。

（3）检验强度，确定试验室配合比

1）检验强度。经过和易性调整后得到的基准配合比，其水胶比选择不一定恰当，即混凝土的强度有可能不符合要求，所以应检验混凝土的强度。强度检验时应至少采用三个不同的配合比，其一为基准配合比，另外两个配合比的水胶比，较基准配合比分别增加或减少0.05，而其用水量与基准配合比相同，砂率可分别增加或减少1%。每种配合比制作一组（三块）试件，并经标准养护到28d时试压（在制作混凝土试件时，尚需检验混凝土的和易性及测定表观密度，并以此结果作为代表这一配合比的混凝土拌合物的性能值）。

制作的混凝土立方体试件的边长，应根据石子最大粒径按规定选定。

2）确定试验室配合比。

① 由试验得出的三组胶水比值及其对应的混凝土的强度值之间的关系，通过作图或计算求出与混凝土配制强度（$f_{c,u}$）相适应的胶水比。并按下列原则确定1m³混凝土的材料用量。

a. 用水量（m_w）：取基准配合比中的用水量，并根据制作强度试件时测得的坍落度或维勃稠度，进行适当的调整。

b. 胶凝材料用量（m_c）：以用水量乘以选定的水胶比计算确定。

c. 粗、细集料用量（m_g，m_s）取基本配合比中的粗、细集料用量，并按选定的水胶比进行适当的调整。

② 混凝土表观密度的校正。配合比经试配、调整和确定后，还需根据实测的混凝土表

观密度（$\rho_{c,t}$）做必要的校正，其步骤是：

a. 计算混凝土的表观密度计算值（$\rho_{c,c}$）。

$$\rho_{c,c} = m_w + m_c + m_s + m_g + m_f$$

b. 计算混凝土配合比校正系数 δ。

$$\delta = \frac{\rho_{c,t}}{\rho_{c,c}}$$

式中 $\rho_{c,t}$——混凝土表观密度实测值（kg/m^3）；

$\rho_{c,c}$——混凝土表观密度计算值（kg/m^3）。

c. 当混凝土表观密度实测值 $\rho_{c,t}$ 与计算值 $\rho_{c,c}$ 之差的绝对值不超过计算值的2%时，由以上定出的配合比即为确定的实验室配合比；当二者之差超过计算值的2%，应将配合比中的各项材料用量均乘以校正系数 δ，即为确定的混凝土实验室配合比：$m_f:m_c:m_w:m_s:m_g$。

试一试

［**单项选择题**］原材料一定的情况下，影响混凝土强度决定性的因素是________。

A. 水泥标号　　B. 水胶比　　C. 集料种类

（4）施工配合比　设计配合比是以干燥材料为基准的，而工地存放的砂、石是露天堆放，都含有一定的水分，而且随着气候的变化，含水情况经常变化。所以现场材料的实际称量按工地砂、石的含水情况进行修正，修正后的配合比称施工配合比。

假定工地存放砂（细集料）的含水率为 a（%），石子（粗集料）的含水率为 b（%），则将上述设计配合比换算为施工配合比，其材料称量为

$$m'_f = m_f$$

$$m'_c = m_c$$

$$m'_s = m_s(1 + 0.01a)$$

$$m'_g = m_g(1 + 0.01b)$$

$$m'_w = m_w - 0.01am_s - 0.01bm_g$$

5. 普通混凝土配合比设计实例

【案例4-11】 某框架结构工程现浇钢筋混凝土梁，混凝土的设计强度等级为C30，施工要求坍落度为35～50mm（混凝土由机械搅拌、机械振捣），根据施工单位历史统计资料，混凝土强度标准差 σ=4.8MPa。采用的原材料为：

水泥：42.5级普通水泥（实测28d强度48.0MPa），密度 ρ_c=3100kg/m³。

砂：中砂，表观密度 ρ_s=2650kg/m³。

石子：碎石，表观密度 ρ_g=2700kg/m³，最大粒径 d_{max}=20mm。

水：自来水。

问题1. 试设计混凝土配合比（按干燥材料计算）。

问题2. 若施工现场砂含水率3%，碎石含水率1%，求施工配合比。

［**解析**］1. 初步配合比的计算

（1）确定试配强度$f_{cu,0}$

$$f_{cu,0}=f_{cu,k}+1.645\sigma=(30+1.645\times4.8)\text{MPa}=37.9\text{MPa}$$

（2）确定水胶比W/B　由于胶凝材料仅有水泥，则水胶比＝水胶比。

碎石：$\alpha_a=0.53$　　$\alpha_b=0.20$

$$\frac{W}{B}=\frac{\alpha_a f_{ce}}{f_{cu,0}+\alpha_a\cdot\alpha_b\cdot f_b}=\frac{0.46\times48.0\text{MPa}}{37.9\text{MPa}+0.53\times0.20\times48.0\text{MPa}}=0.59$$

由于框架结构梁处于干燥环境，查表4-11，$(W/C)=0.65$，故可取$W/C=0.59$

（3）确定单位用水量（m_w）　查表4-16，取$m_w=195\text{kg}$。

（4）计算水泥用量（m_{c0}）　由于胶凝材料用量为水泥用量，因而用m_{c0}代替m_{b0}。

$$m_{c0}=\frac{m_{w0}}{W/B}=\frac{195}{0.59}\text{kg}=330\text{kg}$$

查表4-11，最小水泥用量为260kg，故可取$m_{c0}=330\text{kg}$。

（5）确定合理砂率（β_s）　根据集料及水胶比情况，查表4-18，取$\beta_s=37\%$。

（6）计算粗、细集料用量（m_{g0}及m_{s0}）

1）用质量法计算。

$$m_{f0}+m_{c0}+m_{g0}+m_{s0}+m_{w0}=m_{cp},\quad 其中\ m_{f0}=0$$

$$\beta_s=\frac{m_{s0}}{m_{g0}+m_{s0}}\times100\%$$

假定1m³混凝土拌合物的质量$m_{cp}=2400\text{kg}$，则：

$$330+m_{g0}+m_{s0}+195=2400$$

$$\frac{m_{s0}}{m_{g0}+m_{s0}}=0.37$$

解得：$m_{g0}=1181\text{kg}$　$m_{s0}=694\text{kg}$

2）用体积法计算。

$$\frac{330}{3100}+\frac{m_{g0}}{2700}+\frac{m_{s0}}{2650}+\frac{195}{1000}+0.01=1$$

$$\frac{m_{s0}}{m_{g0}+m_{s0}}=0.37$$

解得：$m_{g0}=1181\text{kg}$　$m_{s0}=694\text{kg}$

两种方法计算结果相近。若按质量法则初步配合比为：

水泥$m_{c0}=330\text{kg}$，砂$m_{s0}=694\text{kg}$，石子$m_{g0}=1181\text{kg}$，水$m_{w0}=195\text{kg}$。

即$m_{c0}:m_{s0}:m_{g0}:m_{w0}=330:694:1181:195=1:2.10:3.58:0.59$

2. 配合比的试配、调整与确定

（1）基准配合比的确定　按初步配合比试拌混凝土15L，其材料用量为：

水泥0.020×330＝5.22kg；水0.020×195＝3.90kg；

砂0.020×694＝10.04kg；石子0.020×1181＝23.62kg。

搅拌均匀后做和易性试验，测得的坍落度为30mm，不符合要求。增加5%的水泥浆，即水泥用量增加到6.93kg，水用量增加到4.09kg，测得坍落度为40mm，黏聚性、保水性均良好。试拌调整后的各材料用量为：水泥6.93kg，水4.09kg，砂10.04kg，石子23.62kg，总质量48.52kg。

即基准配合比为

$$m_{c0}':m_{s0}':m_{g0}':m_{w0}'=1:2.00:3.41:0.59$$

（2）实验室配合比的确定　在基准配合比的基础上，拌制三种不同水胶比的混凝土，并制作三组强度试件。其一是水胶比为0.59的基准配合比，另两种水胶比分别为0.54及0.64，经试拌检查，和易性均满足要求。标准养护28d后，进行强度试验，得出的强度值分别如下：

1）水胶比0.54（胶水比1.85）时强度为39.2MPa。

2）水胶比0.59（胶水比1.69）时强度为36.9MPa。

3）水胶比0.64（胶水比1.56）时强度为32.9MPa。

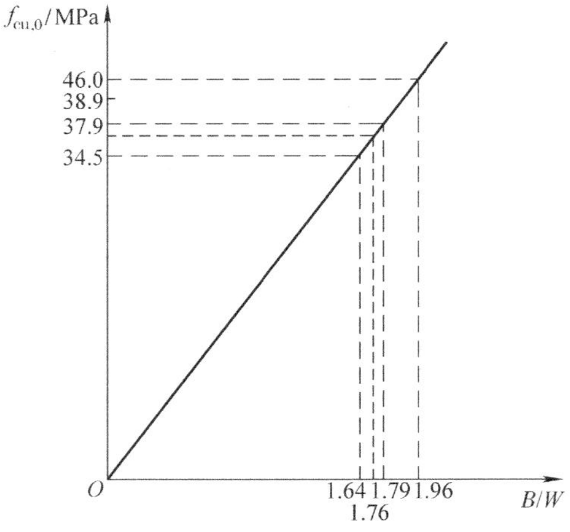

根据上述三组水胶比与其相对应的强度关系，计算（或作图4-7）得出混凝土配制强度$f_{cu,0}$（37.9MPa）对应的胶水比值为1.72，即水胶比为0.58。按$W/B=0.58$计算的水泥用量为

水 $m_w=204\text{kg}$　水泥 $m_c=204/0.58=351\text{kg}$

砂 $m_s=694\text{kg}$　石子 $m_g=1181\text{kg}$

图4-7　配制强度与水胶比对应图

测得拌合物表观密度为2421kg/m^3，而混凝土表观密度计算值为

$$\rho_{c,c}=(204+351+694+1181)\text{kg/m}^3=2430\text{kg/m}^3$$

其校正系数

$$\delta=\frac{\rho_{c,t}}{\rho_{c,c}}=\frac{2421\text{kg/m}^3}{2430\text{kg/m}^3}\approx 0.99$$

由于实测值与计算值之差不超过计算值的2%，因此上述配合比可不作校正。

则实验室配合比 $m_c:m_s:m_g:m_w=351:694:1181:204=1:1.97:3.36:0.58$。

（3）现场施工配合比　将设计配合比换算成现场施工配合比。用水量应扣除砂、石所含水量，而砂、石量则应增加为砂、石含水的质量。所以施工配合比为

$$m_c'=351\text{kg}$$

$$m_s'=694\times(1+3\%)\text{kg}=714\text{kg}$$

$$m_g'=1181\times(1+1\%)\text{kg}=1192\text{kg}$$

$$m_w'=(204-694\times3\%-1181\times1\%)\text{kg}=171\text{kg}$$

思考与练习4.1

4.1-1　填空题

1. 含活性氧化硅的集料使用时应严格控制________。

2. 引气剂可显著改善混凝土拌合物的________。

3. 混凝土拌合物的和易性是一项综合性指标，它包括流动性、黏聚性和________。

4. 国家标准规定，普通混凝土的强度测定时标准试件尺寸为________。

5. 砂的粗细程度用________表示。

6. 体积密度小于2000kg/m^{3}的混凝土属于________混凝土。

7. 混凝土拌合物工作性的测定方法有________法和________法。

8. 在混凝土中，水泥浆在硬化前起到________和________作用，而在硬化后起________作用，砂石在混凝土中主要起________作用，并不发生________反应。

9. 砂中含泥量大将严重降低混凝土的________和________，增大混凝土的________。

4.1-2　单项选择题

1. 混凝土的抗冻等级表示为（　　）。

A. D25　　B. F25　　C. DM　　D. PS

2. 普通混凝土最常见的破坏形式是（　　）。

A. 水泥最先破坏　　B. 集料与水泥石的黏结面最先破坏

C. 混凝土杂质最多处最先破坏　　D. 集料最先破坏

3. 同配比的混凝土用不同尺寸的试件，测得强度结果是（　　）。

A. 大试件强度大，小试件强度小　　B. 大试件强度小，小试件强度大

C. 强度相同　　D. 试件尺寸与所测强度之间没有必然联系

4. 若混凝土拌合物中坍落度偏小，调整时一般采用适当增加（　　）。

A. 水泥　　B. 砂子

C. 水泥浆（*W/B* 不变）　　D. 水

5. 混凝土各强度中何种强度最大？（　　）

A. 抗拉强度　　B. 抗压强度　　C. 抗弯强度　　D. 抗剪强度

6. 采用蒸汽养护的混凝土构件宜采用（　　）。

A. 快硬水泥　　B. 普通水泥　　C. 硅酸盐水泥　　D. 矿渣水泥

7.《混凝土结构工程施工质量验收规范》(GB 50204—2002）规定，将集料的最大粒径不得大于钢筋间最小净距的（　　）。

A. 1/2　　B. 1/3　　C. 1/4　　D. 3/4

8. 配合比确定后，混凝土拌合物的流动性偏大，可采取的措施是（　　）。

A. 直接加水泥　　B. 保持砂率不变，增加砂石用量

C. 加混合材料　　D. 保持水胶比不变，增加水泥浆量

9. 混凝土拌合物的黏聚性差，改善方法可采用（　　）。

A. 增大砂率　　B. 减小砂率　　C. 增加水胶比　　D. 增加用水量

10. 集料中针片状颗粒增加，会使混凝土的（　　）。

A. 用水量减少　　B. 耐久性降低　　C. 节约水泥　　D. 流动性提高

11. 配制混凝土时，限制最大水胶比和最小水泥用量是为了满足（　　）的要求。

A. 强度　　B. 变形　　C. 耐久性

12. 评定细集料粗细程度和级配好坏的指标为（　　）。

A. 筛分析法　　B. 细度模数和筛分曲线

C. 合理砂率

13. 坍落度是用来表示塑性混凝土（　　）的指标。

A. 和易性　　B. 流动性　　C. 保水性

4.1-3　多项选择题

1. 混凝土用砂，尽量选用（　　）及（　　）。

A. 含矿物质较多的砂　　B. 细砂

C. 中粗砂　　D. 级配好的砂

E. 粒径比较均匀的砂

2. 混凝土选择水泥品种是根据（　　）。

A. 设计强度等级　　B. 施工要求和和易性

C. 粗集料的种类　　D. 工程的特点

E. 工程所处环境

3. 为保证混凝土耐久性，在配合比设计时，要控制（　　）。

A. 砂率　　B. 粗集料用量　　C. 最大水胶比　　D. 细集料用量

E. 最小水泥用量

4. 混凝土的和易性包括的内容有（　　）。

A. 流动性　　B. 黏聚性　　C. 黏滞性　　D. 黏结性

E. 保水性

5. 混凝土配合比设计时应满足的基本要求是（　　）。

A. 强度　　B. 和易性　　C. 保温隔热性　　D. 耐久性

E. 经济性

6. 影响混凝土和易性的主要因素是（　　）。

A. 水泥强度等级　　B. 水泥浆数量　　C. 集料的种类及性质

D. 砂率　　E. 水胶比

7. 混凝土配合比设计的三个重要参数是（　　）。

A. 水胶比　　B. 单位用水量　　C. 砂率　　D. 配制强度

E. 标准差

8. 混凝土的强度受下列哪些因素的影响？（　　）

A. 施工和易性　　B. 水胶比　　C. 水泥强度等级

D. 粗集料的最大粒径　　E. 缓凝剂

9. 混凝土配合比设计时，水胶比的确定是根据（　　）。

A. 集料种类　　B. 水泥品种　　C. 耐久性　　D. 坍落度

E. 混凝土强度

4.1-4　是非判断题

1. 当采用合理砂率时，混凝土获得所要求的流动性及良好的黏聚性与保水性时水泥用量最大。（　　）

2. 混凝土的施工配合比和实验室配合比比较，水胶比无变化。（　　）

3. 砂的细度模数越大，砂的空隙率越小。（　　）

4. 级配好的集料空隙率小，其总表面积也小。(　　)

5. 在水泥浆用量一定的条件下，砂率过大和过小都会使混合料的流动性差。(　　)

6. 试拌混凝土时，发现混凝土拌合物的保水性差，应采用增加砂率的措施来改善。(　　)

7. 对四种基本组成材料进行混凝土配合比计算时，用体积法计算时必须考虑混凝土内有1%的含气量。(　　)

8. 级配好的集料，其表面积小，空隙率小，最省水泥。(　　)

9. 混凝土用砂的细度越大，则该砂的级配越好。(　　)

10. 混凝土中水用量越多，混凝土的密实度及强度越高。(　　)

11. 若砂的筛分曲线落在限定的三个级配区的一个区内则无论其细度模数是多少，其级配和粗细程度都是合格的，适用于配制混凝土。(　　)

12. 混凝土中拌合物的流动性大小主要取决于水泥浆量的多少。(　　)

13. 两种砂细度模数相同，它们的级配也一定相同。(　　)

14. 级配相同的砂，细度模数一定相同。(　　)

15. 水泥磨得越细，则混凝土拌合物坍落度越小。(　　)

4.1-5　名词解释

1. 混凝土的强度等级

2. 砂的颗粒级配

3. 砂率

4. 碱-集料反应

5. 累计筛余百分率

4.1-6　问答题

1. 普通混凝土由哪些材料组成？它们在混凝土中各起什么作用？

2. 试述水泥强度等级和水胶比对混凝土强度的影响，并写出强度经验公式中符号的含义。

3. 影响混凝土强度的主要因素有哪些？

4. 混凝土对粗集料有哪几个方面的要求？

5. 配制混凝土应满足哪四项基本要求？

6. 什么是混凝土的立方体抗压强度？何为立方体抗压强度的标准值？混凝土的强度等级如何划分？

7. 试述混凝土耐久性的含义。耐久性要求的项目有哪些？提高耐久性有哪些措施？

8. 在对砂、石的质量要求中，应限制哪些有害物质的含量？为什么要限制？

9. 何谓集料的级配？级配好坏对混凝土性能有何影响？

10. 规范规定石子的最大粒径有何意义？如何确定石子的最大粒径？如何确定石子的级配？

11. 某混凝土搅拌站原使用砂的细度模数为2.5，后改用细度模数为2.1的砂。改砂后原混凝土配方不变，发现混凝土坍落度明显变小。请分析原因。

12. 配制混凝土时，为什么要严格控制水胶比？

13. 配合比设计中，用体积法和质量法计算砂、石用量时，采用的基本假定是什么？

4.1-7 计算题

1. 取500g干砂，经筛分后，其结果见表4-21。试计算该砂细度模数，并判断该砂是否属于中砂。

表4-21 分记筛余量

筛孔尺寸/mm	4.75	2.36	1.18	0.60	0.30	0.15	<0.15
筛余量/g	21	49	68	119	216	21	2

2. 一组边长为100mm的混凝土试块，经标准养护28d，送实验室检测，抗压破坏荷载中间值为100kN。计算这组试件的立方体抗压标准强度。

3. 已知某混凝土试验室配合比 $m_c:m_s:m_g:m_w=300:630:1320:180$（kg），若工地砂、石含水率分别为5%和3%。求该混凝土的施工配合比（用$1m^3$混凝土各材料用量表示，其中无矿物掺和料）。

4. 某现浇混凝土梁（不受雨雪等作用），要求混凝土强度等级C20，坍落度30～50mm。现有42.5级普通硅酸盐水泥，水泥强度富余系数为1.13；经验系数为 $\alpha_a=0.46$、$\alpha_b=0.52$，标准差为 $\sigma=5.0$MPa；初步确定用水量为 $m_w=180$kg。试确定水胶比。

>> 相关链接 | 附计算题参考答案

1. 该砂细度模数为2.80，属于中砂。
2. 立方体抗压强度为10MPa；立方体抗压标准强度为10MPa×0.95=9.5MPa。
3. 施工配合比为 $m_c:m_s:m_g:m_w=300:661.5:1360:108.9$。
4. 水胶比为0.56。

4.2 普通混凝土力学性能演示试验

导入说明

混凝土的强度等级是依据立方体抗压强度标准值划分的，用符号“C”与立方体抗压强度标准值表示，单位为N/mm^2或MPa，共有C15、C20、C25、C30、C35、C40、C45、C50、C55、C60、C65、C70、C75、C80等14个等级。混凝土的强度等级是混凝土施工中控制工程质量和工程验收时的重要依据。

4.2.1 有关试验方法和标准

1.《普通混凝土拌合物性能试验方法标准》（GB/T 50080—2002）

2.《普通混凝土力学性能试验方法标准》(GB/T 50081—2002)

4.2.2 取样

普通混凝土的取样应符合《普通混凝土拌合物性能试验方法标准》(GB/T 50080—2002)中的有关规定，普通混凝土力学性能试验应以三个试件为一组，每组试件所用的拌合物应从同一盘混凝土或同一车混凝土中取样。

4.2.3 设备

(1) 试模　有100mm×100mm×100mm、150mm×150mm×150mm、200mm×200mm×200mm三种试模。应定期对试摸进行自检，自检周期宜为三个月。

(2) 振动台　振动台应符合《混凝土试验用振动台》(JG/T 245—2009) 中技术要求的规定并应具有有效期内的计量检定证书。

(3) 压力试验机　压力试验机除满足液压式压力实验机中的技术要求外，其测量精度为±1%，试件破坏荷载应大于压力机全量程的20%，且小于压力机全量程的80%，应具有加荷速度指示装置或加荷控制装置，并应能均匀、连续地加荷。压力机应具有有效期内的计量检定证书。

(4) 其他量具及器具　量程大于600mm、分度值为1mm的钢板尺；量程大于200mm、分度值为0.02mm的卡尺；符合(混凝土仪落度仪)规定的直径为16mm、600mm，端部呈半球形的捣棒。

4.2.4 混凝土抗压强度试验

1. 试验目的

测定混凝土立方体抗压强度，作为评定混凝土质量的主要依据。

2. 主要仪器设备

压力试验机(200t)、振动台、搅拌机、试模、捣棒、抹刀等。

3. 试验步骤

(1) 基本要求

1) 混凝土立方体抗压试件以三个为一组，每组试件所用的拌合物应以同一盘混凝土或同一车混凝土中取样。

2) 尺寸按粗集料的最大粒径来确定，见表4-22。

表4-22　试件尺寸、插捣次数及抗压强度换算系数

试件尺寸	集料最大粒径/mm	每层插捣次数	抗压强度换算系数
100mm×100mm×100mm	≤31.5	12	0.95
150mm×150mm×150mm	≤40	25	1
200mm×200mm×200mm	≤63	50	1.05

(2) 成型

1) 成型前，应检查试模，并在其内表面涂一薄层矿物油或脱模剂。

2）坍落度不大于70mm宜采用振动台成型。方法是将混凝土拌合物一次装入试模，装料时应用抹刀沿各试模壁插捣，并使混凝土拌合物高出试模，然后将试模放到振动台上并固定，开动振动台，至混凝土表面出浆为止。振动时试模不得有任何跳动，不得过振。最后沿试模边缘刮去多余的混凝土，用抹刀抹平。

3）坍落度大于70mm宜采用捣棒人工捣实。方法是将混凝土拌合物分两次装入试模，分层的装料厚度大致相等，插捣应按螺旋方向从边缘向中心均匀进行。在插捣底层混凝土时，插捣应达到试模底部；插捣上层混凝土时，捣棒应贯穿上层后插入下层20～30mm。插捣时捣棒应保持垂直，不得倾斜，然后用抹刀沿试模内壁插拔数次。每层插捣次数一般不得少于12次，具体见表4-22。插捣后应用橡胶锤轻轻敲击试模四周，直至插捣棒留下的空洞消失。最后刮去多余的混凝土并抹平。

（3）试件的养护　试件的养护方法有标准养护、与构件同条件养护两种方法。

1）采用标准养护的试件成型后应立即用不透水的薄模覆盖表面，在温度为（20±5）℃的环境中静止1～2昼夜，然后编号拆模。拆模后立即放入温度为（20±2）℃，相对湿度为95%以上的标准养护室中养护，或在温度为（20±2）℃的不流动的$Ca(OH)_2$饱和溶液中。养护试件应放在支架上，间隔10～20mm，试件表面应保持潮湿，并不得被水直接冲淋，至试验龄期28d。

2）同条件养护试件的拆模时间可与实际构件的拆模时间相同，拆模后，试件仍需保持同条件养护。

（4）抗压强度测定

1）试件从养护地点取出后，应及时进行试验并将试件表面与上下承压板面擦干净。

2）将试件安放在试验机的下压板或垫板上，试件的承压面应与成型时的顶面垂直。试件的中心应与试验机下压板中心对准，开动试验机，当上压板与试件或钢垫板接近时，调整球座，使接触均衡。

3）在试验过程中应连续均匀地加荷，混凝土强度等级＜C30时，加荷速度取0.3～0.5MPa/s；混凝土强度等级＞C30且＜C60时，取0.5～0.8MPa/s；混凝土强度等级＞C60时，取0.8～1.0MPa/s。

4）当试件接近破坏开始急剧变形时，应停止调整试验机油门，直至破坏。记录破坏荷载。

4. 结果计算与评定

（1）结果计算混凝土立方体抗压强度按下式计算，精确至0.1MPa。

$$f=\frac{F}{A}$$

式中　f——混凝土立方体试件抗压强度（MPa）；

F——试件破坏荷载（N）；

A——试件承压面积（mm^2）。

（2）评定

1）以三个试件测定值的算术平均值作为该组试件的强度值，精确至0.1MPa。

2）三个测定值中的最大值或最小值中如有一个与中间值的差值超过中间值的15%时，则把最大及最小值一并舍除，取中间值作为该组试件的抗压强度值。

3）如最大值和最小值与中间值的差均超过中间值的15%，则该组试件的试验结果无效。

4）混凝土强度等级<C60时，用非标准试件测得的强度值均应乘以尺寸换算系数，其值见表4-22。当混凝土强度等级≥C60时，易采用标准试件。使用非标准试件时，尺寸换算系数应由试验确定。

试一试

［**单项选择题**］混凝土标准立方体试件的尺寸为________。

A. 150mm×150mm×150mm　　B. 100mm×100mm×100mm

C. 200mm×200mm×200mm　　D. 70.7mm×70.7mm×70.7mm

读一读

喷射混凝土

喷射混凝土是利用喷射机械（借助于压缩空气或其他动力）将混凝土拌合物高速喷射到受喷面上凝结硬化而成的一种混凝土。喷射混凝土不需要振捣，而是在高速喷射时，水泥与集料反复连续撞击而压实，其初凝时间一般在2~5min，终凝一般在10min，在喷射后能很快获得强度。由于其水胶比较小，因而具有较好的力学性能和耐久性能。喷射混凝土的最大缺陷是在喷射施工时，强喷射力使混凝土撞击施工面后部分混凝土反弹下落，造成材料的浪费和施工环境的污染。反弹下落的混凝土量占喷射混凝土总量的百分比称回弹率。喷射混凝土可在高空和任意方向作业，操作灵活方便，经济效益好，特别是在地下工程的初期支护和最终衬砌、预应力油罐等薄壁结构工程、修复加固工程、岩土工程、烟囱及各种热工耐火工程、各种钢结构的耐火防火工程中有着广泛应用。

思考与练习4.2

4.2-1　填空题

1. 混凝土标准养护室的温度为（　　）℃，湿度为（　　）。

2. 在混凝土抗压强度试验过程中，混凝土强度等级<C30时，加荷速度为（　　）；混凝土强度等级>C30且<C60时，加荷速度为（　　）；混凝土强度等级>C60时，加荷速度为（　　）。

4.2-2　是非判断题

1. 混凝土抗压强度测定是以三个试件测定值的算术平均值作为该组试件的强度值。（　　）

2. 混凝土的养护应放在标准养护室中养护，如果没有标准养护室也可以泡在水中养护至试验龄期28d。(　　)

4.2-3　思考题

为什么要进行混凝土的立方体抗压强度试验?

4.3　建筑砂浆

【案例4-12】砌筑砂浆质量问题

概况：某工地现场配制M7.5砌筑砂浆时，把水泥直接倒在砂堆上后人工搅拌。拌和后发现该砂浆的和易性和黏结力均不能达到使用要求。

分析：首先，砂浆的均匀性有问题。将水泥直接倒在砂堆上，采用人工搅拌的方式往往会导致水泥和砂混合不够均匀，应加入搅拌机中搅拌。而用水泥与砂配制强度等级较低的砌筑砂浆时，只需少量水泥即可满足强度要求，但另一方面却使得胶凝材料量不足，砂浆的流动性和保水性较差，黏结力较低。一般可掺入少量石灰膏、沸石粉以改善砂浆和易性，提高黏结力。

4.3.1　建筑砂浆性能概述

砌体工程施工中保证砂浆的质量是一个非常重要的问题，它直接影响砌体强度。砂浆按所用胶凝材料不同，可分为水泥砂浆、混合砂浆、石灰砂浆及聚合物水泥砂浆等。按其用途可分为砌筑砂浆、抹灰砂浆，以及其他特殊用途的砂浆，如：防水、保温、吸声、装饰等砂浆。

砂浆由胶凝材料、细集料、掺加料和水等材料按适当比例配制而成。砂浆和混凝土在组成上的差别仅在于不含粗集料。

1. 砌筑砂浆

砌筑砂浆是指在砌体中作为一种传递荷载的接缝材料，因而必须具有一定的和易性和强度，同时必须具有能保证砌体材料与砂浆之间牢固黏结的黏结力。

(1) 和易性　砂浆的和易性包含流动性和保水性两个方面。

1) 流动性。流动性（稠度）是指砂浆在自重或外力作用下流动的性能。流动性采用砂浆稠度仪测定，用沉入度表示，沉入度大，说明砂浆稀；沉入度小，说明砂浆稠。砂浆稠度测定仪如图4-8所示。

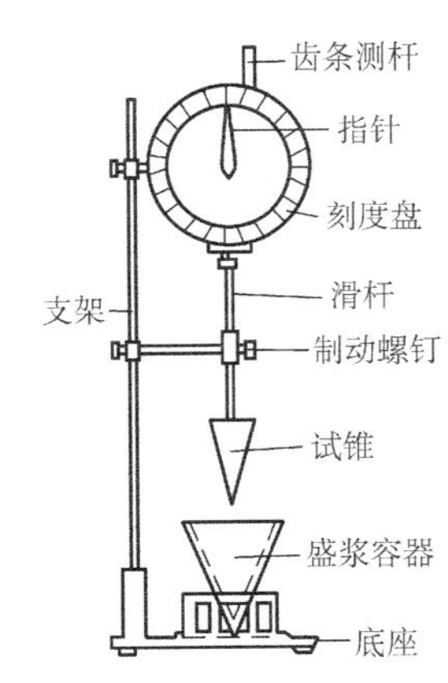

图4-8　砂浆稠度测定仪

2) 保水性。保水性是指砂浆能保持水分，各组成材料之间不产生泌水、离析的性能。砂浆在施工过程中必须具有良好的保

水性，避免水分过快流失，以保证胶结材料正常凝结硬化，形成密实均匀的砂浆层，提高砌体的质量。

砂浆保水性用保水率表示。砂浆保水率根据品种不同而定，应满足表4-23的规定。

表4-23　砌筑砂浆保水率

砂浆种类	保水率（%）
水泥砂浆	≥80
水泥混合砂浆	≥84
水泥预拌砌筑砂浆	≥88

保水性主要与胶凝材料的品种、用量有关。当用高强度等级水泥拌制低强度等级砂浆时，由于水泥用量少，保水性较差，常掺入适量石灰膏、粉煤灰、沸石粉等掺加料来改善其和易性。

（2）强度　砌筑砂浆在砌体中主要起传递荷载的作用，因此应具有一定的抗压强度。砌筑砂浆（砌筑砖或其他多孔材料即吸水底料）的砂浆强度主要取决于水泥实测强度和水泥用量；而用于砌筑石砌体（不吸水底料）的砂浆强度主要取决于水泥实测强度和水胶比。

根据《砌筑砂浆配合比设计规程》（JGJ/T 98—2010）规定：砂浆立方体的抗压强度是以边长为70.7mm×70.7mm×70.7mm的立方体试块为标准试块，采用规定的方法成型，在标准养护条件下养护至28d，再采用标准试验方法测定的强度。

2. 抹灰砂浆

抹灰砂浆主要是以薄层涂抹于建筑物表面，对建筑物既可起到保护作用，又可以起到一般装饰作用，使其表面平整，光洁美观。抹灰砂浆按功能不同可分为一般抹灰砂浆、装饰抹灰砂浆和防水砂浆和具有某些特殊功能的砂浆。

（1）一般抹灰砂浆　一般抹灰砂浆施工时通常分二至三层施工，即底层、中层和面层。底层抹灰主要是使抹灰层和基层能牢固地黏结，因此要求底层的砂浆应具有良好的和易性及较高的黏结力；中层抹灰主要作用是找平；面层抹灰则是起装饰作用，为了达到表面美观的效果。对砖墙及混凝土墙、梁、柱、顶板等底层、面层多用混合砂浆，在容易碰撞或潮湿的地方如踢脚板、墙裙、窗口、地坪等处则采用水泥砂浆。

（2）装饰砂浆　装饰砂浆用于建筑物室内外装饰，是以增加建筑物美感为主要目的的，同时使建筑物具有特殊的表面形式及不同的色彩和质感，以满足艺术审美需要的一种表面装饰。

装饰砂浆所采用的胶结材料有矿渣水泥、普通水泥、白水泥、各种彩色水泥及石膏等；集料则常用浅色或彩色的大理石、天然砂、花岗石的石屑或陶瓷的碎粒等。

装饰砂浆的表面可进行各种艺术处理，以达到不同风格及不同的建筑艺术效果：如水磨石、水刷石、拉毛灰及人造大理石等。

（3）防水砂浆　防水砂浆是水泥砂浆中掺入防水剂，用于制作刚性防水层的砂浆，适用于不受振动和具有一定刚度的防水工程。

防水砂浆宜采用强度等级不低于32.5的普通水泥、42.5的矿渣水泥或膨胀水泥，集料宜采用中砂或粗砂，质量应符合混凝土用砂标准，使用洁净水。

常用的防水剂的品种主要有水玻璃类、金属皂类和氯化物金属盐类等。

3. 预拌砂浆

预拌砂浆是指由水泥、砂、保水增稠材料、水、粉煤灰或其他矿物掺和料和外加剂等组成按一定比例，在集中搅拌站经计量、拌制后，用搅拌运输车运至使用地点，放入密封容器贮存，并在规定时间内完成的砂浆拌合物。

4. 干粉砂浆

干粉砂浆是指由专业生产厂家生产的，经干筛分处理的细集料与无机胶结料、保水增稠材料、矿物掺和料和添加剂按一定比例混合而成的一种颗粒状或粉状或粉状混合物，各成分之间不同的配比对产品的性能有着直接的影响。它既可由专用罐车运输至工地加水拌和使用，也可采用包装形式运到工地拆包加水拌和使用。

4.3.2 砌筑砂浆配合比设计

砌筑砂浆配合比应按《砌筑砂浆配合比设计规程》（JGJ/T 98—2010）进行计算和确定。砌筑砂浆的强度等级宜采用 M20、M15、M10、M7.5、M5、M2.5，这些砂浆在施工前必须进行配合比试验以确定配合比。配合比的计算过程如下。

（1）砂浆配合比确定步骤

1）计算砂浆试配强度 $f_{m,0}$（MPa）。

2）计算每立方米砂浆中的水泥用量 Q_C（kg）。

3）按水泥用量 Q_C 计算每立方米砂浆掺加料用量 Q_D（kg）。

4）确定每立方米砂浆砂用量 Q_S（kg）。

5）按砂浆稠度选用每立方米砂浆用水量 Q_W（kg）。

6）进行砂浆试配。

7）配合比确定。

（2）砂浆的配制强度　可按下式确定。

$$f_{m,0} = kf_2$$

式中 $f_{m,0}$——砂浆的试配强度（MPa），精确至 0.1MPa；

f_2——砂浆强度等级值（MPa），精确至 0.1MPa；

k——系数，按表 4-24 取值。

表 4-24　砂浆强度标准差 σ 及 k 值

施工水平 \ 强度等级	强度标准差 σ/MPa							k
	M5	M7.5	M10	M15	M20	M25	M30	
优良	1.00	1.50	2.00	3.00	4.00	5.00	6.00	1.15
一般	1.25	1.88	2.50	3.75	5.00	6.25	7.50	1.20
较差	1.50	2.25	3.00	4.50	6.00	7.50	9.00	1.25

（3）砌筑砂浆现场强度标准差的确定

1）当有统计资料时，应按下式计算

$$\sigma = \sqrt{\frac{\sum_{i=1}^{n} f_{m,i}^2 - n\mu_{fm}^2}{n-1}}$$

4 CHAPTER

式中　$f_{m,i}$——统计周期内同一品种砂浆第 i 组试件的强度（MPa）；

μ_{fm}——统计周期内同一品种砂浆 n 组试件强度的平均值（MPa）；

n——统计周期内同一品种砂浆试件的总组数，$n \geqslant 25$。

2）当不具备有近期统计资料时，其砂浆现场强度标准差 σ 可按表 4-24 取用。

（4）水泥用量的计算

1）$1m^3$ 砂浆中的水泥用量，应按下式计算

$$Q_C = \frac{1000(f_{m,0} - \beta)}{\alpha \cdot f_{ce}}$$

式中　Q_C——$1m^3$ 砂浆的水泥用量（kg），精确至 0.1kg；

$f_{m,0}$——砂浆的试配强度（MPa），精确至 0.1MPa；

f_{ce}——水泥的实测强度（MPa），精确至 0.1MPa；

α、β——砂浆的特征系数，其中 $\alpha = 3.03$，$\beta = -15.09$。

2）在无法取得水泥的实测强度值时，可按下式计算 f_{ce}

$$f_{ce} = \gamma_C \cdot f_{ce,k}$$

式中　$f_{ce,k}$——水泥商品标号对应的强度值（MPa）；

γ_C——水泥强度值的富余系数，该值应按实际统计资料确定；无统计资料时 γ_C 取 1.0。

《砌筑砂浆配合比设计规程》（JGJ/T 98—2010）中规定，水泥砂浆中水泥用量不宜小于 $200kg/m^3$。

（5）水泥混合砂浆的掺加料用量计算

$$Q_D = Q_A - Q_C$$

式中　Q_D——$1m^3$ 砂浆的掺加料用量（kg），精确至 1kg；石灰膏、黏土膏使用时的稠度为（120 ± 5）mm。

Q_C——$1m^3$ 砂浆的水泥用量（kg），精确至 1kg。

Q_A——$1m^3$ 砂浆中胶凝材料和掺加料的总量（kg），精确至 1kg；《砌筑砂浆配合比设计规程》（JG/T 98—2010）中规定，在水泥混合砂浆中，水泥和掺和料的量宜为 300 ~ $350kg/m^3$。

石灰膏不同稠度时，其换算系数可按表 4-25 进行换算。

表 4-25　石灰膏不同稠度时的换算系数

石灰膏稠度/mm	120	110	100	90	80	70	60	50	40	30
换算系数	1.00	0.99	0.97	0.95	0.93	0.92	0.90	0.88	0.87	0.86

注：1. $1m^3$ 砂浆中的砂子用量，应以干燥状态（含水率小于 0.5%）的堆积密度值作为计算值，单位以 kg/m^3 计。

2. $1m^3$ 砂浆中的用水量，可根据经验或按表 4-26 选用。

表 4-26　$1m^3$ 砂浆中用水量选用值

砂 浆 品 种	混 合 砂 浆	水 泥 砂 浆
用水量/（kg/m^3）	260 ~ 300	270 ~ 330

(6) 1m³ 砂浆中的砂子用量　应以干燥状态（含水率小于0.5%）的堆积密度值作为计算值，单位以 kg/m^3 计。

(7) 1m³ 砂浆中的用水量　1m³ 砂浆中的用水量根据砂浆稠度等要求选用210 ~ 310kg。

(8) 配合比试配、调整与确定

1）试配时应采用工程中实际使用的材料，搅拌方法应与生产时使用的方法相同。

2）按计算配合比进行试拌，测定其拌合物的稠度和分层度，若不能满足要求，则应调整用水量或掺加料，直到符合要求为止，然后确定为试配时的砂浆基准配合比。

3）试配时至少应采用三个不同的配合比，其中一个按计算得出的基准配合比，另外两个配合比的水泥用量按基准配合比分别增加及减少10%，在保证稠度、分层度合格的条件下，可将用水量或掺加料用量作相应调整。

4）三个不同的配合比，经调整后，应按国家现行标准《建筑砂浆基本性能试验方法标准》（JGJ/T 70—2009）的规定成型试件，测定砂浆强度等级；选定符合强度要求的且水泥用量较少的砂浆配合比。

5）砂浆配合比确定后，当原材料有变更时，其配合比必须重新通过试验确定。

【案例4-13】某工程要求设计用于砌筑砖墙的砂浆M7.5等级、稠度70 ~ 100mm的水泥石灰砂浆配合比。原材料的主要参数：水泥为32.5级普通硅酸盐水泥；砂子为中砂，堆积密度为1450kg/m³，含水率为2%；石灰膏为稠度110mm；施工水平一般。

［**解析**］1）计算试配强度 $f_{m,0}$

$$f_{m,0} = kf_2$$

$$f_2 = 7.5\text{MPa}$$

$$k = 1.20(\text{查表 4-24})$$

$$f_{m,0} = 1.20 \times 7.5\text{MPa} = 9\text{MPa}$$

2）计算水泥用量 Q_C

$$Q_C = \frac{1000(f_{m,0} - \beta)}{\alpha f_{ce}}$$

其中 $\alpha = 3.03$，$\beta = -15.09$，$f_{ce} = 32.5\text{MPa}$（水泥富余系数 $\gamma_c = 1.0$）

$$Q_C = \frac{1000(9.0 + 15.09)}{3.03 \times 32.5\text{MPa}} = 245\text{kg/m}^3$$

3）计算石灰膏用量 Q_D

$$Q_D = Q_A - Q_C$$

$$Q_A = 330\text{kg/m}^3(300 \sim 350\text{kg/m}^3\ \text{选用})$$

$$Q_D = 330\text{kg/m}^3 - 245\text{kg/m}^3 = 88\text{kg/m}^3$$

石灰膏稠度110mm换算成120mm，查表4-25

$$85\text{kg/m}^3 \times 0.99 = 84\text{kg/m}^3$$

4）根据砂子堆积密度和含水率，计算用砂量 Q_S

$$Q_S = 1450 \times (1 + 2\%) = 1479\text{kg/m}^3$$

5）根据表4-22选择用水量为300kg/m^3。得出砂浆试配时各材料的用量比例为

$$水泥:石灰膏:砂:水=245:84:1479:300=1:0.34:6.04:1.22$$

6）配合比试配，调整与确定。〔略〕

思考与练习4.3

4.3-1 填空题

1. 保水率越大，表示新拌砂浆的保水性________。
2. 新拌砂浆的流动性用________表示。
3. 石灰膏在砌筑砂浆中的主要作用是使砂浆具有良好的________。
4. 砂浆的和易性包括________和________两方面的内容。
5. 砌砖用的砂浆的强度主要取决于________和________。

4.3-2 单项选择题

1. 用于外墙抹灰的砂浆，在选择胶凝材料时，应选择________。

A. 水泥　B. 石灰　C. 石膏　D. 粉煤灰

2. 测定砂浆抗压强度的标准尺寸是________。

A. 70mm×70mm×70mm　B. 70.7mm×70.7mm×70.7mm

C. 100mm×100mm×100mm　D. 50mm×50mm×50mm

3. 表示砌筑砂浆保水性的指标是（　　）。

A. 坍落度　B. 沉入度　C. 保水率　D. 维勃稠度

4.《砌筑砂浆配合比设计规程》（JGJ/T 98—2010）中规定，水泥砂浆中水泥用量不宜小于________kg/m^3。

A. 150　B. 180　C. 200　D. 210

5.《砌筑砂浆配合比设计规程》（JGJ/T 98—2010）中规定，水泥混合砂浆中，水泥和掺加料的量应在________kg/m^3。

A. 200～300　B. 300～350　C. 250～300　D. 150～200

4.3-3 多项选择题

1. 用于砖砌体的砂浆强度主要取决于________。

A. 水泥用量　B. 砂子用量　C. 混合材料用量　D. 水胶比

E. 水泥实测强度

2. 砌筑砂浆为改善其和易性和节约水泥，常掺入________。

A. 石灰膏　B. 沸石粉　C. 纸筋　D. 石膏

E. 粉煤灰

3. 用于石砌体的砂浆强度主要决定于________。

A. 水泥实测强度　B. 水泥用量　C. 砂子用量　D. 混合材料用量

E. 水胶比

4. 新拌砂浆应具备的技术性质是________。

A. 黏结力　B. 流动性　C. 保水性　D. 变形性

E. 强度

4.3-4 是非判断题

1. 对于砂浆保水性来说，保水率越小越好。(　　)
2. 砂浆和易性的内容与混凝土相同。(　　)
3. 在配制砂浆时，常常加一些掺加料主要是为了改善其和易性。(　　)
4. 新拌砂浆的稠度即是其流动性。(　　)
5. 砂浆用砂的质量要求与普通混凝土用砂相同。(　　)

4.3-5 名词解释

1. 砌筑砂浆
2. 砂浆的流动性
3. 砂浆的保水性
4. 抹灰砂浆
5. 预拌砂浆

4.3-6 问答题

1. 影响砌筑砂浆强度的主要因素是什么?
2. 砂浆是如何分类的?

本章回顾

• 混凝土是由胶凝材料、粗细集料以及水、必要时掺入的外加剂和矿物掺和料按适当比例配合、拌制成混合物，经一定成型工艺，再经硬化而成的人造石材，旧又称“砼(tóng)”。由于胶凝材料、细集料和粗集料的品种很多，因此混凝土的种类也很多，该意义上的混凝土为广义混凝土。

• 由水泥、砂、石子、水以及必要时掺入的化学外加剂组成，经过水泥凝结硬化后形成的具有一定强度和耐久性的人造石材，称为普通混凝土，又称水泥混凝土，简称混凝土。这类混凝土在工程中应用最广泛，因此本章主要讲述的是普通混凝土。

• 普通混凝土组成材料的性能将直接影响混凝土拌合物及硬化后的混凝土性能。选择水泥的品种及强度等级，应依据混凝土的工程特点及所处环境条件，再结合水泥的性能确定。集料应该是总表面积小、空隙率小、含杂质少，才能拌制出质量符合要求的混凝土，所以应尽可能地选用比较洁净的、较大的粒径和颗粒级配良好的集料，并采用合理砂率来拌制混凝土，能使混凝土拌合物具有良好的和易性，并且混凝土硬化后具有较高的强度和较好的耐久性，同时也能节约水泥。混凝土拌和用水，应采用天然洁净水或饮用水，同时必须符合相关的规定。

• 混凝土拌合物的和易性（又称工作性）是混凝土在凝结硬化前必备的性能，是指混凝土拌合物易于施工操作（拌和、运输、浇灌、捣实）并获得质量均匀、成型密实的混凝土性能。和易性是一项综合的技术性质，包括流动性、黏聚性和保水性三方面。

• 硬化后的混凝土应具有一定的强度。根据国家标准《普通混凝土力学性能试验方法标准》（GB/T 50081—2002）制作边长150mm的立方体标准试件，在标准条件（温度20℃ ±2℃，相对湿度90%以上）下，养护28d龄期，测得的抗压强度值作为混凝土的立方体抗压强度值。影响混凝土强度的因素有：水泥强度等级及水胶比、矿物掺和料与外加剂、

温度和湿度的影响、集料的影响、龄期的影响。

- 混凝土应具有与使用环境相适应的耐久性，混凝土的耐久性是一个综合性概念，它包括的内容很多，如抗渗性、抗冻性、抗侵蚀性、抗炭化性、抗碱-集料反应等方面。这些性能决定着混凝土经久耐用的程度。提高混凝土耐久性的措施有：合理选择混凝土的组成材料，提高混凝土的密实度，改善混凝土的孔隙结构。
- 混凝土外加剂在必要时掺入量很少的前提下，能明显改善混凝土的某些性能，并能取得很好的技术经济效果。但外加剂在使用过程中存在一个非常重要的问题，就是外加剂与水泥的适应性问题。外加剂与水泥的适应性不好，不但会降低外加剂的有效作用，增加外加剂的掺量从而增加混凝土成本，而且还可能使混凝土无法施工或者引发工程事故。常用的外加剂有减水剂、引气剂、缓凝剂、促凝剂、防冻剂等。
- 矿物掺和料不仅自身水化缓慢，优质矿物掺和料还有一定的减水效果，同时还减缓了水泥的水化速度，使混凝土的工作性更加流畅，并防止泌水及离析的发生。
- 普通混凝土配合比设计的依据是工程要求的混凝土强度等级和施工条件，同时设计出的配合比必须满足混凝土和易性、强度、耐久性及经济性的要求。通常采用计算-试验法进行混凝土配合比设计。设计重点是确定混凝土水胶比、用水量、砂率三个参数，采用体积法或质量法计算混凝土的基准配合比，再经过试配和调整，确定出混凝土的设计配合比。还应根据现场砂、石子的含水率计算混凝土的施工配合比，最后确定出能满足工程要求的、经济合理的各组成材料用量比例关系。
- 砂浆由胶凝材料、细集料、掺加料和水等材料按适当比例配制而成。砂浆和混凝土在组成上的差别仅在于不含粗集料。
- 砌体工程施工中，保证砂浆的质量是一个非常重要的问题，它直接影响砌体强度。砂浆按所用胶凝材料不同，可分为水泥砂浆、混合砂浆、石灰砂浆及聚合物水泥砂浆等。按其用途可分为砌筑砂浆、抹灰砂浆，以及其他特殊用途的砂浆，如：防水、保温、吸声、装饰砂浆等。
- 砌筑砂浆是指在砌体中作为一种传递荷载的接缝材料，因而必须具有一定的和易性和强度，同时必须具有能保证砌体材料与砂浆之间牢固黏结的黏结力。
- 砂浆的和易性包含流动性和保水性两个方面。
- 砌筑砂浆在砌体中主要起传递荷载的作用，因此应具有一定的抗压强度。砌筑砂浆（用于砌筑砖或其他多孔材料即吸水底料）的砂浆强度主要取决于水泥实测强度和水泥用量；而用于砌筑石砌体（不吸水底料）的砂浆强度主要取决于水泥实测强度和水胶比。
- 根据规范规定：砂浆立方体的抗压强度是以边长为对 70.7mm × 70.7mm × 70.7mm 的立方体试块为标准试块，采用规定的方法成型，在标准养护条件下养护至 28d，再采用标准试验方法测定的强度。

知识应用

到当地一家知名建筑企业跟踪调查该企业混凝土生产施工全过程，并记录下一些主要技术参数，写一篇调查报告。

【延伸阅读】

干粉砂浆应用的发展

干粉砂浆的发展从开始至今其发展速度和生产形式都在顺应时代变化。如今市场上的干粉砂浆产品种类也丰富起来，如自流平砂浆、防水砂浆、彩色墙面砂浆等都已成功投放市场。与传统的现场搅拌砂浆相比，这些砂浆充分地将现代化的建筑施工与化学工业进行了巧妙的结合。

目前砂浆在建筑上的发展趋势主要表现为：

1）现场混合砂浆被预先包装的干粉砂浆所取代。

2）干粉砂浆应用设备得到快速发展，包括散装运输系统、干粉砂浆和水的自动混合机械系统以及砂浆机械喷涂设备。

3）采用聚合物胶粘剂和特殊添加剂（如纤维素醚）进行砂浆改性的技术日益完善，从而提高了砂浆产品的质量并满足现代建筑业的施工要求。

干粉砂浆接纳产业化生产，优选质料，计量正确，搅拌匀称，可以确保砂浆质量稳固、可靠，渐渐地成为市场的骄子。

第5章 金属材料

本章导入

建筑钢材是指建筑工程中所用的各种钢材，包括钢结构用的各种型钢、钢板和钢筋混凝土中用的各种钢筋和钢丝等。建筑钢材优点是组织均匀密实，强度和硬度很高，塑性和韧性很好，既可铸造，又可进行压力加工，可以进行焊接、铆接和切割，便于拼装等。缺点是易锈蚀，维护费用高。本章重点是建筑钢材的技术性质及其变化规律，列出了各种建筑钢材的应用范围与技术标准，并简要介绍了钢材的腐蚀原因及防止腐蚀的措施。

建筑上由各种型钢组成的钢结构安全性大，自重较轻，因此适用于大跨度和高层结构。但由于各部门都需要大量的钢材，因此钢结构的大量应用在一定程度上受到了限制。而钢筋混凝土结构尽管存在着自重大等缺点，但用钢量大为减少，同时克服了钢材因锈蚀而维修费用高的缺点，所以钢材在混凝土结构中得到了广泛的应用。

5.1 建筑钢材

导入案例

【案例5-1】 某建筑工地，进一批钢筋，由于工期比较紧，直接投入使用，后来将未用的钢筋取样到试验室进行拉伸和冷弯试验，发现其强度合格，塑性不好，冷弯有裂纹，那么这些钢筋被用到工程中会有什么后果？

5.1.1 建筑钢材的主要性能

1. 建筑钢材的分类

钢的品种很多，按化学成分分类可分为碳素钢和合金钢两大类：

（1）碳素钢 以铁碳合金为主体，含碳量低于2.11%（含碳量高于2.11%为生铁），除含有极少量的硅、锰和微量的硫、磷之外，不含别的合金元素的钢叫碳素钢。根据含碳量的高低，它又分为：低碳钢（C<0.25%）、中碳钢（0.25%≤C≤0.60%）、高碳钢（C>0.60%）。

（2）合金钢　在碳素钢中，加入了一定量的合金元素如 Si、Mn、Ti、V、Cr 等的钢称为合金钢。按含合金元素总量的多少，又可分为：低合金钢（总含量 <5%）、中合金钢（总含量为 5% ~10%）、高合金钢（总含量 >10%）。

由于在冶炼、铸锭过程中，钢材中往往出现结构不均匀、气泡等缺陷，因此在工业上使用的钢材须经压力加工，使缺陷得以消除，同时具有要求的形状。压力加工可分为热加工和冷加工。热加工是将钢锭加热至一定温度，使钢锭呈塑性状态进行的压力加工，如热轧、热锻等。冷加工是指在常温下进行加工的钢材。

建筑钢材按用途一般分为钢结构用钢和混凝土结构用钢两种。目前，在建筑工程中常用的钢种是碳素结构钢和低合金高强度结构钢。

建筑钢材作为主要的受力结构材料，不仅需要具有一定的力学性能，同时还要求具有容易加工的性能。其主要的力学性能有抗拉性能、抗冲击性能、耐疲劳性能及硬度。而冷弯性能和可焊接性能则是钢材重要的工艺性能。

2. 建筑钢材的力学性质

（1）强度　在外力作用下，材料抵抗塑性变形或断裂的能力叫强度。抗拉强度是建筑钢材最主要的技术性能。建筑钢材的抗拉强度包括：弹性极限、屈服强度、极限抗拉强度、疲劳强度。

通过拉伸试验可以测得弹性极限、屈服强度、抗拉强度和伸长率，这些是钢材的重要技术性能指标。低碳钢的抗拉性能可用受拉时的应力—应变图来阐明。

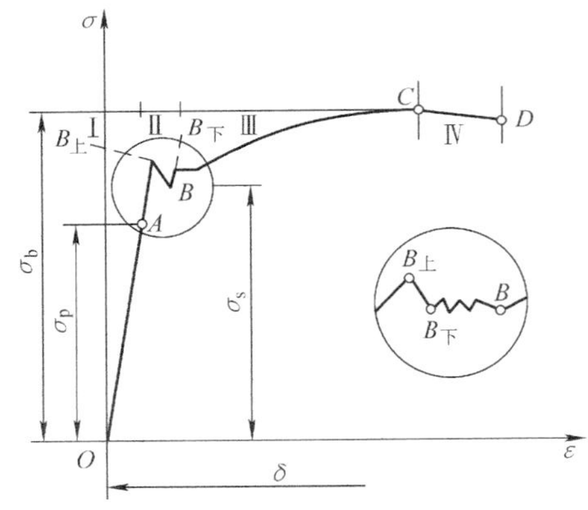

图 5-1　低碳钢拉伸 σ—ε 图

从图 5-1 可知，低碳钢从受拉到拉断，经历了如下四个阶段：

1）弹性阶段：OA 为弹性阶段。在 OA 范围内，随着荷载的增加，应力和应变成比例增加。如卸去荷载，则恢复原状，这种性质称为弹性。

OA 是一直线，在此范围内的变形，称为弹性变形。A 点所对应的应力称为弹性极限，在这一范围内，应力与应变的比值为一常量，称为弹性模量，用 E 表示，即 $E=\sigma/\varepsilon$。弹性模量反映了钢材的刚度，是钢材在受力条件下计算结构变形的重要指标。普通碳素钢 Q235 的弹性模量 $E=(2.0\sim2.1)\times10^5$MPa，弹性极限 $\sigma_p=180\sim200$MPa。

2）屈服阶段：AB 为屈服阶段。在 AB 曲线范围内，应力与应变不能成比例变化。应力超过 σ_b 后，即开始产生塑性变形。应力到达 $B_上$ 之后，变形急剧增加，应力则在不大的范围内波动，直到 B 点止。$B_上$ 点是屈服上限，当应力到达 $B_上$ 点时，抵抗外力能力下降，发生“屈服”现象，以上屈服强度（R_{eH}）表示。$B_下$ 点是屈服下限，也称为屈服点（即屈服强度），以 R_{eL} 表示。σ_s 是屈服阶段应力波动的最低值，它表示钢材在工作状态允许达到的应力值，即在 R_{eL} 之前，钢材不会发生较大的塑性变形。故在设计中一般以屈服点作为强度取值的依据。普通碳素结构钢 Q235 的 R_{eL} 应不小于 235MPa。

对于在外力作用下屈服现象不明显的硬钢类，如高碳钢与某些合金钢，规定产生残余变

5 CHAPTER

形为 0.2% L_0 时的应力作为屈服强度，或称条件屈服点，用 $\sigma_{0.2}$ 表示，如图 5-2 所示。

3）强化阶段：BC 为强化阶段。过 B 点后，抵抗塑性变形的能力又重新提高，变形发展速度比较快，随着应力的提高而增加。对应于最高点 C 的应力，称为抗拉强度，用 R_m 表示，抗拉强度不能直接利用，但屈服点和抗拉强度的比值（即屈强比）却能反映钢材的安全可靠程度和利用率。

4）缩颈阶段：CD 为缩颈阶段。过 C 点，材料抵抗变形的能力明显降低。在 CD 范围内，应变迅速增加，而应力则反而下降，变形不能再是均匀的。钢材被拉长，并在变形最大处发生“缩颈”，直至断裂。

根据断裂前产生塑性变形大小的不同，可分为两种类型的断裂：一种是断裂前出现大量塑性变形的塑性断裂，常温下低碳钢的拉伸断裂就是塑性断裂；另一种是断裂前无显著塑性变形的脆性断裂。脆性断裂发展速度极快，断裂时又无明显预兆，往往给结构物带来严重后果，应尽量避免。

因此，为了确保钢材在构件中的使用安全，钢结构设计应保证构件始终在弹性范围内工作，即应以钢材的弹性极限作为确定容许应力的依据。但是，由于钢材的弹性极限很难测准，多年来就以稍高于弹性极限的屈服强度作为确定容许应力的依据，所以屈服强度 σ_s 是钢结构设计中的一个重要力学指标。抗拉强度 R_m 虽不直接用于计算，但屈服强度与抗拉强度之比——屈强比（R_{eL}/R_m），在选择钢材时却具有重要意义。一般来说，这个比值较小时，表示结构的安全度较大，也即结构由于局部超载而发生破坏的强度储备较大；但是这个比值过小时，则表示钢材强度的利用率偏低，不够经济。相反，若屈强比较大，则表示钢材利用率较大，但比值过大，表示强度储备过小，脆断倾向增加，不够安全。因此这个比值最好保持在 0.60～0.75，既安全又经济。

（2）塑性　钢的塑性是指在外力作用下钢破坏前产生塑性变形的能力。产生的塑性变形越大，表示钢的塑性越好。钢的塑性大小，通常用拉伸断裂时的伸长率来表示，如图 5-3 所示。

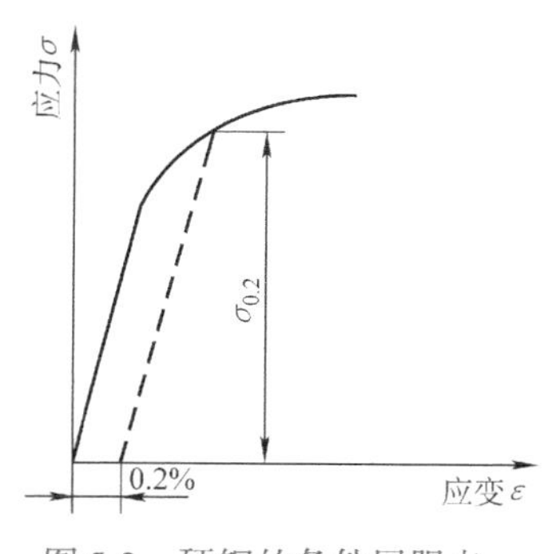

图 5-2　硬钢的条件屈服点

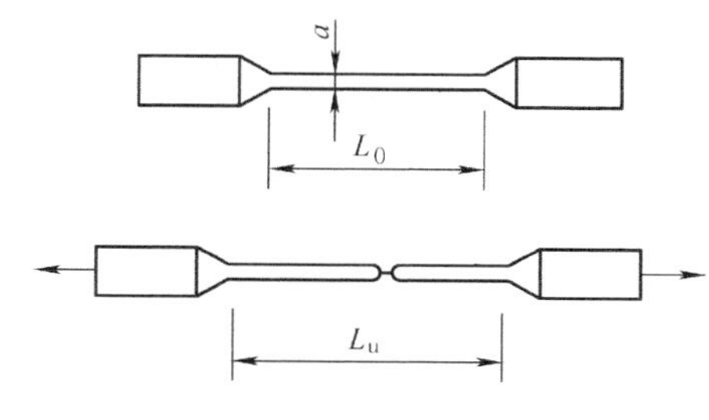

图 5-3　钢材的伸长率

将拉断的钢材拼合后，测出标距部分的长度，便可按下式求得其伸长率 δ

$$\delta = \frac{L_u - L_0}{L_u} \times 100\%$$

式中　L_0——试件原始标距长度（mm）；

L_u——试件拉断后标距部分的长度（mm）。

伸长率反映了钢材塑性大小情况，在工程中具有重要意义。伸长率的数值越大，表示钢的塑性越大。建筑用钢要求具有良好的塑性，其值一般不得低于有关规范规定值。塑性过大，钢质软，结构塑性变形大，影响使用。塑性过小，钢质硬脆，超载后易断裂破坏。塑性良好的钢材，偶尔超载、产生塑性变形，会使内部应力重新分布，不致由于应力集中而发生脆断。从选材的角度来看，为了避免产生脆性断裂，除了要求较高的强度指标外，还应要求有较高的塑性和韧性指标，一般以采用含杂质少、内部缺陷少、组织均匀密实的平炉或氧气转炉镇静钢为宜。

（3）冲击韧度　冲击韧度是指钢材抵抗冲击荷载作用的能力。

钢材的冲击韧度是用标准试件（中部加工有 V 形或 U 形缺口），在摆锤式冲击试验机上进行冲击弯曲试验后确定，试件缺口处受冲击破坏后，以缺口底部处单位面积上所消耗的功，即为冲击韧度指标，用冲击韧度值 a_K（J/cm^2）表示。a_K 值越大，表示冲断试件时消耗的功越多，钢材的冲击韧度越好。

钢材进行冲击试验，能较全面地反映出材料的品质。试验表明，冲击值的大小能非常灵敏地反映出材料内部晶体组织、有害杂质、各种缺陷，应力状态以及环境温度等微小变化对性能的影响。因此，为了防止上述诸因素对钢材引起的脆性断裂，经常用冲击值来检查其对钢材性能引起的变化，作为选材的依据。

温度对冲击值的影响很大，某些钢材，在室温（20℃）条件下试验时并不显脆性，但在较低的温度条件下则发生脆断。因此，通过测定不同温度下冲击值 a_K 的变化，可以确定钢材（特别是负温下使用时）由塑性状态向脆性状态转化的倾向。这种由韧性断裂转变为脆性断裂，使冲击值显著降低的现象称为冷脆性，与之相对应的温度称为脆性转变温度。该温度越低，表明钢的冷脆性越小，即低温韧性越好。

（4）硬度　硬度是衡量钢材软硬程度的一个指标，它是表示钢材表面局部体积内抵抗变形或破裂的能力，且与钢材的强度具有一定的内在联系。

测定钢材硬度的方法很多，其中常用的有布氏法和洛氏法。布氏法是在布氏硬度机上用一定直径的硬质钢球，加以一定的压力将其压入钢材表面，经规定的持续时间后卸去压力，测量其压痕直径，将压力除以被压入材料的凹陷面积，即得布氏硬度值 HB。可见布氏硬度值表示在单位凹陷面积上所承受的压力，该值越大表示钢材越硬。因而它与钢材的抗拉强度有很好的相关性。

洛氏法是在洛氏硬度机上以测量压痕深度来计算硬度值的。根据压头和荷载的不同，又分洛氏 A、洛氏 B 与洛氏 C 三种方法。洛氏法简便迅速，可由千分表上直接读出硬度值，但不如布氏法的精度高。

（5）疲劳强度　钢构件承受重复或交变荷载作用时，可能在远低于屈服强度的应力作用下突然发生断裂，这种断裂现象称为疲劳破坏。

研究表明，金属的疲劳破坏要经历疲劳裂纹的萌生、扩展及断裂三个过程。也就是说，在交变应力作用下，先在材料的薄弱处萌生微观裂纹，由于裂纹尖端处产生应力集中，使微观裂纹逐渐扩展成肉眼可见的宏观裂纹，宏观裂纹再进一步扩展，使构件断面不断削弱，直到最后导致突然断裂。由此可见，疲劳破坏的过程虽然是缓慢的，但断裂却是突发性的，事先并无明显的塑性变形，故危险性较大，往往造成灾难性事故。

3. 建筑钢材的工艺性能

建筑钢材在使用之前，多数需要进行一定形式的加工处理。良好的工艺性能可以保证钢材能够顺利地通过各种处理而无损于制品的质量。

（1）冷弯性能　建筑钢材的冷弯性能，是指钢材在常温下承受弯曲变形的能力，是衡量钢材冷塑性变形能力的指标。钢材冷弯试验如图 5-4 所示。

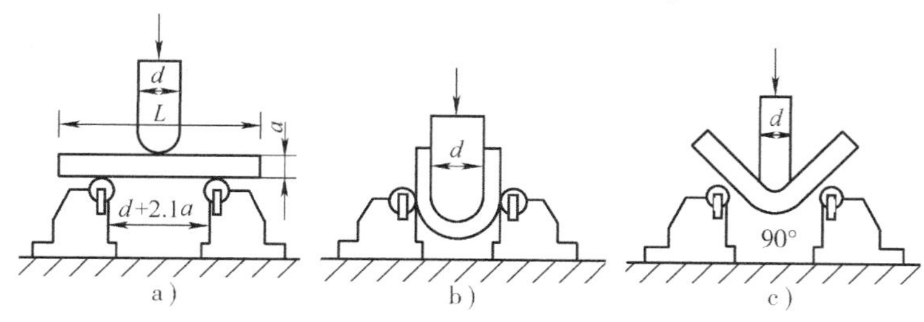

图 5-4　钢材冷弯试验

d—弯心直径　a—试件厚度或直径

这种指标的等级通常用不同的弯曲角度（α）以及不同的弯心直径（d）相对于钢材厚度（a）的比值 d/a 来表示。弯曲角度越大，d/a 的比值越小，表明钢材冷弯级别越高。冷弯检验是：按规定的弯曲角度和弯心直径进行试验，试件的弯曲处外面及侧面无裂纹、起层、鳞落和断裂，即认为冷弯性能合格。

冷弯也是检验钢材塑性的一种方法，并与伸长率存在有机的联系。伸长率大的钢材，其冷弯性能必然好，但冷弯试验对钢材塑性的评定比拉伸试验更严格、更敏感。冷弯有助于暴露钢材的某些缺陷，如气孔、杂质和裂纹等。在焊接时，局部脆性及接头缺陷都可通过冷弯而发现，所以钢材的冷弯不仅是评定塑性、加工性能的要求而且也是评定焊接质量的重要指标之一。对于重要结构和弯曲成形的钢材，冷弯必须合格。一般来说，钢的塑性好，冷弯性能也好。

（2）焊接性　焊接是钢结构的连接方式之一，钢材在焊接过程中，由于高温作用，焊缝及其附近的过热区将发生晶体组织和晶体结构的变化，使焊缝周围的钢材产生硬脆倾向，降低焊件的使用质量。钢的焊接性就是指钢材在焊接后，体现其焊头连接的牢固程度和硬脆倾向大小的一种性能。焊接性良好的钢，焊接后的焊头牢固可靠，硬脆倾向小，仍能保持与母材基本相同的性质。

钢的化学成分、冶金质量及冷加工等对焊接性影响很大。试验表明，含碳量小于 0.25% 的低碳钢具有良好的焊接性，随着含碳量的增加，焊接性下降。硫、磷及气体杂质均能显著降低焊接性。加入过多的合金元素，也将在不同程度上降低焊接性。因此，对焊接结构用钢，宜选用含碳量较低、杂质含量少的平炉镇静钢。对于高碳钢和合金钢，为了改善焊后的硬脆性，焊接时一般需采用焊前预热和焊后热处理等措施。

想一想

碳素钢与生铁有什么区别？什么是低碳钢？

5.1.2　影响钢材技术性质的主要因素

1. 化学成分对钢性质的影响

钢中所含的元素比较多，在碳素钢中，除了含有碳、硅、锰主要元素外，还含有少量的硫、磷、氮、氧、氢等有害杂质，在合金钢中还含有钛、钒、铜、铬、镍等合金元素。这些元素在钢中的含量，是决定钢材质量和性能好坏的重要因素。为了保证钢的质量，国家标准对各种钢的化学成分都有规定，尤其是对有害杂质控制极严。

（1）含碳量　碳是决定钢性能的主要元素，因为含碳量的变化直接引起晶体组织的变化。随着含碳量的增加，钢的强度和硬度相应增高，而塑性和韧性相应降低。但当含碳量超过1.0%时，钢的强度极限反而下降。此外，随着含碳量的增加，还会增大钢的冷脆性与时效敏感性，降低焊接性和耐腐蚀性。

（2）含硅量　少量的硅对钢是有益的。但含硅量超过1.0%以上时，将显著降低塑性和韧性，增大冷脆性，并使焊接性变坏。

（3）含锰量　锰可以提高强度和硬度，还能与钢中的硫化合成MnS入渣排掉，起去硫的作用，所以含锰量不大时对钢是有益的。但含锰量超过1.0%以上时，将降低钢的塑性、韧性和焊接性。

（4）含硫量　硫多数以化合物FeS的形式存在于钢中。它是一种强度较低和性质较脆的夹杂物，受力时容易引起应力集中，降低钢的强度和疲劳强度。此外，FeS还能与Fe形成低熔点的物质，在高温下该物质首先熔化造成晶粒脱开，使钢变脆。这种在高温下使钢变脆开裂的性质叫热脆性。硫的热脆性大大降低了钢的热加工性和焊接性，是有害杂质，应严格控制其含量，一般不应超过0.065%。

（5）含磷量　磷虽能提高钢的强度和耐腐蚀性能，但却显著提高了脆性转变温度，增大了钢的冷脆性，焊接时焊缝容易产生冷裂纹，所以磷是降低钢材焊接性的元素之一。磷是有害杂质，故应严格控制其含量，一般不应超过0.085%。

（6）含氧量　氧多数以FeO的形式存在于非金属夹杂物中，FeO是一种硬脆的物质，会使钢的塑性、韧性和疲劳强度显著降低，并增大时效敏感性，故钢中的含氧量一般不应超过0.05%。

（7）含氮量　氮能提高钢的强度和硬度，但却显著降低钢的塑性和韧性，增大钢的时效敏感性和冷脆性，故含氮量不应超0.008%。

（8）含氢量　氢多数形成间隙固溶体，能显著降低钢的塑性和韧性，使钢变脆，由氢造成的脆断称为氢脆。此外，氢还能在钢中形成白点，即当钢由高温迅速冷却时，氢在钢中的溶解度急剧降低，由于氢原子来不及逸出，便在某些缺陷处由原子状态的氢瞬时变成分子状态的氢，产生高压造成微裂缝，这种微裂缝就是所谓的白点。钢轨中的白点常引起脆断，造成严重事故。

2. 冷加工硬化与时效对钢性质的影响

（1）冷加工硬化　冷加工是在常温下进行的机械加工，包括冷拉、冷拔、冷轧、冷扭、冷冲和冷压等各种方式。通过冷加工的塑性变形，不仅能改变钢材的形状和尺寸，而且还能改变钢的晶体结构，产生加工硬化、应变时效与内应力等现象，从而改变钢的性能。由于塑性变形引起的屈服强度增高而塑性和韧性降低的现象称为冷加工硬化，或称形变强化。

凡是能产生冷塑性变形的各种冷加工过程，都会发生冷加工硬化现象。在一定范围内冷加工变形程度越大，加工硬化现象也越明显，即屈服强度提高得越多，而塑性和韧性也降低得越多，因此冷加工成了强化金属材料的一种重要手段，如冷拔低碳钢丝与预应力高强度钢丝，都是通过多次冷拔而产生强化作用的。

工程中常利用这一性质冷拉或冷拔钢筋，提高屈服强度，以达到节约钢材的目的。但是对直接承受动载作用的焊接钢结构，却要求能承受较大的冲击荷载。由于经过冷加工的钢

材，不但塑性和韧性大为降低，而且焊接性也变坏，增加了焊接后的硬脆倾向。为了防止发生突然的脆性断裂，故承受动载的焊接结构不得使用经过冷加工的钢材。

（2）时效　时效是另一种引起钢材强度、硬度提高，塑性、韧性降低的因素。这种经冷加工后，随着时间的延长，钢的屈服强度和强度极限逐渐提高，塑性和韧性逐渐降低的现象，称为应变时效，简称时效。

经过冷拉的钢筋在常温下存放15～20d，或加热到100～200℃并保持2h左右。这个过程称为时效处理，前者称为自然时效，后者称为人工时效。

冷拉以后再经时效处理的钢筋，其屈服点进一步提高，抗拉极限强度稍有增长，塑性继续降低。由于时效过程中内应力消减，故弹性模量可基本恢复。建筑上用的钢筋，经常利用冷加工后的时效作用来提高其屈服强度，以利节约钢材。

3. 热处理对钢性质的影响

若将钢加热到临界温度以上，并保持一定时间后，以不同的速度冷却，则会形成完全不同的晶体组织。这种对钢进行加热、保温和冷却的综合操作工艺称为热处理。其目的在于通过不同的工艺，改变钢的晶体组织从而改变钢的性质。钢的热处理有退火、正火、淬火、回火等形式。

（1）退火　退火是将钢加热到上临界温度（相变温度）以上30～50℃，保温一定时间，然后极缓慢地冷却（随炉冷却），以获得接近平衡状态组织的一种热处理工艺。退火可降低钢的硬度，提高塑性和韧性，并能消除冷、热加工或热处理所形成的缺陷和内应力。

（2）正火　正火是将钢加热到上临界温度以上30～50℃，保温一定时间，然后在空气中冷却的一种热处理工艺。正火主要用于提高钢的塑性和韧性，获得强度、塑性和韧性三者之间的良好配合。

（3）淬火　淬火是把钢加热到上临界温度以上30～50℃，保持一定时间，然后把它放到适当的介质（水或油）中进行急速冷却的一种热处理工艺。淬火能显著提高钢的硬度和耐磨性，但塑性和韧性却显著降低，且有很大的内应力，脆性很高。可在淬火后进行回火处理，以消除部分脆性。

（4）回火　回火是把钢加热到下临界温度（727℃）以下某一适当的温度，保持一定时间，然后在空气中冷却的一种热处理工艺。根据加热温度的高低，分低温（150～250℃）、中温（350～500℃）和高温（500～650℃）三种回火制度。回火主要是为了消除淬火后钢体的内应力和脆性，可根据不同要求选择加热温度。一般来说，要求保持高强度和高硬度时，采用低温回火；要求保持高弹性极限和屈服强度时，采用中温回火；要求既有一定强度和硬度，又有适量塑性和韧性时，采用高温回火。淬火和高温回火的联合处理称为调质。调质的目的主要是为了获得良好的综合技术性质，既有较高的强度，又有良好的塑性和韧性。经调质处理过的钢称为调质钢，它是目前用来强化钢材的有效措施，建筑上用的某些高强度低合金钢及某些热处理钢筋等都是经过调质处理得到强化的。

试一试

钢筋冷拉在工程中有什么作用？到你熟悉的工地了解一下，他们是如何对钢筋进行冷拉的？

5.1.3 建筑钢材的技术标准与选用

建筑钢材可分为钢结构用钢、钢筋混凝土结构用钢及其他用途用钢三大类。

1. 钢结构用钢

（1）碳素结构钢

1）牌号及其表示方法。国标《碳素结构钢》（GB/T 700—2006）中规定，牌号由代表屈服点的字母、屈服强度数值、质量等级符号、脱氧方法等四部分按顺序组成。其中，以“Q”代表屈服强度，屈服强度数值共分195MPa、215MPa、235MPa和275MPa四种。质量等级以硫、磷等杂质含量由多到少分别由A、B、C、D符号表示，脱氧方法以F表示沸腾钢、b表示半镇静钢、Z和TZ表示镇静钢和特殊镇静钢，Z和TZ在钢的牌号中予以省略。

例如：Q235－A．F表示屈服点为235MPa的A级沸腾钢。

2）技术要求。钢的化学成分（熔炼分析），应符合《碳素结构钢》（GB/T 700—2006）的规定。钢中的残余元素铬、镍、铜含量，各不大于0.30%，氮含量应不大于0.008%。钢中砷的残余含量，应不大于0.080%。各牌号钢的力学性质、工艺性质应符合表5-1和表5-2的规定。

表5-1 碳素结构钢的力学性质（GB/T 700—2006）

牌号	等级	屈服强度① R_{eH}/MPa，不小于						抗拉强度② R_m/MPa	断后伸长率δ（%），不小于					冲击试验（V形缺口）	
		厚度（或直径）/mm							厚度（或直径）/mm					温度/℃	冲击吸收功（纵向）/J，不小于
		≤16	>16~40	>40~60	>60~100	>100~150	>150~200		≤40	>40~60	>60~100	>100~150	>150~200		
Q195	—	195	185	—	—	—	—	315~430	33	—	—	—	—	—	—
Q215	A	215	205	195	185	175	165	335~450	31	30	29	27	26	—	—
	B													+20	27
Q235	A	235	225	215	215	195	185	370~500	26	25	24	22	21	—	—
	B													+20	27③
	C													0	
	D													-20	
Q275	A	275	265	255	245	225	215	410~540	22	21	20	18	17	—	—
	B													+20	27
	C													0	
	D													-20	

① Q195的屈服强度值仅供参考，不作交货条件。

② 厚度大于100mm的钢材，抗拉强度下限允许降低20N/mm²。宽带钢（包括剪切钢板）抗拉强度上限不作交货条件。

③ 厚度小于25mm的Q235B级钢材，如供方能保证冲击吸收功值合格，经需方同意，可不作检验。

表 5-2　碳素结构钢的工艺性质（GB/T 700—2006）

牌号	试样方向	冷弯试验 180°　$B=2a$①	
		钢材厚度（或直径）②/mm	
		≤60	>60～100
		弯心直径 d	
Q195	纵	0	—
	横	0.5a	
Q215	纵	0.5a	1.5a
	横	a	2a
Q235	纵	a	2a
	横	1.5a	2.5a
Q275	纵	1.5a	2.5a
	横	2a	3a

① B 为试样宽度，a 为试样厚度（或直径）。

② 钢材厚度（或直径）大于 100mm 时，弯曲试验由双方协商确定。

3）选用。钢材的选用一方面要根据钢材的质量、性能及相应的标准；另一方面要根据工程使用条件对钢材性能的要求。

国标将碳素结构钢分为五个牌号，每个牌号又分为不同的质量等级。一般来讲，牌号数值越大，含碳量越高，其强度、硬度也就越高，但塑性、韧性降低。平炉钢和氧气转炉钢质量均较好，硫、磷含量低的 D、C 级钢质量优于 B、A 级钢的质量。特殊镇静钢、镇静钢质量优于半镇静钢，更优于沸腾钢，当然质量好的钢成本较高。

工程结构的荷载类型、焊接情况及环境温度等条件对钢材性能有不同的要求，选用钢材时必须满足。一般情况下，沸腾钢在下述情况下是限制使用的：

① 直接承受动荷载的焊接结构。

② 非焊接结构而计算温度等于或低于 −20℃时。

③ 受静荷载及间接动荷载作用，而计算温度等于或低于 −30℃时的焊接结构。

建筑的钢结构中，主要应用的是碳素钢 Q235。Q235 号钢的含碳量为0.17%～0.22%，属于低碳钢，既有较高的强度，又有良好的塑性和韧性，可加工性等综合性能（如焊接性）也好，能较好地满足一般钢结构的要求，且冶炼方便，成本较低。用 Q235 轧成的各种型材、钢板和管材用量最大，是应用很广的一个钢种。

选材时为了防止突然的脆性断裂，还应根据钢结构的工作条件、荷载类型、连接方式、环境温度与介质的腐蚀条件等因素综合考虑。例如，Q235A 级钢一般只适用于承受静载作用的钢结构，Q235B 级钢可用于承受动载焊接的普通钢结构，Q235C 级钢可用于承受动载焊接的重要钢结构，而 Q235D 级钢则可用于低温条件下承受动载焊接的重要结构。

Q195 和 Q215 号钢的含碳量小于 0.15%，强度虽然较低，但塑性和韧性较大，性质柔软，易于冷弯加工，建筑上一般可用作钢钉、铆钉、螺栓和铁丝等。Q215 钢经冷加工后可代替 Q235 钢使用。

Q255 号钢强度虽然较高，但塑性和韧性较差，且不易冷弯加工，焊接性也差。一般可用作钢筋或钢结构中的构件或螺栓，但较多的是用于机械零件和工具等。

Q275 号钢的含碳量为 0.20% ~0.38%，属于中碳钢，具有较高的强度和硬度，但塑性和韧性很低，多用于耐磨构件、机械零件和工具，有时轧成带肋钢筋用于混凝土中。

（2）低合金高强度结构钢　为了改善钢的组织结构，提高钢的各项技术性能，而向钢中有意加入某些合金元素，称为合金化。含有合金元素的钢就是合金钢。合金化是强化建筑钢材的重要途径之一。

我国低合金高强度结构钢的生产特点是：在普通碳素钢的基础上，加入少量我国富有的合金元素，如硅、钒、钛、稀土等，以使钢材获得强度与综合性能的明显改善，或使其成为具有某些特殊性能的钢种。

1）牌号的表示方法。根据国家标准《低合金高强度结构钢》（GB/T 1591—2008）规定，低合金高强度结构钢的牌号，由代表屈服点的汉语拼音字母（Q）、屈服强度数值（三位阿拉伯数字）、质量等级符号（分 A、B、C、D、E 五级）三个部分依次组成。如写作 Q295 - A、Q345 - D 等。

2）标准与性能。合金元素在钢中的作用是很复杂的，不同的元素所起的作用不一样，对性能的影响程度也各有差别。不仅可以提高钢的强度和硬度，还能在一定程度上增加塑性和韧性，其中尤以钒、钛、铝等元素的作用更为显著，使低合金结构钢具有强度大、耐磨、硬度高、耐蚀性强与耐低温性能好等特点。

低合金高强度结构钢的化学成分应符合《低合金高强度结构钢》（GB/T 1591—2008）的规定。

低合金高强度结构钢的力学性能指标见表 5-3、表 5-4 和表 5-5。可以看出，该钢种共 8 个牌号。牌号的数值，是以钢材厚度（或直径、边长）≤16mm 时屈服强度的低限值（MPa）标出，随着钢材尺寸的加大，屈服强度的限值在下调。钢的牌号越大，抗拉强度越高，伸长率越小。各牌号的钢，A 级不保证冲击韧度，B、C、D 级则分别保证 20℃、0℃、-20℃下的冲击吸收功不小于 34J；而 E 级保证 -40℃下不小于 31J。

3）选用。合金元素加入钢材以后，改变了钢的组织、性能。以相近含碳量（0.14% ~0.22%）的 Q345（合金钢屈服强度为 345MPa）与 Q235（屈服强度为 235MPa）比，屈服强度提高了约 32%，同时具有良好的塑性、冲击韧度、焊接性及耐低温、耐蚀性等，在相同使用条件下，可使碳素结构钢节省用钢量 20% ~30%。

钢材进行合金化，一般是利用铁矿石或废钢中原有的合金元素如铌、铬等，或者加入一些廉价的合金元素如硅、锰等；有特殊要求时，也可加入少量的合金元素如钛、钒等。冶炼设备也基本上与生产碳素钢的设备相同，因此其成本增加不多。

低合金结构钢的含碳量都小于或等于 0.2%，多为用氧气转炉、平炉或电炉冶炼的镇静钢，有害杂质少，质量较高且稳定，具有良好的塑性、韧性与适当的焊接性。因此，和碳素结构钢相比，采用低合金结构钢可减轻结构重量，延长使用寿命，特别是大跨度、大柱网结构，采用较高强度的低合金结构钢，技术经济效果更显著。

表 5-3　钢材的拉伸性能

<table>
<tr><th rowspan="4">牌号</th><th rowspan="4">质量等级</th><th colspan="22">拉伸试验[①②③]</th></tr>
<tr><th colspan="9" rowspan="2">以下公称厚度(直径,边长)下屈服强度(R_{eL})/MPa</th><th colspan="7" rowspan="2">以下公称厚度(直径,边长)抗拉强度(R_m)/MPa</th><th colspan="6">断后伸长率(δ)/%</th></tr>
<tr><th colspan="6">公称厚度(直径,边长)</th></tr>
<tr><th>≤16mm</th><th>>16~40mm</th><th>>40~63mm</th><th>>63~80mm</th><th>>80~100mm</th><th>>100~150mm</th><th>>150~200mm</th><th>>200~250mm</th><th>>250~400mm</th><th>≤40mm</th><th>>40~63mm</th><th>>63~80mm</th><th>>80~100mm</th><th>>100~150mm</th><th>>150~250mm</th><th>>250~400mm</th><th>≤40mm</th><th>>40~63mm</th><th>>63~100mm</th><th>>100~150mm</th><th>>150~250mm</th><th>>250~400mm</th></tr>
<tr><td rowspan="5">Q345</td><td>A</td><td rowspan="5">≥345</td><td rowspan="5">≥335</td><td rowspan="5">≥325</td><td rowspan="5">≥315</td><td rowspan="5">≥305</td><td rowspan="5">≥285</td><td rowspan="5">≥275</td><td rowspan="5">≥265</td><td rowspan="3">—</td><td rowspan="5">470~630</td><td rowspan="5">470~630</td><td rowspan="5">470~630</td><td rowspan="5">470~630</td><td rowspan="5">450~600</td><td rowspan="5">450~600</td><td rowspan="3">—</td><td rowspan="2">≥20</td><td rowspan="2">≥19</td><td rowspan="2">≥19</td><td rowspan="2">≥18</td><td rowspan="2">≥17</td><td rowspan="3">—</td></tr>
<tr><td>B</td></tr>
<tr><td>C</td><td rowspan="3">≥21</td><td rowspan="3">≥20</td><td rowspan="3">≥20</td><td rowspan="3">≥19</td><td rowspan="3">≥18</td></tr>
<tr><td>D</td><td rowspan="2">≥265</td><td rowspan="2">450~600</td><td rowspan="2">≥17</td></tr>
<tr><td>E</td></tr>
<tr><td rowspan="5">Q390</td><td>A</td><td rowspan="5">≥390</td><td rowspan="5">≥370</td><td rowspan="5">≥350</td><td rowspan="5">≥330</td><td rowspan="5">≥330</td><td rowspan="5">≥310</td><td rowspan="5">—</td><td rowspan="5">—</td><td rowspan="5">—</td><td rowspan="5">490~650</td><td rowspan="5">490~650</td><td rowspan="5">490~650</td><td rowspan="5">490~650</td><td rowspan="5">470~620</td><td rowspan="5">—</td><td rowspan="5">—</td><td rowspan="5">≥20</td><td rowspan="5">≥19</td><td rowspan="5">≥19</td><td rowspan="5">≥18</td><td rowspan="5">—</td><td rowspan="5">—</td></tr>
<tr><td>B</td></tr>
<tr><td>C</td></tr>
<tr><td>D</td></tr>
<tr><td>E</td></tr>
<tr><td rowspan="5">Q420</td><td>A</td><td rowspan="5">≥420</td><td rowspan="5">≥400</td><td rowspan="5">≥380</td><td rowspan="5">≥360</td><td rowspan="5">≥360</td><td rowspan="5">≥340</td><td rowspan="5">—</td><td rowspan="5">—</td><td rowspan="5">—</td><td rowspan="5">520~680</td><td rowspan="5">520~680</td><td rowspan="5">520~680</td><td rowspan="5">520~680</td><td rowspan="5">500~650</td><td rowspan="5">—</td><td rowspan="5">—</td><td rowspan="5">≥19</td><td rowspan="5">≥18</td><td rowspan="5">≥18</td><td rowspan="5">≥18</td><td rowspan="5">—</td><td rowspan="5">—</td></tr>
<tr><td>B</td></tr>
<tr><td>C</td></tr>
<tr><td>D</td></tr>
<tr><td>E</td></tr>
<tr><td rowspan="3">Q460</td><td>C</td><td rowspan="3">≥460</td><td rowspan="3">≥440</td><td rowspan="3">≥420</td><td rowspan="3">≥400</td><td rowspan="3">≥400</td><td rowspan="3">≥380</td><td rowspan="3">—</td><td rowspan="3">—</td><td rowspan="3">—</td><td rowspan="3">550~720</td><td rowspan="3">550~720</td><td rowspan="3">550~720</td><td rowspan="3">550~720</td><td rowspan="3">530~700</td><td rowspan="3">—</td><td rowspan="3">—</td><td rowspan="3">≥17</td><td rowspan="3">≥16</td><td rowspan="3">≥16</td><td rowspan="3">≥16</td><td rowspan="3">—</td><td rowspan="3">—</td></tr>
<tr><td>D</td></tr>
<tr><td>E</td></tr>
</table>

（续）

牌号	质量等级	拉伸试验[①②③]																					
		以下公称厚度（直径，边长）下屈服强度（R_{eL}）/MPa									以下公称厚度（直径，边长）抗拉强度（R_m）/MPa							断后伸长率（δ）/% 公称厚度（直径，边长）					
		≤16mm	>16~40mm	>40~63mm	>63~80mm	>80~100mm	>100~150mm	>150~200mm	>200~250mm	>250~400mm	≤40mm	>40~63mm	>63~80mm	>80~100mm	>100~150mm	>150~250mm	>250~400mm	≤40mm	>40~63mm	>63~100mm	>100~150mm	>150~250mm	>250~400mm
Q500	C																						
	D	≥500	≥480	≥470	≥450	≥440	—	—	—	—	610~770	600~760	590~750	540~730	—	—	—	≥17	≥17	≥17	—	—	—
	E																						
Q550	C																						
	D	≥550	≥530	≥520	≥500	≥490	—	—	—	—	670~830	620~810	600~790	590~780	—	—	—	≥16	≥16	≥16	—	—	—
	E																						
Q620	C																						
	D	≥620	≥600	≥590	≥570	—	—	—	—	—	710~880	690~880	670~860	—	—	—	—	≥15	≥15	≥15	—	—	—
	E																						
Q690	C																						
	D	≥690	≥670	≥660	≥640	—	—	—	—	—	770~940	750~920	730~900	—	—	—	—	≥14	≥14	≥14	—	—	—
	E																						

① 当屈服不明显时，可测量 $R_{p0.2}$ 代替下屈服强度。

② 宽度不小于 600mm 扁平材，拉伸试验取横向试样；宽度小于 600mm 的扁平材、型材及棒材取纵向试样，断后伸长率最小值相应提高 1%（绝对值）。

③ 厚度 >250 ~ 400mm 的数值适用于扁平材。

表 5-4　夏比（V 型）冲击试验的试验温度和冲击吸收能量

牌号	质量等级	试验温度/℃	冲击吸收能量（KV_2）[①]/J		
			公称厚度（直径、边长）		
			12 ~ 150mm	>150 ~ 250mm	>250 ~ 400mm
Q345	B	20	≥34	≥27	—
	C	0			
	D	-20			27
	E	-40			
Q390	B	20	≥34	—	—
	C	0			
	D	-20			
	E	-40			
Q420	B	20	≥34	—	—
	C	0			
	D	-20			
	E	-40			
Q460	C	0	≥34	—	—
	D	-20		—	—
	E	-40		—	—
Q500、Q550、Q620、Q690	C	0	≥55	—	—
	D	-20	≥47	—	—
	E	-40	≥31	—	—

① 冲击试验取纵向试样。

表 5-5　弯曲试验

牌号	试样方向	180°弯曲试验 [d = 弯心直径，a = 试样厚度（直径）]	
		钢材厚度（直径，边长）	
		≤16mm	>16 ~ 100mm
Q345 Q390 Q420 Q460	宽度不小于 600mm 扁平材，拉伸试验取横向试样。宽度小于 600mm 的扁平材、型材及棒材取纵向试样	$2a$	$3a$

（3）钢结构用钢的品种

1）型钢。长度和截面周长之比相当大的直条钢材，统称为型钢。按型钢的截面形状，可分为简单截面的和复杂截面的（或异型的）两大类。

① 简单截面的热轧型钢。简单截面的热轧型钢有扁钢、圆钢、方钢、六角钢和八角钢五种，如图 5-5 所示。

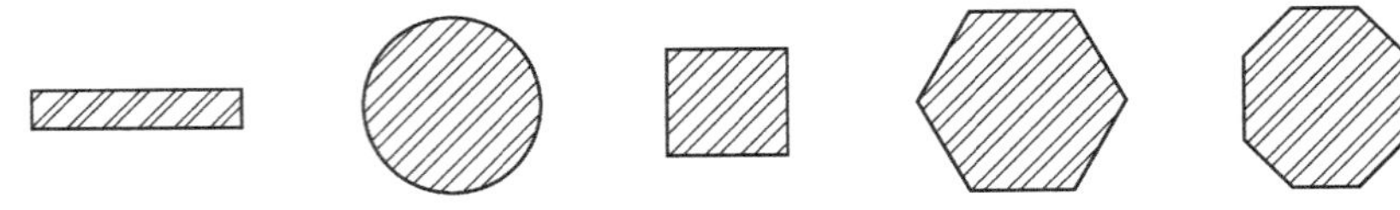

图 5-5 简单截面热轧型钢的截面

② 复杂截面的热轧型钢。复杂截面的热轧型钢，其截面不是简单的几何图形，而是有明显凸凹分枝部分，包括角钢、工字钢、槽钢和其他异型截面的型钢。角钢、工字钢和槽钢的截面形状如图 5-6 所示。

③ 热轧 L 型钢和 H 型钢。热轧 L 型钢的截面如图 5-7 所示。L 型钢与不等边角钢的主要区别在于：腹板高为面板宽度的 3 ~ 4 倍，而不等边角钢的长边与短边宽度之比，仅在 1.5 左右；L 型钢的面板厚度与腹板厚度之差显著，而不等边角钢的边厚度是相同的。

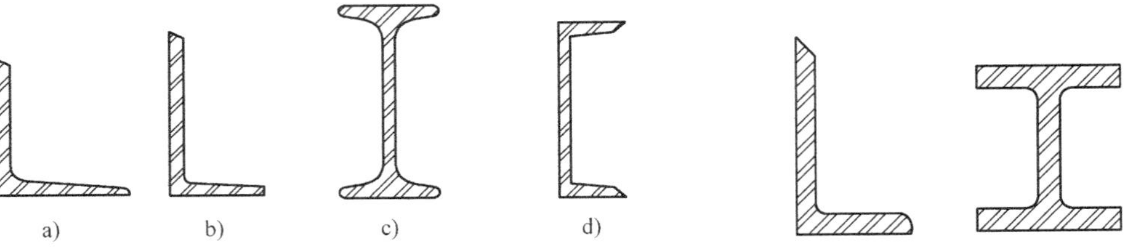

图 5-6 角钢、工字钢和槽钢的截面形状

a）等边角钢 b）不等边角钢 c）工字钢 d）槽钢

图 5-7 L 型钢与 H 型钢的截面

热轧 H 型钢分为宽翼型、窄翼型和钢桩三类，属经济断面型材，断面形状类似普通型材，但壁薄、截面金属分配合理，质量小，截面模数大，是型钢中发展较快的品种。

④ 冷弯型钢。用可冷加工变形的冷轧或热轧钢带，在连续辊式冷弯机组上，制成具有各种形状截面的轻型钢材，统称冷弯型钢。目前已形成标准的冷弯型材，主要有通用冷弯开口型钢、结构用冷弯空心型钢、卷帘门及钢窗用冷弯型钢等多种。

2）钢板。钢板是用轧制方法生产的、宽厚比很大的矩形板状钢材。按工艺不同，钢板有热轧和冷轧两大类。通常又多按钢板的公称厚度划分，厚度 0.1 ~ 4mm 的称为薄板，4 ~ 20mm 的为中板，20 ~ 60mm 的为厚板，>60mm 的为特厚板。钢板的种类有热轧钢板、花纹钢板、冷轧钢板、钢带四种。

3）钢管。钢管的品种很多，按制造方法不同，分为无缝钢管和焊接钢管两大类。

① 无缝钢管是经过热轧、挤压、热扩或冷拔、冷轧而成的周边无缝的管材。其分为一般用途和专门用途两类。在建筑工程中，除多用一般结构的无缝钢管外，有时也采用若干专用的无缝钢管，如锅炉用无缝钢管和耐热无缝钢管等。

② 焊接钢管用量最大，是供低压流体输送用的直缝焊管，有焊接钢管和镀锌焊接钢管两种。

2. 钢筋混凝土结构用钢

目前钢筋混凝土结构用钢主要有：热轧钢筋、冷拉热轧钢筋、冷拔低碳钢丝、冷轧带肋

钢筋、热处理钢筋和预应力混凝土用钢丝及钢绞线等。

（1）热轧钢筋　经热轧成型并自然冷却的成品钢筋，称为热轧钢筋。钢筋混凝土结构用热轧钢筋应有较高的强度，具有一定的塑性、韧性、冷弯和焊接性。热轧钢筋主要有光圆钢筋和带肋钢筋两类。

1）热轧钢筋的标准与性能。国标《钢筋混凝土用钢 第一部分：热轧光圆钢筋》（GB 1499.1—2008）中规定热轧光圆钢筋按屈服强度值为235和300级，其横截面为圆形，表面光滑，推荐的公称直径有6～22mm，本部分推荐的有6mm、8mm、10mm、12mm、16mm和20mm六种。强度等级代号为HPB235和HPB300，见表5-6）。

表5-6　热轧光圆钢筋技术要求

牌号	屈服强度 R_{eL} /MPa	抗拉强度 R_m /MPa	伸长率 δ (%)	冷弯 d——弯心直径 a——钢筋公称直径
	≥			
HPB235	235	370	25.0	180°　$d=a$
HPB300	300	420		

国标《钢筋混凝土用钢 第二部分：热轧带肋钢筋》（GB 1499.2—2007）中规定普通热轧带肋钢筋的牌号由HRB和牌号的屈服强度最小值表示，牌号分别为HRB335、HRB400、HRB500；细晶粒热轧钢筋则由HRBF和牌号的屈服强度最小值表示，牌号分别为HRBF335、HRBF400、HRBF500。其中H表示热轧，R表示带肋，B表示钢筋，F表示细，后面的数字表示屈服强度最小值，见表5-7。

表5-7　钢筋混凝土用热轧带肋钢筋的力学性能和工艺性能（GB 1499.2—2007）

牌　号	公称直径/mm	下屈服强度 R_{eL} /MPa	抗拉强度 R_m /MPa	伸长率 δ (%)	冷弯180°试验 弯心直径 d （a 钢筋公称直径）
		≥			
HRB335 HRBF335	6～25 28～40 >40～50	335	455	17	$d=3a$ $d=4a$ $d=5a$
HRB400 HRBF400	6～25 28～40 >40～50	400	540	16	$d=4a$ $d=5a$ $d=6a$
HRB500 HRBF500	6～25 28～40 >40～50	500	630	15	$d=6a$ $d=7a$ $d=8a$

2）应用。普通混凝土非预应力钢筋可根据使用条件选用HPB235级钢筋或HRB335、HRB400钢筋；预应力钢筋应优先选用HRB400钢筋，也可以选用HRB335钢筋。热轧钢筋中的月牙肋，粗糙的表面可提高混凝土与钢筋之间的握裹力。一般情况下HPB235级钢筋的强度不高，但塑性及焊接性良好，主要用作非预应力混凝土的受力筋或构造筋。HRB335、HRB400级钢筋由于强度较高，塑性和焊接性也好，可用于大中型预应力及非预应力钢筋混

凝土结构的受力筋。HRB500 级钢筋虽然强度高，但塑性及焊接性较差，可用作预应力钢筋。细晶粒热轧钢筋则适用于抗震下的纵向受力筋。当设计无具体要求时，对按一、二、三级抗震等级设计的框架和斜撑构件（含梯段）中的纵向受力钢筋应采用 HRBF335E、HRBF400E、HRBF500E、HRB335E、HRB400E 或 HRB500E 钢筋。

（2）冷拉钢筋

1）标准与性能。为了提高钢筋的强度，将热轧钢筋在常温下拉伸至超过屈服强度小于抗拉强度的某一应力，然后卸荷，即制成了冷拉钢筋。冷拉可使屈服点提高 17% ~27%，材料变脆，屈服阶段缩短，伸长率降低，冷拉时效后强度略有提高。根据国标《混凝土结构工程施工及验收规范》（GB 50204—2002）规定，经冷拉后的钢筋不得有裂纹和起层现象。实践中，可将冷拉、除锈、调直、切断合并为一道工序，这样简化了流程，提高了效率。冷拉既可以节约钢材，又可制作预应力钢筋，增加了品种规格，设备简单，易于操作，是钢筋冷加工的常用方法之一。

2）应用。冷拉 HPB235、HPB300 级钢筋适用于普通钢筋混凝土结构中的受力筋，冷拉 HRB335、HRB400、HRB500 级等钢筋可用作预应力钢筋。

（3）冷轧带肋钢筋

1）标准与性能。冷轧带肋钢筋是以普通低碳钢或低合金钢热轧圆盘条为母材，经多道冷轧（拔）减径和一道压痕而成的三面有肋的钢筋。钢筋在冷轧时，纵向与横向同时产生变形，因而能较好地保持塑性的性质和内部结构的均匀性。它与冷拔低碳钢丝相比，具有较高的强度和较大的伸长率，且黏结锚固性好，是冷拔低碳钢丝和热轧小型圆钢理想的代换产品。

国标《冷轧带肋钢筋》（GB 13788—2008）规定，冷轧带肋钢筋按抗拉强度分为 CRB550、CRB650、CRB800、CRB970 共四个牌号，其公称直径范围一般为4 ~12mm，CRB650 及以上牌号钢筋的公称直径为 4mm、5mm、6mm。钢筋的力学性质、工艺性质应符合表 5-8 的规定。

表 5-8 冷轧带肋钢筋的力学性能和工艺性能（GB 13788—2008）

钢筋级别	抗拉强度 R_m/MPa	伸长率不小于（%）		弯曲试验（180°）	反复弯曲次数	应力松弛 初始应力应相当于公称抗拉强度的70%，1000h 松弛率（%），≤
	不小于	δ_{10}	δ_{100}			
CRB550	550	8	—	$d=3a$	—	—
CRB650	650	—	4.0	—	3	8
CRB800	800	—	4.0	—	3	8
CRB970	970	—	4.0	—	3	8

2）应用。冷轧带肋钢筋可用于没有振动荷载和重复荷载的工业与民用建筑和一般构筑物的钢筋混凝土结构。冷轧带肋钢筋克服了冷拉和冷拔钢筋握裹力低的缺点，同时具有和冷拉、冷拔相近的强度，因此在中、小型预应力混凝土结构构件和普通混凝土结构构件中得到了越来越广泛的应用。

（4）热处理钢筋

1）标准与性能。预应力钢筋混凝土用热处理钢筋是由热轧带肋钢筋经淬火和高温回火

调质处理而成的，其特点是塑性降低不大，但强度提高很多，综合性能比较理想。

根据《预应力混凝土用钢棒》（GB/T 5223.3—2005）的规定，按钢棒表面的形状分为光圆钢棒、螺旋槽钢棒、螺旋肋钢棒、带肋钢棒四种，其力学性质见表 5-9。预应力混凝土钢棒代号为 PCB、光圆钢棒代号为 P、螺旋槽钢棒代号为 HG、螺旋肋钢棒代号为 HR、带肋钢棒代号为 R。

表 5-9　热处理钢筋的力学性质（GB/T 5223.3—2005）

表面形状类型	规定非比例延伸强度/MPa	抗拉强度/MPa	断后伸长率 $L_0=8d$（%）	
			延性 35	延性 25
光圆钢棒	≥930	≥1080	≥7.0	≥5.0
螺旋槽钢棒	≥1080	≥1230		
螺旋肋钢棒	≥1280	≥1420		
带肋钢棒	≥1420	≥1570		

2）应用。热处理钢筋不能冷拉和焊接，且对应力腐蚀及缺陷敏感性较强，因此应防止出现锈蚀及刻痕现象，钢筋表面不得有裂纹、结疤和折叠等缺陷。由于其具有制作方便，质量稳定，锚固性好，节省钢材等优点，这种钢筋主要用于预应力混凝土梁、预应力混凝土轨枕或其他各种预应力混凝土结构。

（5）预应力混凝土用钢丝及钢绞线

1）标准与性能。它们是钢厂用优质碳素结构钢经冷加工、再回火、冷轧或绞捻等加工而成的专用产品，也称为优质碳素钢丝及钢绞线。国标《预应力混凝土用钢丝》（GB 5223—2002）规定，预应力混凝土用钢丝按加工状态分为冷拉钢丝（代号为 WCD）和消除应力钢丝两类。消除应力钢丝按松弛性能又分为低松弛级应力钢丝（代号为 WLR）和普通松弛级钢丝（代号为 WNR）；钢丝按外形分为光圆钢丝（代号为 P）、螺旋肋钢丝（代号为 H）、刻痕钢丝（代号为 I）三种。

对于预应力混凝土用钢丝，国标《预应力混凝土用钢丝》（GB 5223—2002）规定，其产品标记应包含的内容有：预应力钢丝、公称直径、抗拉强度等级、加工状态代号、外形代号、标准号。

标记示例 1：直径为 4.00mm，抗拉强度为 1670MPa 的冷拉光圆钢丝，其标记为“预应力钢丝 4.00-1670-WCD-P-GB/T 5223—2002”。

示例 2：直径为 7.00mm，抗拉强度为 1570MPa 低松弛的螺旋肋钢丝，其标记为“预应力钢丝 7.00-1570-WLR-H-GB/T 5223—2002”。

2）应用。对于大型预应力混凝土构件，由于受力很大，常采用高强度钢丝或钢绞线作为主要受力筋。预应力混凝土钢丝与钢绞线具有强度高、柔性好、无接头等优点，且质量稳定，安全可靠，施工时不需冷拉及焊接，主要用作大跨度桥梁、屋架、吊车梁、电杆、轨枕等预应力钢筋。未来，低松弛的钢丝、钢绞线及高强度钢筋将得到更广阔的发展。

想一想

建筑钢材分为几大类？钢筋混凝土结构用钢主要有哪几种？应如何选用？

3. 其他用途用钢及制品

随着建筑装饰要求的不断提高和钢材冶炼加工技术的不断进步，目前在建筑工程中还广泛使用不锈钢装饰制品、彩色涂层钢板以及轻钢龙骨制品等新产品。

（1）不锈钢装饰制品　不锈钢是以加入合金元素铬为主的合金钢。其中的铬能与环境中的氧化合生成氧化膜层，保护合金钢不致生锈。

不锈钢按化学成分可分为铬不锈钢、铬镍不锈钢及高锰低铬不锈钢三种。建筑装饰用的不锈钢通常是厚度小于1mm的薄钢板，主要用作包柱装饰。除了薄钢板外，还可加工成各种型材、管材，在建筑上做屋面、幕墙、内外墙饰面、门窗、栏杆与扶手等。

（2）彩色涂层钢板　彩色涂层钢板是以冷轧钢板或镀锌钢板为基材，经适当处理后，在其表面涂覆彩色的聚氯乙烯、环氧树脂、聚酯树脂、聚丙烯酸脂、酚醛树脂等而制成的。这种彩色涂层钢板，具有良好的加工成形性、耐腐蚀性与装饰性，可用作建筑外墙板、屋面板与护壁板等。

为增加装饰性，常将彩色涂层钢板辊压加工成V形、梯形或水波纹等形状，从而形成彩色涂层压型钢板。这种彩色涂层辊压型钢板可用作轻型围护结构材料，也可与H型钢、冷弯型材等配合组建成轻型的建筑房屋体系，可使结构自重大大减轻。

（3）镀层薄钢板

1）镀层钢板。镀层钢板是为提高钢板的耐腐蚀性，以满足某些使用的特殊要求，在具有良好深冲性能的低碳钢钢板表面，施以有电化学保护作用的金属或合金的镀层产品。

2）镀锡薄板。镀锡薄板旧称马口铁，是在0.1～0.32mm的钢板上热镀或电镀纯锡。镀锡薄板的表面光亮，耐腐蚀性高，锡焊性良好，能在表面进行精美印刷。

3）镀锌薄板。镀锌薄板俗称白铁皮，是一种经济而有效的防腐蚀措施产品。镀锌薄板的一般厚度为0.35～3mm，多用于涂漆的部件。

4）镀铝钢板。是镀纯铝或含硅5%～10%的铝合金的钢板。镀铝钢板能抗SO_2、H_2S、和NO_2等气体的腐蚀，抗氧化性和热反射性也很好。

（4）轻钢龙骨　轻钢龙骨是以镀锌钢带或薄钢板经多道工艺轧制而成的。轻钢龙骨断面有U形、C形、T形及L形等几种。轻钢龙骨具有强度高，通用性强，耐火性好，安装简便等优点，是室内吊顶装饰和轻板隔断的龙骨支架，主要用于安装各类石膏板、钙塑板和吸声板等。

4. 钢材的腐蚀与防止

钢材因受到周围介质的化学或电化学作用而逐渐破坏的现象称为腐蚀。钢材受腐蚀的原因很多，而且很普遍。由于钢材腐蚀所造成的损失是一个严重的问题，随着工业的不断发展，钢的产量和使用量均逐年增加，如何保护钢材不因腐蚀而造成巨大损失，是一个具有重大意义的问题。

（1）钢材的腐蚀　按照周围侵蚀介质所发生的作用，钢材腐蚀可分为化学腐蚀和电化学腐蚀两类：

1）化学腐蚀。化学腐蚀是由非电解质溶液或各种干燥气体所引起的一种纯化学性的腐蚀，无电流产生。这种腐蚀多数是氧化作用，在钢材表面形成疏松的氧化物。化学腐蚀在干燥环境下进展很慢，但在温度和湿度较高的条件下，腐蚀进展很快。

2）电化学腐蚀。电化学腐蚀是钢材与电解质溶液接触后，由于产生电化学作用而引起

的腐蚀。

钢材在大气中产生的所谓大气腐蚀，实际上是化学腐蚀与电化学腐蚀两者的综合，其中以电化学腐蚀为主。周围介质的性质和钢材本身的组织成分对腐蚀影响很大。处在潮湿条件下的钢材比处在干燥条件下的容易生锈，埋在地下的钢材比暴露在大气中的容易生锈，大气中含有较多的酸、碱、盐离子时钢材容易生锈，钢材含有害杂质多的比含杂质少的容易生锈。

（2）钢材的防锈　防止钢材锈蚀的主要方法有以下两种：

1）制成合金钢。在碳素钢中加入能提高抗腐蚀能力的合金元素，制成合金钢，如加入铬、镍元素制成不锈钢，或加入0.1%～0.15%的铜，制成含铜的合金钢，可以显著提高抗锈蚀的能力。

2）表面覆盖。一种方法是在钢材表面用电镀或喷镀的方法覆盖其他耐蚀金属，以提高其抗锈能力，如镀锌、镀锡、镀铬、镀银等。另一种方法是在钢材表面涂以防锈油漆或塑料涂层，使之与周围介质隔离，防止钢材锈蚀。油漆防锈是建筑上常用的一种方法，是在钢材的表面将铁锈清除干净后涂上涂料，使与空气隔绝，它简单易行，但不耐久，要经常维修。油漆防锈的效果主要取决于防锈漆的质量。

混凝土中钢筋的防锈，一方面依靠水泥石的高碱度介质，使钢筋表面产生一层具有保护作用的钝化膜而不生锈；另一方面是保证混凝土的密实度，保证足够的钢筋保护层厚度，限制含氯盐外加剂的掺入或同时掺入阻锈剂等方法，保护钢筋不被锈蚀。

（3）钢材的保管　钢材与周围环境发生化学、电化学和物理等作用，极易产生锈蚀。在保管工作中，设法消除或减少介质中的有害组分，如去湿、防尘，以消除空气中所含的水蒸气、二氧化硫、尘土等有害组分。防止钢材的锈蚀，是做好保管工作的核心。

1）选择适宜的存放处所。风吹、日晒、雨淋等自然因素，对钢材的性能有较大影响，应入库存放；对只忌雨淋，对风吹、日晒、潮湿不十分敏感的钢材，可入棚存放；自然因素对其性能影响轻微，或使用前可通过加工措施消除影响的钢材，可在露天存放。

存放处所，应尽量远离有害气体和粉尘的污染，避免受酸、碱、盐及其气体的侵蚀。

2）保持库房干燥通风。库、棚地面的种类，影响钢材的锈蚀速度，土地面和砖地面都易返潮，加上采光不好，库棚内会比露天料场还要潮湿。因此，库棚内应采用水泥地面，正式库房还应做地面防潮处理。

3）合理码垛。料垛应稳固，垛位的质量不应超过地面的承载力，垛底要垫高30～50cm。有条件的要采用料架。根据钢材的形状、大小和多少，确定平放、坡放、立放等不同方法。垛形应整齐，便于清点，防止不同品种的混乱。

4）保持料场清洁。尘土、碎布、杂物都能吸收水分，应注意及时清除。杂草根部易存水，阻碍通风，夜间能排放CO_2，必须彻底清除。

想一想

混凝土中的钢筋是如何防止锈蚀的？

>>> 相关链接 【案例 5-1 分析】

如果钢筋冷弯试验有裂纹产生，说明这批钢筋的冷弯不合格，也就是这批钢筋是不合格产品。应用到工程当中产生的后果是非常严重的，钢筋塑性不好，就容易产生脆断。当建筑物遇到一些外力作用时（如地震），非常容易造成倒塌。

思考与练习 5.1

5.1-1 名词解释

1. 屈强比　2. 应变时效　3. 冷脆性　4. 冲击韧度

5.1-2 说明下列碳素结构钢牌号的含义

Q235—AF　Q235—B　Q215—Bb

5.1-3 填空题

1. 低碳钢的拉伸试验中，从受拉到拉断共分为四个阶段，分别为________、________、________、________。

2. 热轧光圆钢筋的代号为________、________，热轧带肋钢筋的牌号分别为________、________、________、________、________、________。

5.1-4 选择题

1. 碳是决定钢性能的主要元素，含碳量越高，钢的强度和硬度就越高。（　　）

A. 对　B. 错　C. 不一定　D. 没有影响

2. 某热轧带肋钢筋的牌号 HRB335，其中 335 的意义是（　　）。

A. 表示钢筋的外形　B. 屈服强度最小值

C. 抗拉强度值　D. 只是一个代号

5.1-5 简答题

1. 屈服强度和抗拉强度有何实用意义？对选用钢材有何意义？
2. 钢材冷弯性能有何实用意义？冷弯试验的主要规定有哪些？
3. 化学元素在碳素钢中有何主要影响？
4. 热轧钢筋共有几个牌号？各自应用范围如何？
5. 简述一下冷轧带肋钢筋的优点及应用范围？

5.2 铝合金及塑钢

导入案例

【案例 5-2】铝合金和塑钢被广泛的应用到现在建筑中的门窗上，过了一段时间，我们发现铝合金门窗有些发黄，这是由于什么原因造成的？通过本节学习，我们将了解一些铝合金和塑钢的基本性质。

5.2.1 铝合金的性能与应用

1. 铝合金的种类

我国近十几年来，铝合金在室内外装饰、吊顶龙骨、玻璃幕墙框架、门窗框、栏杆、扶手、小五金等方面的应用日益广泛，已成为建筑上不可缺少的材料。

纯铝是有色金属中的轻金属，其密度仅为2.7g/cm^3。其性质较活泼，与氧的亲合力较强，在空气中表面易生成一层氧化铝薄膜，起保护作用，使铝具有一定的耐腐蚀性。铝具有良好的塑性和延展性，但硬度和强度均较低，这就决定了它在建筑中仅能做门、窗、小五金、铝箔等非承重材料，或者做成铝粉（俗称银粉），用于调制装饰涂料或防水涂料。

纯铝中加入适量的钢、镁、锰、锌或硅等元素后，即成为各种各样的铝合金。铝合金克服了纯铝强度和硬度过低的不足，又能保持铝的轻质、耐腐蚀、易加工等优良性能。

铝合金按加工的适应性，分为铸造铝合金与变形铝合金。

（1）铸造铝合金　这种铝合金适于铸造，要求具有良好的流动性、小的收缩性及高的抗热裂性等。目前应用的铸造铝合金有铝硅（Al—Si）、铝铜（Al—Cu）、铝镁（Al—Mg）及铝锌（Al—Zn）四个组系。

（2）变形铝合金　这种铝合金在一定温度下塑性高，适合进行热态或冷态的压力加工，即经过轧制、挤压等工序可制成板材、管材、棒材及各种异型材。变形铝合金是装饰工程中应用的主要种类。

变形铝合金按其性能特点又分为以下几种：

1）防锈铝合金（LF），如Al—Mn，Al—Mg等。

2）硬铝合金或杜拉铝（LY），如Al—Mn—Si，Al—Cu—Mg等。

3）超硬铝合金（LC），如Al—Zn—Mg—Cu等。

4）锻铝合金（LD），如Al—Mg—Cu—Si等。

5）特殊铝合金（LT）。

2. 铝合金的性质及应用

（1）铝合金的性质

1）密度小，强度较高，属轻质高强材料，适于用作大跨度轻型结构材料。

2）弹性模量小（约为钢的1/3），不宜作重型结构承重材料。

3）低温性能好，不出现低温冷脆性，即强度不随温度下降而降低。

4）耐蚀性好。

5）可加工性能好，可通过切割、切削、冷弯、压轧、挤压等方法成形。

6）装饰性好，通常在阴极氧化处理（用以增加氧化膜厚度，提高耐蚀性）的同时，进行表面着色处理，获得各种颜色，增添外观美。

（2）铝合金的应用

1）防锈铝合金表面光洁美观，耐蚀性、塑性和焊接性均好，但不易切削，高温下强度低。主要适用于受力不大的家具、门窗框、罩壳等。

2）硬铝合金经热处理后，抗拉强度达480MPa，塑性降低，伸长率为12%～20%，耐热性好，但耐蚀性差，所以表面常包一层纯铝，可以做承重轻型结构和装饰制品。

3）超硬铝合金和锻铝合金。超硬铝合金经淬火、时效后抗拉强度可达680MPa；锻铝合金热塑性好。这两种铝合金均适合做结构材料。

铝合金可以通过各种手段加工成多种装饰制品：装饰板（铝塑板、铝合金花纹板、铝及铝合金压型板）、铝合金网、铝合金龙骨、铝质天花板、铝制门窗、镁铝曲板（细铝条黏于可曲板面上，可作弯曲、弧形处理，造型美观）、铝合金百叶窗、铝质五金配件等。

5.2.2 塑钢的性能与应用

塑钢是用 PVC—U 为主要成分挤压成型的门窗材料，也就是我们说的塑料。在加工过程中向型材中添加配套的衬钢，以防止型材变形。塑料加衬钢简称塑钢。

1. 塑钢的性能

塑钢门窗是新一代的门窗材料，因其抗风压强度高、气密性水密性好，空气、雨水渗透量小，传热系数低，保温节能，隔声隔热，不易老化等优点，正在迅速取代钢窗、铝合金窗。

因为是以塑料为原料，它们的组装是以高温焊接为主，温度为 220～260℃。塑钢门窗是继传统木材、钢材、铝材门窗后发展起来的第四代新型门窗，具有许多传统门窗所无法比拟的性能和优点。它既克服了传统木门窗耐腐蚀性、耐火性差的缺点，又克服了普通钢门窗和铝合金门窗的隔热保温性、耐腐蚀性、隔声性差等方面的缺点，是一种兼收并蓄的复合新型材料产品。从热导率上比较：塑料（PVC）：钢材:铝材＝1:357:1250，可见塑钢门窗导热能力仅仅是铝合金门窗的 1/1250、普通钢门窗的 1/357，而且塑钢门窗异型材截面有腔式（单腔、双腔、三腔）结构，因此它的隔热保温性能大大优于其他门窗用材。

1）保温节能性。塑料型材为多腔式结构，具有良好的隔热性能，传热系数很小，仅为钢材的 1/357，铝材的 1/1250，有关部门调查发现：使用塑钢门窗比使用木窗的房间，冬季室内温度提高 4～5℃。另外，塑钢门窗的广泛使用也给国家节省了大量的木、铝、钢材料，且生产同样重量的 PVC 型材的能耗是钢材的 1/14.5，铝材的 1/8.8，其经济效益和社会效益都是巨大的。

2）优良的隔声性能、水密性能和气密性能。这些性能是反映外窗阻止声波垂直传播能力的指标，与外窗的型材和密闭程序即空气渗透性有关。塑钢门窗比普通钢门窗、铝合金门窗更容易满足空气渗透性要求，因此隔声性能最好。使用塑钢门窗通常可降低噪声 15dB 以上。

3）良好的防火性能和防盗性能。塑钢门窗异型材内掺有阻燃剂，防火阻燃性能好，燃点高，不自燃，不助燃，能自熄。塑钢门窗经科学设计，配置优良金属集料，整体性强；框扇内装玻璃卡条、防盗垫块，并配用连动式五金件，对整窗进行多点锁定，克服了铝合金门窗易被提拉、不能防盗的缺陷；玻璃的内部安装可防止玻璃从外部被拆卸，防盗性能较好。

4）耐候性。料异型材采用独特的配方提高了其耐寒性，塑钢门窗可长期使用于温差较大的环境中（70～－70℃），烈日暴晒，潮湿都不会使其出现变质、老化、脆化等现象。最早的塑钢门窗已使用 30 年，其材质完好如初，按此推算，正常环境下塑钢门窗使用寿命可达 50 年以上。

5）绝缘性能。塑钢门窗使用的塑料型材为优良的绝缘材料，不导电，安全系数高。

6）成品尺寸精度高、不变形性。塑料型材材质细腻平滑，质量内外一致，无需进行表面特殊处理，易加工，易切割，加工精度高。同时，焊接处经清角除去焊瘤，型材焊接外表

面平整。

7）容易维护性。塑钢门窗不受侵蚀，几乎不必保养，脏污时，清水冲洗即可，清洗后洁白如初。

2. 应用

目前，在建筑上塑钢主要用于门窗，因为它不仅具有塑料制品的特性，而且物理、化学性能、防老化能力大为提高。其装饰性也可与铝合金门窗媲美，并且具有保温、隔热的特性，使居室更加舒适、清静，更具有现代风貌，另外还具有耐酸、耐碱、耐腐蚀、防尘、阻燃自熄、强度高、不变形、色调和谐等优点，装置时无须防腐油漆，经久耐用，而且其气密性、水密性比一般同类门窗大2~5倍。据有关专家推算，我国北方地区如有15%住宅建筑采用塑钢门窗，可节约煤14万吨、节约电1.3亿度，节约钢6.5万吨。

塑钢门窗的开启方式主要有推拉、外开、内开、内开上悬等，新型的开启方式还有推拉上悬式。不同的开启方式各有其特点，一般讲，推拉窗有立面简洁、美观，使用灵活，安全可靠，使用寿命长，采光率大，占用空间少，方便带纱窗等优点。外开窗有开启面大，密封性、通风透气性、保温抗渗性能优良等优点。

试一试

看一看你家及邻居家都用的是什么样的门窗，实际了解一下各自的优缺点。

思考与练习5.2

5.2-1　名词解释

1. 铝合金　　2. 塑钢

5.2-2　简答题

1. 什么是变形铝合金？按其性能分为几类？铝合金的性质及用途如何？
2. 塑钢门窗的性能及特点有哪些？

5.3　钢筋演示试验

导入说明

通过钢筋试验，我们可以更直观地了解钢筋的性能，掌握钢筋质量的评定方法及评定标准，学会试验机及各种检测设备的使用。

1. 钢筋试验的一般规定

1）钢筋混凝土用热轧钢筋，同一公称直径和同一炉罐号组成的钢筋应分批检查和验收，每批质量不大于60t。

2）钢筋应有出厂证明或试验报告单。验收时应抽样作机械性能试验：拉伸试验和冷弯试验。钢筋在使用中若有脆断、焊接性能不良或机械性能显著不正常时，还应进行化学成分分析。验收还应包括尺寸、表面及质量偏差等检验项目。

3）钢筋拉伸及冷弯使用的试样不允许进行车削加工。试验应在20℃ ±10℃的温度下进行，否则应在报告中注明。

4）验收取样时，自每批钢筋中任取两根截取拉伸试样，任取两根截取冷弯试样。在拉伸试验的试件中，若有一根试件的下屈服强度、抗拉强度和伸长率三个指标中有一个达不到标准中的规定值，或冷弯试验中有一根试件不符合标准要求，则在同一批钢筋中再抽取双倍数量的试件进行该不合格项目的复验，复验结果中只要有一个指标不合格，则该试验项目判定为不合格，整批不得交货。

5）拉伸和冷弯试件的长度 L，分别按下式计算后截取

拉伸试件　　$L = L_0 + 2h + 2h_1$

冷弯试件　　$L_w = 5a + 150$

式中 L、L_w——拉伸试件和冷弯试件的长度（mm）；

L_0——拉伸试件的标距（mm），取 $L_0 = 5a$ 或 $L_0 = 10a$；

h、h_1——夹具长度和预留长度（mm），$h_1 =$（0.5 ~1）a，如图5-8所示；

a——钢筋的公称直径（mm）。

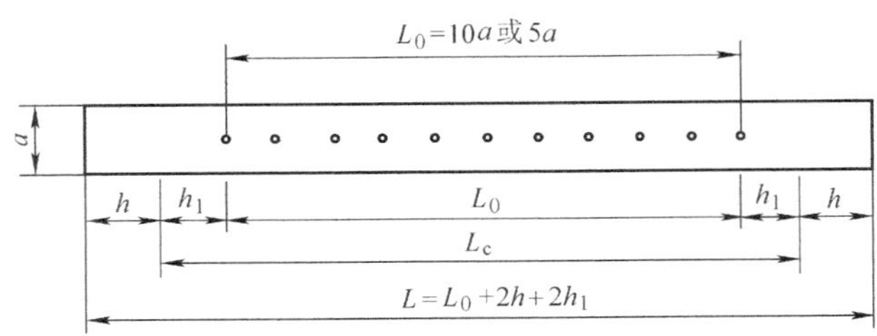

图5-8　钢筋拉伸试验试件

2. 钢筋拉伸试验

（1）试验目的　测定钢筋的下屈服强度、抗拉强度和伸长率，评定钢筋的强度等级。

（2）主要仪器设备

1）万能材料试验机。要求示值误差不大于1%。量程的选择：试验时达到最大荷载时，指针最好在第三象限（180°~270°）内，或者数显破坏荷载为量程的50% ~75%。

2）钢筋打点机或划线机、游标卡尺（精度为0.1mm）等。

（3）试样制备　拉伸试验用钢筋试件不得进行车削加工，可以用两个或一系列等分小冲点或细划线标出试件原始标距，测量标距长度 L_0（精确至0.1mm），如图5-8所示。根据钢筋的公称直径选取公称横截面积（mm^2）。

（4）试验步骤

1）将试件上端固定在试验机上夹具内，调整试验机零点，装好描绘器、纸、笔等，再用下夹具固定试件下端。

2）开动试验机进行拉伸，拉伸速度为：屈服前应力增加速度为10MPa/s；屈服后试验机活动夹头在荷载下移动速度不大于 $0.5L_0$/min，直至试件拉断。

3）拉伸过程中，测力度盘指针停止转动时的恒定荷载，或第一次回转时的最小荷载，即为屈服荷载 F_{sL}（N）。继续加荷直至试件拉断，读出最大荷载 F_m（N）。

4）测量试件拉断后的标距长度 L_u。将已拉断的试件两端在断裂处对齐，尽量使其轴线位于同一条直线上。

如拉断处距离邻近标距端点大于 $L_0/3$ 时，可用游标卡尺直接量出 L_u。如拉断处距离邻近标距端点小于或等于 $L_0/3$ 时，可按移位法确定出，具体步骤为：在长段上自断点起，取等于短段格数得 B 点，再取等于长段所余格数（偶数见图 5-9a）一半的 C 点；或者取所余格数（奇数见图 5-9b）减 1 与加 1 后一半的 C 与 C_1 点，则移位后的 L_u 分别为 $AB+2BC$ 或 $AB+BC+BC_1$。

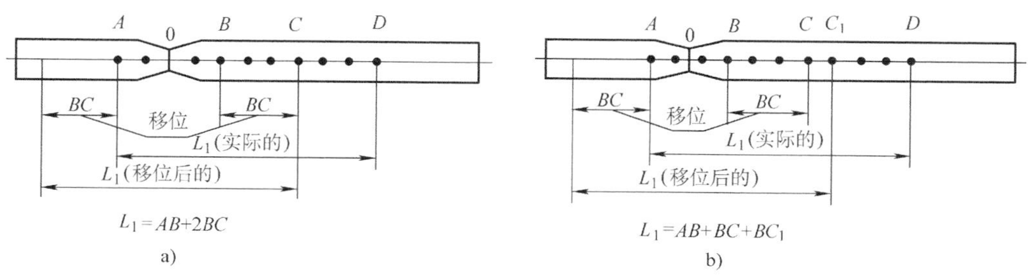

图 5-9　用移位法计算

如果直接测量所求得的伸长率能达到技术条件要求的规定值，则可不采用移位法。

（5）结果评定

1）钢筋的下屈服强度 R_{eL} 和抗拉强度 R_m 按下式计算

$$R_{eL} = F_{eL}/A \qquad R_m = F_m/A$$

式中　R_{eL}、R_m——钢筋的下屈服强度和抗拉强度（MPa）；

F_{eL}、F_m——钢筋的屈服荷载和最大荷载（N）；

A——试件的公称横截面积（mm^2）；

当 R_{eL}、R_m 大于 1000MPa 时，应计算至 10MPa，按“四舍六入五单双法”修约；为 200～1000MPa 时，计算至 5MPa，按“二五进位法”修约；小于 200MPa 时，计算至 1MPa，小数点数字按“四舍六入五单双法”处理。

2）钢筋的伸长率 δ_5 或 δ_{10} 按下式计算

$$\delta_5(\text{或}\ \delta_{10}) = \frac{L_u - L_0}{L_0} \times 100\%$$

式中　δ_5、δ_{10}——$L_0=5a$ 或 $L_0=10a$ 时的伸长率（精确至 1%）；

L_0——原始标距长度 $5a$ 或 $10a$（mm）；

L_u——试件拉断后直接量出或按位移法的表距长度（mm），精确至 0.1mm。

如试件在标距端点上或标距处断裂，则试验结果无效，应重新试验。

3. 钢筋冷弯试验

（1）试验目的　通过冷弯试验，对钢筋塑性进行严格检验，也可间接测定钢筋内部的缺陷及焊接性。

（2）主要仪器设备　万能材料试验机、具有一定弯心直径的冷弯冲头等。

（3）试验步骤

1）按图5-4a调整试验机各种平台上支辊距离 L_1。d 为冷弯冲头直径，$d=na$，n 为自然数，其值大小根据钢筋级别确定。

2）将试件按图5-4a安放好后，平稳地加荷，钢筋弯曲至规定角度（90°或180°）后，停止冷弯，如图5-4b、c所示。

（4）结果评定　在常温下，在规定的弯心直径和弯曲角度下对钢筋进行弯曲，检测两根弯曲钢筋的外表面，若无裂纹、断裂或起层，即判定钢筋的冷弯合格，否则冷弯不合格。

思考与练习5.3

5.3-1　填空题

1. 钢筋混凝土用热轧钢筋，在分批检查和验收时，每批质量不大于（　　）t，验收取样时，自每批钢筋中任取（　　）根截取拉伸试样，任取（　　）根截取冷弯试样。

2. 进行钢筋拉伸试验时，拉伸速度：屈服前应力增加速度为（　　）；屈服后试验机活动夹头在荷载下移动速度不大于（　　），直至试件拉断。

5.3-2　单项选择题

1. 钢筋拉伸试验中试件的下屈服强度、抗拉强度和伸长率三个指标中有一个达不到标准中的规定值，或冷弯试验中有一根试件不符合标准要求，则该批钢筋（　　）。

A. 判定为合格　　B. 判定为不合格

C. 重取试件进行试验　　D. 再抽取双倍数量的试件进行该不合格项目的复验

2. 试验机进行钢筋拉伸试验时，加荷速度对试验结果没有什么影响。（　　）

A. 对　　B. 错

5.3-3　思考题

在做钢筋拉伸试验时，为什么说当达到最大荷载时，指针最好在第三象限（180°～270°）内，或者数显破坏荷载在量程的50%～75%？

本章回顾

- 建筑钢材包括：型钢、钢筋、钢丝、钢绞线等。
- 建筑钢材的主要性能包括力学性能、工艺性能和耐久性能三个方面，其中力学性能和工艺性能是保证钢材正常使用的性能。
- 建筑工程中常用的钢筋，主要包括热轧光圆钢筋、热轧带肋钢筋、低碳热轧圆盘条、冷轧带肋钢筋、冷拉钢筋和预应力混凝土用热处理钢筋等品种。其主要指标包括力学性能、工艺性能、化学成分等必须符合相应标准的规定。
- 建筑钢材所用的钢种类包括碳素结构钢、低合金高强度结构钢。其钢号表示方法各不相同，两种钢用途也各不相同。
- 铝合金的性质：密度小，强度较高，比强度大，弹性模量小，低温性能好，耐蚀性好，可加工性能好，装饰性好等，在装饰工程中被广泛应用。
- 塑钢门窗是新一代的门窗材料，由于其各方面的优越性能，现在已经逐渐取代了铝合金门窗及木制门窗。

知识应用

可以到附近调查一下，建筑工程中，都有什么地方使用钢材？使用的都是什么种类？铝合金、塑钢门窗的使用有多少？

【延伸阅读】

随着工业技术的不断进步，未来建筑结构方面的发展趋势将会是以钢结构为中心，其中轻型钢结构由于灵活面广，用钢量小，现场安装简便迅速，施工周期短，在国内市场应用越来越广泛。

轻钢结构的特点有：

1. 节约钢材

由于大量采用薄壁构建，能有效地节约钢材，减小自重。自重轻是轻钢结构区别于普通钢结构的特点之一。

2. 安全可靠

轻钢结构采用材质均匀、各项同性、塑性、韧性好的钢材，构件断裂前有较大的延伸变形，抗震性能好。特别是对于单层轻型钢结构，由于结构自重轻，地震荷载通常不能起控制作用，故在一般情况下对于单层轻钢结构可以不作抗震验算。

3. 节约工期

轻钢结构建筑的构建通常由工厂制造、工地拼装，运输、安装方便，施工周期短。制造工业化、构件加工精度高，结构自重轻，安装不需大型安装机械，施工周期短，加速了资金周转，综合经济效益好。

4. 使用灵活

轻型钢房屋构件截面远小于混凝土结构，结构占空间小，门架式轻型钢房屋内墙均为非承重墙，用户可根据使用要求，随意划分使用空间。所以轻钢房屋为用户提供了最大、最有效的使用空间。

轻钢结构建筑与采用传统的砌体—混凝土结构建筑相比，使用效果好，综合技术经济效益高，目前我国在H型钢方面的生产远不能满足轻钢结构的发展需要。H型钢是第三代热轧型钢，目前，在北京、上海、深圳等地有六个焊接H型钢生产线，可以供应各种规格的焊接H型钢，但仅能生产小尺寸热轧H型钢，大尺寸H型钢只能采用焊接H型钢或依赖进口。新型轻钢结构建筑的迅猛发展是现代建筑发展的新潮流，大力发展轻钢结构不但适应国内外现代建筑的需求，而且对调整建筑业“产品”结构，发展建筑业至关重要。发展轻钢结构对我国庞大的钢铁企业更新产品结构，开展钢材深加工，增加产品附加值，搞活钢铁企业乃至搞活国民经济都有重大的战略意义。

第6章 木 材

本章导入

了解木材的基本性质、主要种类对正确使用木材非常重要。同时还要了解建筑中常用木材的主要性质和材积计算。而人造木材的性能特点决定了其在建筑中得以广泛应用。

木材具有很多优良的性能，如轻质高强，导电、导热性低，有较好的弹性和韧性，能承受冲击和振动，易于加工等。目前，木材较少用于外部结构材料，只用于建筑周转性材料和少量结构材料。但由于它有美观的天然纹理，装饰效果较好，所以仍被广泛用作装饰与装修材料。由于木材构造不均匀、各向异性、易吸湿变形、易腐易燃等缺点，且树木生长周期缓慢、成材不易等原因，使其在应用上也受到限制，所以对木材的节约使用和综合利用是十分重要的。

6.1 木材的分类及主要性质

导入案例

【案例 6-1】 很多古代建筑的“骨架”或“皮肤”都是用木材制成的。作为“骨架”的木材要具备什么性能呢？现代建筑的骨架很少由木材制作，是不是建筑中的木材被淘汰了，还是天然木材逐渐减少造成的？现代建筑常用的天然木材和人造木材需要满足什么性能要求呢？在这一节中我们将寻找到答案。

6.1.1 木材的分类

1. 天然木材

1）按其树种分为针叶树木材和阔叶树木材两大类。

2）按其用途和加工程度分为原条、原木和锯材三类。

① 原条指除去皮、根、树梢的木料，但尚未按一定尺寸加工成规定直径和长度的材料。

② 原木指已经除去皮、根、树梢的木材，按一定尺寸加工成规定直径和长度的木料。

③ 锯材指已经加工锯成材料的木料。凡宽度为厚度的三倍或三倍以上的型材称为板材，宽度不足三倍厚度的型材称为方材。

想一想

观察古建筑时看一看哪部分用原条，哪部分用原木或锯材？

2. 人造木材

木材经过加工成型材和制作构件时会留下大量的碎块废屑，将这些废屑下脚料进行加工处理，就可以制成各种人造板材（胶合板原料除外）。人造木材主要有胶合板、硬质纤维板、刨花板、细木工板、木丝板和木屑板。

6.1.2 木材的技术性质

1. 天然木材的技术性质

（1）木材的含水率　木材的含水率是木材一个很重要的物理性质指标，它的变化将直接影响木材的体积密度及强度等。

木材含水率是指木材所含水的质量与木材干燥质量之比。木材含水率与木材的含水状态有关。木材中的水分主要由两部分组成，一是存在于细胞间隙内的自由水，另一部分是存在于细胞壁内的吸附水。当吸附水已达饱和状态而又无自由水存在时，木材的含水率称为该木材的纤维饱和点含水率，其值随树种而异，一般为25%～35%，平均值为30%。纤维饱和点是木材含水率是否影响其强度和湿胀干缩的临界值，含水率低于纤维饱和点时，含水率越大，强度越低。

木材的含水率与周围空气相对湿度达到平衡时，称为木材的平衡含水率。即当木材长时间处于一定温度和湿度的空气中，其水分的蒸发和吸收趋于平衡，含水率相对稳定，此时的含水率为平衡含水率。木材平衡含水率随大气的温度和相对湿度变化而变化。新伐木材的含水率一般大于其纤维饱和点，通常在35%以上。风干木材含水率为15%～25%，室内干燥的木材含水率一般为8%～15%。

木材具有显著的湿胀干缩性能。为了避免木材在使用过程中含水率变化太大而引起变形或开裂，防止木构件接合松弛或凸起，最好在木材加工使用之前，将其干燥至与使用环境湿度相适应的平衡含水率。例如，木材置于一定的环境下，在足够长的时间后，其含水率会趋于一个平衡值，称为该环境的平衡含水率。当木材含水率高于环境的平衡含水率时，木材会排湿收缩，反之会吸湿膨胀。例如，广州地区年平均的平衡含水率为15.1%，北京地区却为11.4%。干燥到11%的木材用于北京是合适的，可用于广州将会吸湿膨胀，产生变形。

想一想

刚砍伐的木材需要晾干、烘干来减少含水率，但是混凝土浇注楼板之前要在木制模板上浇水，这是为什么？

（2）木材的密度与体积密度　各种绝干木材的密度相差无几，平均值约为1550kg/m³。木材体积密度的大小与其种类及含水率有关，如夏材含水量较多，其体积密度大。含水率变化，木材体积密度随之发生变化，确定木材体积密度时，要在标准含水率（15%）的条件下进行。木材的体积密度平均值为500kg/m³。

（3）木材的强度　木材的强度主要有抗压、抗拉、抗剪及抗弯强度，而抗压、抗拉、抗剪强度又有顺纹、横纹之分。所谓顺纹，是指作用力方向与纤维方向平行；横纹是指作用力方向与纤维方向垂直。木材的顺纹与横纹强度有很大差别。在顺纹方向，木材的抗拉强度和抗压强度比横纹方向高得多，就横纹而言，弦向不同于径向。

1）抗压强度。木材顺纹抗压强度是木材各种力学性质中的基本指标，其强度仅次于顺纹抗拉强度和抗弯强度。该强度在土建工程中利用最广，广泛用于受压构件中，如柱、桩、桁架中承压杆件等。横纹抗压强度又分弦向与径向两种。当作用力方向与年轮相切时，为弦向横纹抗压。作用力与年轮垂直时，则为径向横纹抗压。顺纹抗压强度比横纹弦向抗压强度大，而横纹径向抗压强度最小。木材的横纹抗压强度一般只有顺纹抗压强度的10%～30%。

2）抗拉强度。顺纹抗拉强度在木材强度中最大，一般为顺纹抗压强度的2～3倍，其值介于49～196MPa，波动较大。而横纹抗拉强度最小，因此使用时应尽量避免木材受横纹拉力。

想一想

为什么故宫等古代建筑用木材作柱子、屋架至今仍然坚固？

3）抗剪强度。木材的剪切有顺纹剪切、横纹剪切和横纹切断三种。

横纹切断强度大于顺纹抗剪强度，顺纹抗剪强度小于横纹的抗剪强度，用于建筑工程中的木构件受剪情况比受压、受弯和受拉少得多。

4）抗弯强度。木材具有较高的抗弯强度，因此在建筑中广泛用作受弯构件，如梁、桁架、脚手架、地板等，一般木材的抗弯强度为其顺纹抗压强度的1.5～2.0倍。木材种类不同，其抗弯强度也不同。

当木材的顺纹抗压强度为1时，理论上各强度间的关系见表6-1。

表6-1　理论上各强度间的关系

抗压强度		抗弯强度	抗剪强度		抗拉强度	
顺纹	横纹		顺纹	横纹切断	顺纹	横纹
1	1/10～1/3	1.5～2	1/7～1/3	1/2～1	2～3	1/20～1/3

理论上，木材强度以顺纹抗拉强度最大，其次是抗弯强度和顺纹抗压强度。但实际上，木材的顺纹抗压强度最高，这是由于木材是经数十年自然生长而成的建筑材料，其间或多或少会受到环境不利因素影响而造成一些缺陷，如木节、斜纹、虫蛀、腐朽等，而这些缺陷对木材的抗拉强度影响极为显著，从而造成实际抗拉强度反而低于抗压强度。

>> 相关链接【案例 6-1 分析】

天然木材可以作为建筑的“骨架”主要是因为天然木材具有很好的抗压、抗拉、抗剪及抗弯强度。

（4）木材缺陷对强度的影响　木材的强度除由本身组织构造及含水率、负荷持续时间、温度等因素决定外，还与木材的缺陷（节子、腐朽、裂纹、斜纹及虫蛀等）有很大关系。

1）含水率的影响。当木材的含水率在纤维饱和点以下时，随含水率降低，即吸附水减少，细胞壁趋于紧密，木材强度增大，反之则强度减小。

2）负荷持续时间。木材在外力长期作用下，只有当其应力远低于强度极限的一定范围时，才能避免木材因为长期负荷而破坏。木材在长期荷载下不致引起破坏的最大强度，称为持久强度。持久强度比极限强度小得多，一般为极限强度的 50% ~60%。所以，在设计木结构时，应以持久强度作为极限值。

3）温度。木材随环境温度升高强度会降低。

（5）木材的缺陷

1）节子。节子会破坏木材构造的均匀性和完整性，对顺纹抗拉强度的影响最大，其次是抗弯强度，特别是位于构造边缘的节子最明显。节子对顺纹抗压强度影响较小，能提高横纹抗压和顺纹抗剪强度。

2）腐朽。木材由于木腐菌的侵入，逐渐改变其颜色和结构，使细胞壁受到破坏，变得松软易碎，呈筛孔状或粉末状等形态，称为腐朽。腐朽严重影响木材的物理、力学性质，使其质量减轻、吸水性增大，强度、硬度降低。

想一想

西北的胡杨树为什么可以千年不倒、千年不朽?

3）裂纹。木材纤维与纤维之间的分离所形成的裂隙称为裂纹。裂纹，特别是贯通裂纹会破坏木材完整性、降低木材的强度，尤其是顺纹抗剪强度。

4）构造缺陷。凡是树干上由于正常的木材构造所形成的各种缺陷称为构造缺陷。各种构造缺陷，均会影响木材的力学性能，如斜纹、涡纹，会降低木材的顺纹抗拉、抗弯强度。应压木（偏宽年轮）的密度、硬度、顺纹抗压和抗弯强度均比正常木大，但抗拉强度及冲击韧度比正常木小，纵向干缩率大，因而翘曲和开裂严重。

2. 天然木材的质量标准

针叶树（阔叶树）加工用原木适用于各种用途木材的加工，其质量标准见表 6-2。

针叶树（阔叶树）锯材的质量要求见表 6-3。

表 6-2 针叶树（阔叶树）加工用原木的质量标准

缺陷名称	检量方法		限度		
			一等	二等	三等
活节、死节	最大尺寸不得超过检尺径的百分数 任意材长 1m 范围内的个数		15%（20%） ≤5（2）	40% ≤10（4）	不限 不限
漏节	在全材长范围的个数		不许有	≤1	≤2
边材腐朽	厚度不得超过检尺径的百分数		不许有	10%	20%
心材腐朽	面积不得超过检尺径断面面积的百分数		大头允许 1%，小头不允许	16%	36%
虫眼	任意材长 1m 范围内的个数		不许有	≤20（5）	不限
纵裂、外夹皮	长度不得超过检尺长的	针叶树	10%	40%	不限
		阔叶树	20%	40%	不限
弯曲	最大拱高不得超过该弯曲内曲水平长的百分数		1.5%	3%	6%
扭转纹	小头 1m 长范围内的纹理倾斜高（宽度）不得超过检尺径的百分数		20%	50%	不限
外伤、偏枯	深度不得超过检尺径的百分数		20%	40%	不限

表 6-3 针叶树（阔叶树）锯材的质量要求

缺陷名称	检量方法	允许限度			
		特等锯材	普通锯材		
			一等	二等	三等
活节、死节	最大尺寸不得超过材宽的 任意材长 1m 范围内的个数	10% ≤3（2）	20% ≤5（4）	40% ≤10（6）	不限
腐朽	面积不得超过所在材面面积的	不许有	不许有	10%	25%
裂纹、夹皮	长度不得超过材长的	5%（10%）	10%（15%）	30%（40%）	不限
虫害	任意材长 1m 范围内的个数	不许有	不许有	≤15（8）	不限
钝棱	最严重缺角尺寸，不得超过材宽	10%（15%）	25%	50%	80%
弯曲	横弯	≤0.3%（0.5%）	≤0.5%（1%）	≤2%	≤3%（4%）
	顺弯	≤1%	≤2%	≤3%	不限
斜纹	斜纹倾斜高不得超过水平长的	5%	10%	20%	不限

3. 常用人造木材的主要性质

人造木材具有板面宽，表面平整光洁，没有节子、虫眼和各项异性等缺点，以及不翘曲、不开裂，经过加工处理还具有防火、防水、防腐、防酸等性能。

（1）胶合板　胶合板是将原木软化处理后旋切成单板（薄板），经干燥处理后，再用胶粘剂按奇数层数、并使相邻单板的纤维方向相互垂直，黏合热压而成的人造板材。胶合板的层数有 3 层、5 层、7 层、9 层和 11 层，常用的为 3 层和 5 层，俗称三合板和五合板。通常

胶合板的面层选用光滑平整且纹理美观的单板，也可用各类装饰板等材料制成贴面胶合板，提高胶合板的装饰性能。

胶合板的最大优点是各层单板按纤维方向纵横交错胶合，在很大程度上克服了木材各向异性的缺点，使胶合板材质均匀，强度高。同时，胶合板还具有幅面大、吸湿变形小、不易翘曲开裂、使用方便、纹理美观及装饰性好等优点，是建筑装饰装修工程及制造家具中用量最大的人造板材之一。胶合板的主要缺点是要使用大径级的优等原木作为单板的原料，随着森林资源，尤其是珍贵的天然森林资源的缺乏，胶合板的应用发展将受到约束。

常用胶合板分类见表6-4。

表6-4 胶合板的分类

序号	分类	品种
1	按板的结构分	胶合板、夹心胶合板、复合胶合板
2	按树种不同	阔叶材普通胶合板、松木普通胶合板
3	按材质和加工工艺质量	Ⅰ、Ⅱ、Ⅲ、Ⅳ类
4	按胶黏性能分	室外用胶合板、室内用胶合板
5	按表面加工分	砂光胶合板、刮光胶合板、贴面胶合板、预饰面胶合板
6	按处理情况分	未处理过的胶合板、处理过的胶合板（如浸渍防腐剂）
7	按形状分	平面胶合板、成形胶合板
8	按用途分	普通胶合板、特种胶合板

（2）纤维板　纤维板是以植物纤维为主要原料，经破碎浸泡、纤维分离、板坯成型和热压作用制成的一种人造板材。纤维板的原料非常丰富，如木材采伐加工剩余物（树皮、刨花、树枝等）、稻草、麦秸、玉米秆、竹材等。

纤维板按表观密度可分为三类：硬质纤维板（表观密度 > 800kg/m^3）、半硬质纤维板（表观密度为400～800kg/m^3）和软质纤维板（表观密度 < 400kg/m^3）。硬质纤维板的强度高、结构均匀、耐磨、易弯曲和打孔，可代替薄木板用于室内墙面、天花板、地面和家具制造等；半硬质纤维板表面光滑、材质细密、结构均匀、加工性能好，且与其他材料的黏结力强，是制作家具的良好材料，主要用于家具、隔断、隔墙、地面等。软质纤维板的结构松软，故强度低，但吸声和保温性好，是一种良好的保温隔热材料，主要用于吊顶等。

（3）刨花板、木丝板　刨花板是利用木材加工的剩余物，如树桠、板皮、刨花、锯屑等为原料经削片制成一定规格的刨花，干燥筛选后拌和胶粘剂、防火剂等再经铺装成型和热压制成的人造板材。

刨花板板面平整、挺实、幅面大，具有隔声、绝热、防蛀及耐火等优点。

木丝板、木屑板是利用木材的短残料刨成木丝木屑，再与水泥、水玻璃等搅拌在一起，加压凝固成型而制成的人造板材。这类板材一般强度较低，主要用作绝热和吸声材料，但其中热压树脂刨花板和木屑板，其表面可粘贴塑料贴面或胶合板作饰面层，这样既增加了板材的强度，又使板材具有装饰性，可用作吊顶、隔墙、家具等材料。

（4）细木工板　细木工板又叫大芯板，是由上下两层面层和芯材三部分组成的。上下面层均为胶合板，芯材由木材加工使用中剩下的短小木料经再加工制成木条，最后用胶将其拼在面层板上并经压合而制成。

这种板材一般厚为 20mm 左右，长 2000mm 左右，宽 1000mm 左右，强度较高，幅面大，表面平整，使用方便。

（5）复合木地板　复合木地板分为实木复合木地板和强化木地板两类。

实木复合木地板一般由三层实木板相互垂直层压、胶合而成。面层为耐磨层，厚度为 4～7mm，应选择质地坚硬、纹理美观的珍贵树种，如榉木、橡木、樱桃木、水曲柳等锯切板；中间层厚 7～12mm，可采用软质的速生材，如松木、杉木、杨木等；底层（防潮层）厚 2～4mm，可采用速生材杨木或中硬杂木悬切单板。实木复合地板由于各层木材纹理相互垂直胶结，在一定程度上克服了木材各向异性的缺点，其变形小、不易开裂，具有良好的尺寸稳定性。实木复合地板只有表层采用珍贵的优质硬木板，与实木地板相比，可节约珍贵木材。

实木复合地板多采用高级 UV 压光漆，这种漆是经过紫外线固化的，耐磨性能非常好，一般家庭使用这种漆的木地板不必打蜡维护，使用几十年不需上漆。

强化复合木地板简称强化木地板或浸渍纸层压木质地板，由耐磨层、装饰层、芯层、防潮层通过合成树脂热压胶合而成。强化复合木地板通常也是三层结构：面层是含有耐磨材料的三聚氰胺树脂浸渍木纹图案装饰纸，中间层为中、高密度纤维板或刨花板，底层（防潮层）为浸渍酚醛树脂的平衡纸。由于强化复合木地板的装饰层为木纹图案印刷纸，所以强化复合木地板的花色品种很多，几乎覆盖了所有的珍贵树种，同时还有色彩丰富、造型别致的拼接图案，使得强化复合木地板能做出许多别具一格的装饰效果。强化复合木地板每个边都有榫和槽，易于安装，可直接在普通水泥地面或其他地面上安装，与地面不需胶结，直接浮贴在地面上，无需上漆打蜡。强化复合木地板具有耐烟烫、耐化学试剂污染、耐磨、易清洁、防虫蛀、花纹美丽多样等优点，但弹性不如实木复合地板好。强化复合木地板适用于会议室、办公室、高清洁度实验室等，也可用于中、高档宾馆、饭店及民用住宅的地面装修等。

应引起人们注意的是，实木复合地板和强化复合木地板所用的胶粘剂中含有一定量的甲醛。甲醛是一种对人体有害的物质，人体处于甲醛浓度较高的环境中，会引起眼睛、鼻腔及呼吸道的不适，长期处于这种环境中会有致癌的危险。若空气中甲醛浓度过高，甚至会致人死亡。木地板在铺设后的一段时间内，要注意保持室内通风，新居应在装修 3 个月以后再搬进居住。室内还可以放置一些花、草等绿色植物，有助于吸附室内的甲醛。

>> 相关链接 【案例 6-1 分析】

人工木材得以广泛作为建筑的“皮肤”，主要是由于其板面宽、表面平整光洁、防火、防水、防腐、防酸等良好的性能特点。

思考与练习 6.1

6.1-1　天然木材的缺陷有（　　）。（多选题）

A. 活节、死节　　B. 漏节　　C. 边材腐朽　　D. 虫眼

6.1-2　纤维板的主要特点有（　　）。（多选题）

A. 质量轻　　　　　　B. 热导率小　　C. 结实　　　　　　D. 抗振性能好

6.1-3　木材的含水率的变化对其强度、变形、导热等性能有哪些影响?

6.1-4　简述胶合板的构造和特点。

6.1-5　影响木材强度的主要因素有哪些?

6.1-6　木材含水率的变化对其强度、变形、导热、表观密度和耐久性等有什么影响?

6.1-7　木材在吸湿和干燥的过程中，尺寸的变化有何规律?

6.1-8　我国民间对于使用木材有一句谚语：“干千年、湿千年，干干湿湿二三年”。试用科学理论加以解释。

6.2　木材的工程应用

导入案例

【案例6-2】现代建筑中的木材再也不是支撑千斤的“骨架”，更多地成了经常使用的工具。人们更愿意用木材在建筑中创造一些美丽和舒适，这是因为钢筋混凝土太“坚硬、冰冷”，木材相对“柔软、温和”。现代建筑中木材将发挥什么作用?怎样防火防腐?为什么还要“精打细算”?我们将在此寻找答案。

6.2.1　天然木材的应用

天然木材在经济建设中有广泛应用。在建筑工程中，木材的主要应用为木结构、模板、支架、墙板、吊顶、门窗、地板、家具及室内装修等。木材除以原木、锯材形式使用外，还可加工成木制品，广泛用于建筑工程及各行各业中。另外，小径原木还可以用于房屋桁条、门窗料、脚手架、模具、家具及通信、输电线路维修用的支柱、支架。

>>> 相关链接 【案例6-2分析】

工程中天然木材主要用作模板、支架、脚手架和一些装修用料。

想一想

工程中楼板用的模板还使用天然木材吗?

6.2.2　人造木材的应用

在工程中胶合板可用作天棚板、隔墙板、门芯板及室内装修等。木丝板具有隔声、绝热、防蛀及耐火等优点，可用作隔墙板、顶棚板等。刨花板、木丝板、木屑板一般密度较小，强度较低，主要用于绝热和吸声材料。

想一想

建筑中哪些部位需要保温、隔声？

6.2.3 木材的防腐和防火

1. 防腐

木材的腐朽为真菌所致。防腐的措施如下：

1）将木材干燥，使含水率小于20%，使用时注意通风、除湿。对木材表面进行油漆处理，油漆涂层既使木材隔绝了空气，又隔绝了水分。

2）破坏真菌生存的条件，把木材变成“有毒”的物质使真菌无法寄生。防腐剂的处理方法包括：表面涂刷喷涂法、浸渍法、压力渗透法及冷热槽浸渍法等。

2. 防火

将木材经过具有阻燃性能的化学物质处理后，变成难燃的材料，以达到遇到小火能自熄，遇到大火能延缓或阻滞燃烧蔓延的效果，从而赢得扑救的时间。

木材防火处理方法有：表面涂敷法（涂敷防火涂料）、溶液浸注法。

相关链接｜**【案例6-2分析】**

防腐的主要措施是干燥和把木材变成百毒不侵的“有毒”物体。防火的主要措施是隔绝和做防火处理。

想一想

工程中应该怎样保存木模板？

6.2.4 原木材积计算

1）检尺径4～12cm的小径原木材积由下式确定

$$V = 0.7854L\frac{2(D + 0.45L + 0.2)}{10000}$$

式中 V——材积（m^3）；

L——检尺长（m）；

D——检尺径（cm）。

2）检尺径自 14cm 以上的原木材积由下式确定

$$V = 0.7854L\frac{D + 0.5L + 0.005 \times 2L + 0.000125 \times 2L(14 - L)(D - 10)}{10000}$$

3）检尺径 4 ~6cm 的原木材积数字保留四位小数，检尺径自 8cm 以上的原木材积数字，保留三位小数。原木材积也可参照表 6-5 进行查询。

表 6-5　材积表

检尺径/cm	检尺长/m								
	2.0	2.2	2.4	2.5	2.6	2.8	3.0	3.2	3.4
	材积/m³								
4	0.0041	0.0047	0.0053	0.0056	0.0059	0.0066	0.0073	0.0080	0.0088
6	0.0079	0.0089	0.0100	0.0105	0.0111	0.0122	0.0134	0.0147	0.0160
8	0.013	0.015	0.016	0.017	0.018	0.020	0.021	0.023	0.025
10	0.019	0.022	0.024	0.025	0.026	0.029	0.031	0.034	0.037
12	0.027	0.030	0.033	0.035	0.037	0.040	0.043	0.047	0.050
14	0.036	0.040	0.045	0.047	0.049	0.054	0.058	0.063	0.068
16	0.047	0.052	0.058	0.060	0.063	0.068	0.075	0.081	0.087
18	0.059	0.065	0.072	0.076	0.079	0.086	0.093	0.101	0.108
20	0.072	0.080	0.088	0.092	0.097	0.105	0.114	0.123	0.132
22	0.086	0.096	0.106	0.111	0.116	0.126	0.137	0.147	0.158
24	0.102	0.114	0.125	0.131	0.137	0.149	0.161	0.174	0.186
26	0.120	0.133	0.146	0.153	0.160	0.174	0.188	0.203	0.217
28	0.138	0.154	0.169	0.177	0.185	0.201	0.217	0.234	0.250
30	0.158	0.176	0.193	0.202	0.211	0.230	0.248	0.267	0.286
32	0.180	0.199	0.219	0.230	0.240	0.260	0.281	0.302	0.324
34	0.202	0.224	0.247	0.258	0.270	0.293	0.316	0.340	0.364
36	0.226	0.251	0.276	0.289	0.302	0.327	0.353	0.380	0.406
38	0.252	0.279	0.307	0.321	0.335	0.364	0.393	0.422	0.451
40	0.278	0.309	0.340	0.355	0.371	0.402	0.434	0.466	0.498
42	0.306	0.340	0.374	0.391	0.408	0.442	0.477	0.512	0.548
44	0.336	0.372	0.409	0.428	0.447	0.484	0.522	0.561	0.599
46	0.367	0.406	0.447	0.467	0.487	0.528	0.570	0.612	0.654
48	0.399	0.442	0.486	0.508	0.530	0.574	0.619	0.665	0.710
50	0.432	0.479	0.526	0.550	0.574	0.622	0.671	0.720	0.769
52	0.467	0.518	0.569	0.594	0.620	0.672	0.724	0.777	0.830
54	0.503	0.558	0.613	0.640	0.668	0.724	0.780	0.837	0.894
56	0.541	0.599	0.658	0.688	0.718	0.777	0.838	0.899	0.960
58	0.580	0.642	0.705	0.737	0.769	0.833	0.898	0.963	1.028
60	0.620	0.687	0.754	0.788	0.822	0.890	0.959	1.029	1.099

思考与练习 6.2

6.2-1　由上下两层面层和芯材三部分组成的是（　　）。（单选题）

A. 刨花板　　B. 木丝板　　C. 木屑板　　D. 细木工板

6.2-2 下列木材能做吸声材料的有（ ）。（多选题）

A. 胶合板 B. 细木工板 C. 木花板 D. 木丝板

6.2-3 工程模板一般采用什么人造木材？

6.2-4 人造板材相对天然板材的优点和缺点有哪些？

6.2-5 木材防火的主要做法和原理是什么？

6.2-6 计算题

试计算 $3m^3$ 的板材需要长 4m，检尺径 30cm 的原木多少？（加工损耗率 10%）

6.2-7 下列木材构件或者零件最好选用哪些天然木材和人造木材，并说明理由。

（1）混凝土模板 （2）工程用脚手架 （3）水中木桩 （4）楼梯扶手

6.2-8 结合实际工程情况阐述天然木材和胶合板在运输、保管时有什么区别和具体要求。

本章回顾

- 木材的主要技术性质：木材的含水率、木材的密度与体积密度、木材的强度。
- 木材的强度：抗压强度、剪切和切断强度、抗拉强度、抗弯强度。
- 木材缺陷：活节、死节、漏节、边材腐朽、心材腐朽、虫眼、纵裂、外夹皮、弯曲扭转纹、外伤、偏枯。
- 人造板材的种类及用途：胶合板、纤维板、刨花板、木丝板、细木工板。
- 天然木材和人造板材的防腐和防火处理。

知识应用

试考察实际工程情况，写出工程中应用天然木材和人造木材的情况报告，并分析一下以后应用的趋势。试想一些好的建议，既可以保证工程使用，又环保、节约资源。

【延伸阅读】

新型环保、节能建材——水泥木丝板

研发绿色建筑材料已被国家有关部门列为重大项目。水泥木丝板是一种理想的绿色建筑材料，在欧美已广泛应用于建筑工程上。水泥木丝板是以天然木材、硅酸盐水泥为原料，经特殊工艺处理、混合、压制而成的。它的主要特点是：绿色环保、节能保温。①环保性：木丝板是将木材切削成细长木丝，用硅酸盐水泥作黏合剂而制成的，无任何有害身体健康的成分。不同于目前市场上的木质人造板材（胶合板、刨花板、密度板、细木工板等）均含有严重危害人们健康的化合物。木丝板所采用的木材是人工速生林（杨木、

落叶松）小径材，不耗用优质天然木材，原料来源广泛，可采用造林加工一体化的产业模式，更加有利于环境的保护。②保温性：木材本身属于一种绝热材料，而木丝板在制造成形过程中又产生很多空隙，这样就赋予它具有很好的绝热保温性。近些年又研制出一种专门用作保温材料的产品，称为复合保温木丝板。该产品两表层（或单面）为水泥木丝板，芯层（或另一面）为聚苯乙烯板、岩棉板、玻璃纤维板等，具有良好的保温效果。③防火性：经检测木丝板的防火等级为B1级，可用作高层建筑材料。由于硅酸盐水泥渗入与包裹木材纤维，这样阻止了木材的燃烧氧化。④耐潮性：木丝板具有优良的耐潮性和耐久性，可用于室外或潮湿环境（如：厨房、卫生间、地下室等），也可以露天存放。

由于水泥木丝板具备上述诸多优良技术特性，所以在国外应用广泛。而国内上海、北京等地也开始广泛使用，主要用作吸声材料、保温材料、装饰材料、混凝土模板材料，主要在建筑与交通部门使用，但还有待深度开发、利用。

第7章 墙体材料

了解和掌握建筑墙体材料的基本性质，对于合理选用墙体材料十分重要。本章将主要介绍墙体材料的类别、性能和性质，并特别介绍新型节能的墙体材料。

在工业与民用建筑工程中，墙体具有承重、围护和分隔的作用。目前墙体材料的品种较多，可分为烧结砖、砌块和板材三大类。烧结砖主要包括普通砖、烧结多孔砖和空心砖；砌块主要包括普通混凝土小型空心砌块、轻集料混凝土小型空心砌块、粉煤灰小型空心砌块和密实硅酸盐砌块。在工程中，合理选用墙体材料，对建筑物的功能、安全、节能、环保、施工以及造价等均具有重要意义。

7.1 砌墙砖、多孔（空心）砌块

【案例7-1】 长城用的是青砖，现代建筑用的是红砖，是不是一样结实？在房间内说的悄悄话会不会被别人听见？敲一下墙为什么会咚咚地响？砌墙用的材料为什么有越来越多、越来越大的孔？一栋楼除了用钢筋、混凝土之外，最多的就是墙体材料了。墙体材料都有哪些种类？带着这些疑问我们来在这一节中寻找答案。

本节主要讲述烧结普通砖、烧结多孔砖和烧结空心砖。由于相关规范将烧结多孔（空心）砖和多孔（空心）砌块合为一个规范，也由于其在定义、适用范围具有共通性，因此本节也依照规范合在一块进行讲述，7.2节也就不再对多孔（空心）砌块进行讲述了，需要注意。

7.1.1 烧结普通砖

烧结普通砖是指以黏土、粉煤灰、页岩、煤矸石为主要原材料，经过成型、干燥、入窑焙烧、冷却而成的实心砖。

1. 分类

(1) 按主要原料　分为黏土砖、页岩砖、煤矸石砖和粉煤灰砖。

(2) 按焙烧时的火候（窑内温度分布）　分为欠火砖、正火砖和过火砖。欠火砖色浅、

敲击声闷哑、吸水率大、强度低、耐久性差。过火砖色深、敲击声音清脆、吸水率低、强度较高，但弯曲变形大。欠火砖和过火砖均属不合格产品。

（3）按焙烧方法　可分为内燃砖和外燃砖。

2. 技术性质

（1）规格尺寸　烧结普通砖的尺寸规格是240mm×115mm×53mm。其中240mm×115mm面称为大面，240mm×53mm面称为条面，115mm×53mm面称为顶面，如图7-1所示。在砌筑时，4块砖长、8块砖宽、16块砖厚，再分别加上砌筑灰缝（每个灰缝宽度为8~12mm，平均取10mm），其长度均为1m。理论上，$1m^3$砖砌体大约需用砖512块。

（2）尺寸偏差　尺寸偏差是一项直接对砌筑施工及砌体质量产生影响的重要指标。规格尺寸达不到标准要求，如规格尺寸偏大、偏小，或同一批制品尺寸大小不一，在砌筑时可能出现以下问题：制品实际砌筑用量和设计计算用量有很大出入；砌筑时制品与制品之间的灰缝宽度不能保持一致、宽窄不一；（皮）层制品铺贴后铺贴面不平整，高低不一；偏差过大，砌筑成墙体后，轻则使建筑设计计算和预算方面增加不确定性，重则使结构产生大量的不均匀砌筑，影响结构承载，并会大幅度降低建筑物的抗震性能。国家标准对制品的尺寸偏差所涉及的长度、宽度、高度（层厚）作了详细的规定。

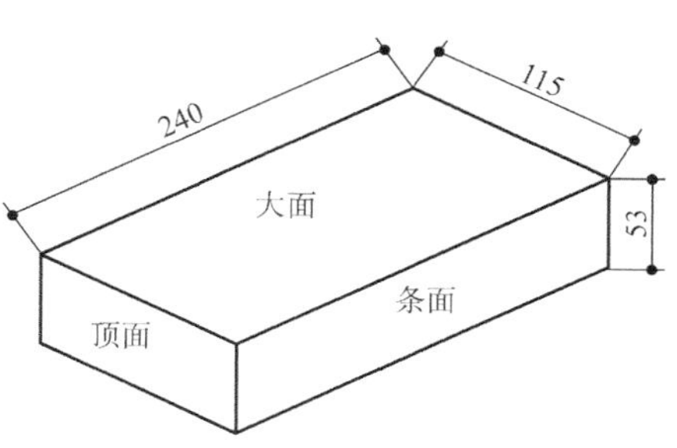

图7-1　烧结普通砖的规格

（3）外观质量　外观质量是直接影响砌筑施工和砌体质量的另一重要指标。产品常见的外观质量缺陷有：表面的杂质凸出，表面疏松、层裂，缺棱掉角，裂纹，无完整面，弯曲，肋壁内残缺，欠火，酥哑等，烧结砖经雨淋也会产生质量缺陷。外观质量不严重时，只对砌筑进度、墙体表面（观）质量有影响，外观质量严重超标时，同样会增加建筑施工（如垒面、抹灰方面）的工程成本。重则同样会使结构产生大量的不均匀砌筑，影响结构承载及大幅度降低建筑物抗震性能。而欠火、酥哑、雨淋制品如果达不到标准要求，对砌筑墙体产生的后果则更为严重，轻则几年内墙体风化损毁，重则会造成建筑坍塌等严重恶性事故。因此，国家标准对上述指标都做出了严格规定，详见表7-1。

表7-1　烧结普通砖的质量等级评定　（单位：mm）

项目		优等品	一等品	合格品
两条面高度差，≤		2	3	4
弯曲，≤		2	3	4
杂质凸出高度，≤		2	3	4
缺棱掉角的三个破坏尺寸，不得同时大于		5	20	30
裂纹长度	大面上宽度方向及其延伸至条面的长度，≤	30	60	80
	大面上长度方向及其延伸至顶面的长度或条顶面上水平裂纹的长度，≤	50	80	100
完整面，不得少于		两条面和两顶面	一条面和一顶面	—
颜色		基本一致	—	—

注：1. 为装饰而施加的色差，凹凸纹、拉毛、压花等不算作缺陷。
2. 凡有下列缺陷之一者，不得称为完整面：
1）缺损在条面或顶面上造成的破坏面尺寸同时大于10mm×10mm。
2）条面或顶面上裂纹宽度大于1mm，其长度超过30mm。
3）压陷、粘底、焦花在条面或顶面上的凹陷或凸出超过2mm，区域尺寸同时大于10mm×10mm。

（4）强度等级　强度是墙体材料评价制品内在质量的关键指标，是极重要的质量特性检验项目。砌块具备一定强度是砌体结构承载的必备条件。砌块强度直接影响建筑结构的安全和抗震性能，关系到人民生命财产的安全。因此，国家标准对此项性能指标规定极为严格。砖和块类产品通常都采用制品的抗压强度来评定强度等级，用平均抗压强度控制每批制品的整体抗压强度水平，用抗压强度标准值或抗压强度最小值的差值来控制每批制品的离散程度不得超过建筑结构的承载要求。烧结普通砖按抗压强度分为：MU30、MU25、MU20、MU15 和 MU10 五个强度等级。

相关链接【案例 7-1 分析】

无论是长城的青砖还是现代建筑用的红砖都是烧结普通砖，他们的强度等级为 MU30、MU25、MU20、MU15 和 MU10。由于其强度很高，所以很结实。

（5）抗风化性能　抗风化性能是指在干湿变化、温度变化、冻融变化等物理因素作用下，材料不被破坏并长期保持原有性质的能力。抗风化性能是材料耐久性的重要内容之一。烧结普通砖的抗风化性能是一项综合性指标，主要受砖的吸水率与地域位置的影响，因而用于东北、内蒙古、新疆等严重风化区的烧结普通砖，必须进行冻融试验。烧结普通砖的抗风化性能必须符合国家标准《烧结普通砖》（GB/T 5101—2003）中的有关规定。

（6）泛霜　制品在露天放置下经风吹雨淋后经过干湿循环，其表面出现白色粉末、絮团或絮片状物质的现象称为泛霜。泛霜是制品内的可溶性盐类通过制品的毛细管在制品表面产生的盐析现象，对制品本身和砌筑的墙体都会产生严重的破坏作用，可引起制品及砌筑的墙体粉化或剥落破坏。特别在干湿循环区域及盐碱严重的地区，泛霜的破坏作用更为严重，轻则使墙体及装饰层剥落或产生严重污染，重则会使墙体松散、风化而坍塌。因此，国家标准严格规定烧结制品优等产品不允许出现泛霜，一等产品不允许出现中等泛霜，合格产品不允许出现严重泛霜。中等泛霜产品不能用于如基础、卫生间、水房等建筑的潮湿部位。

【案例 7-2】某工程采用烧结普通砖砌筑清水墙，在砖的表面出现白色粉状物，影响建筑物的美观。经耐久性的泛霜试验，发现该工程使用的砖含过量的可溶盐。

想一想

发现泛霜了我们会采取什么措施？

（7）石灰爆裂　石灰爆裂是指烧结普通砖的原料或内燃物质中夹杂着石灰石，焙烧时被烧成生石灰，砖在使用时吸水后，体积膨胀而发生的爆裂现象。石灰爆裂影响砖墙的平整度、灰缝的平直度，甚至使墙面产生裂纹，使墙体破坏。因此，石灰爆裂应符合国家标准《烧结普通砖》（GB/T 5101—2003）中的有关规定。

想一想

为什么我们的墙体砌筑完一段时间有时候长“小痘痘”了，该如何解决？

（8）吸水率和相对含水率　吸水率是制品吸水饱和后增加的质量与制品干质量的比值；相对含水率是制品在自然气候条件下吸入空气中水分后增加的质量与制品干质量的比值。

吸水率和相对含水率的大小是判定产品密实程度的一项指标，也是建筑设计载荷的一个重要动载指标。一般来说，吸水率、相对含水率越小，制品越密实，强度也越高，内在质量也越好。吸水率及相对含水率大的制品则反映出其内部结构孔隙多，产品耐久性差，所以吸水率指标不容忽视，对其合格与否各类产品标准都有详细的判定指标。

想一想

为什么在砌筑砖之前要把砖充分润湿？

（9）质量等级评定　尺寸偏差、抗风化性能和放射性物质合格的砖，根据尺寸偏差、外观质量、泛霜和石灰爆裂三项指标，分为优等品（A）、一等品（B）、合格品（C）三个等级。烧结普通砖的质量等级评定见表7-1。

（10）隔声性能　对墙体的隔声性能要求，要视其在建筑物中的位置和作用来确定，围护结构的墙体与内隔墙要求是不同的，分户墙与分室墙的要求又不同。显然，分户墙的隔声性能要求应高于分室墙。

>>> 相关链接 |【案例7-1分析】

内墙具备了很好的隔声性能，我们就不用担心“悄悄话”被别人听见。

3. 应用

烧结普通砖具有一定的强度、较好的耐久性、一定的保温隔热性能，在工程中主要用于砌筑各种承重墙体和非承重墙体等围护结构。烧结普通砖可砌筑砖柱、拱、烟囱、筒拱式过梁和基础等，也可与轻混凝土、保温隔热材料等配合使用。在砖砌体中配置适当的钢筋或钢丝网，可作为薄壳结构、钢筋砖过梁等。碎砖可作为混凝土集料和碎砖三合土的原材料。

烧结普通砖取土制砖，大量毁坏农田，并且烧结实心砖自重大，烧砖能耗高，成品尺寸小，施工效率低，抗震性能差等。因此，我国正大力推广墙体材料改革，以空心砖、工业废渣砖及砌块、轻质墙体板材来代替传统的烧结实心砖。

7.1.2　烧结多孔砖和多孔砌块

墙体材料逐渐向轻质化、多功能方向发展。近年来逐渐推广和使用多孔砖和多孔砌块，一方面可减少黏土的消耗量约 20% ~30%，节约耕地；另一方面，墙体的自重至少减轻 30% ~35%，降低造价近 20%，并使墙体的保温隔热性能和吸声性能有较大提高。烧结多孔砖的技术规范按《烧结多孔砖和多孔砌块》（GB 13544—2011）执行。该标准适用于以黏土、页岩、煤矸石、粉煤灰、淤泥（江河湖淤泥）及其他固体废弃物等为主要原料，经焙烧而成的主要应用于承重部位的多孔砖和多孔砌块。

烧结多孔砖和多孔砌块的孔洞率、孔型、排列及密度几项指标是为了满足建筑物空间围护使用的隔热保温、隔声吸声、减轻自重负荷和节能省土等方面特性要求而设立的，这几项指标实测结果不理想，直接影响到新型墙体材料轻质、高强及节能方面的性能。如不按照国家建筑节能标准来设计及应用这类产品，轻则使建筑物功能大幅下降，如建筑隔声吸声、隔热保温，很难达到节能标准要求；严重则使设计与实物质量不符，造成建筑结构负载超标，进而对建筑埋下严重质量隐患。

1. 烧结多孔砖和多孔砌块技术性质

（1）特点、规格和等级　烧结多孔砖和多孔砌块的特点、规格和等级见表 7-2。

表 7-2　烧结多孔砖和多孔砌块的特点、规格和等级

项　目	烧结多孔砖和多孔砌块
分类	按主要原料分为黏土砖和黏土砌块（N）、页岩砖和页岩砌块（Y）、煤矸石砖和煤矸石砌块（M）、粉煤灰砖和粉煤灰砌块（F）、淤泥砖和淤泥砌块（U）、固体废弃物砖和固体废弃物砌块（G）
特点	砖的孔洞率≥25%，孔的尺寸小且数量多，孔为竖孔，规定采用矩形孔或矩形条孔；砌块的孔洞率≥33%，孔的尺寸小且数量多
规格	砖和砌块的长度、宽度、高度尺寸应符合下列要求： 砖规格尺寸（mm）：290、240、190、180、140、115、90；砌块规格尺寸（mm）：490、440、390、340、290、240、190、180、140、115、90 其他规格尺寸由供需双方确定
密度等级	砖的密度等级分为 1000、1100、1200、1300 四个等级；砌块的密度等级分为 900、1000、1100、1200 四个等级
强度等级	按抗压强度分为 MU30、MU25、MU20、MU15、MU10 五个强度等级

砖和砌块的外形一般为直角六面体，在与砂浆的接合面上应设有增加结合力的粉刷槽。粉刷槽应在条面和顶面上设有均匀分布的粉刷槽，深度不小于 2mm，如图 7-2 所示（其中 l 为长度；b 为宽度；d 为高度）。

砌块至少应在一个条面或顶面上设立砌筑砂浆槽。两个条面或顶面都有砌筑砂浆槽时，砌筑砂浆槽深应大于 15mm 且小于 25mm；只有一个条面或顶面有砌筑砂浆槽时，砌筑砂浆槽深应大于 30mm 且小于 40mm。砌筑砂浆槽宽应超过砂浆槽所在砌块面宽度的 50%。

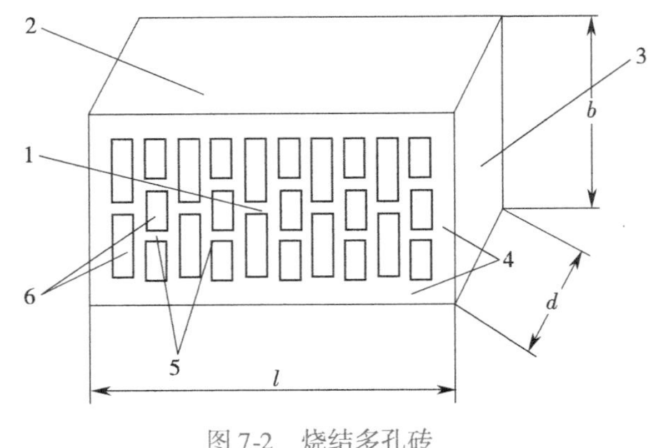

图 7-2　烧结多孔砖

1—大面（坐浆面）　2—条面　3—顶面　4—外壁　5—肋　6—孔洞

（2）技术要求

1）烧结多孔砖和多孔砌块尺寸允许偏差见表 7-3。

表 7-3　烧结多孔砖和多孔砌块尺寸允许偏差　（单位：mm）

尺　　寸	样本平均偏差	样本极差，≤
>400	±3.0	10.0
300～400	±2.5	9.0
200～300	±2.5	8.0
100～200	±2.0	7.0
<100	±1.5	6.0

2）烧结多孔砖和多孔砌块的外观质量要求见表 7-4。

表 7-4　烧结多孔砖和多孔砌块的外观质量要求　（单位：mm）

项　　目		指　　标
1. 完整面，不得少于		一条面和一顶面
2. 缺棱掉角的三个破坏尺寸，不得同时大于		30
3. 裂纹长度，不大于	大面上深入孔壁 15mm 以上宽度方向及其延伸到条面的长度	80
	大面上深入孔壁 15mm 以上长度方向及其延伸到顶面的长度	100
	条顶面上的水平裂纹	100
4. 杂质在砖面上造成的凸出高度，不大于		5

3）烧结多孔砖和多孔砌块的强度等级见表 7-5。

表 7-5　烧结多孔砖和多孔砌块的强度等级

强 度 等 级	抗压强度平均值 $\bar{f}$≥	强度标准值 f_k≥
MU30	30.0	22.0
MU25	25.0	18.0
MU20	20.0	14.0
MU15	15.0	10.0
MU10	10.0	6.5

4）烧结多孔砖和多孔砌块的孔型结构及孔洞率见表 7-6。

表 7-6　烧结多孔砖和多孔砌块的孔型结构及孔洞率

孔型	孔洞尺寸		最小壁厚 /mm	最小肋厚 /mm	孔洞率（%）		孔洞排列
	孔宽度尺寸 b	孔长度尺寸 l			砖	砌块	
矩形条孔或矩形孔	≤13	≤40	≥12	≥5	≥28	≥33	1. 所有孔宽应相等。孔采用单向或双向交错排列 2. 孔洞排列上下、左右应对称，分布均匀，手抓孔的长度方向尺寸必须平行于砖的条面

注：1. 矩形孔的孔长 l、孔宽 b 满足式 $l \geqslant 3b$ 时，为矩形条孔。

2. 孔四个角应做成过渡圆角，不得做成直尖角。

3. 如设有砌筑砂浆槽，则砌筑砂浆槽不计算在孔洞内。

4. 规格大的砖和砌块应设置手抓孔，手抓孔尺寸为（30～40）mm×（75～85）mm。

5）烧结多孔砖和多孔砌块的抗风化性能见表7-7。

表7-7 烧结多孔砖和多孔砌块的抗风化性能

项目 / 砖种类	严重风化区				非严重风化区			
	5h煮沸吸水率（%），≤		饱和系数，≤		5h煮沸吸水率（%），≤		饱和系数，≤	
	平均值	单块最大值	平均值	单块最大值	平均值	单块最大值	平均值	单块最大值
黏土砖	21	23	0.85	0.87	23	25	0.88	0.90
粉煤灰砖	23	25			30	32		
页岩转	16	18	0.74	0.77	18	20	0.78	0.80
煤矸石砖	19	21			21	23		

注：粉煤灰掺入量（质量比）小于30%时按黏土砖和砌块规定。

2. 烧结多孔砖和多孔砌块的标记与应用

烧结多孔砖和多孔砌块的产品标记按产品名称、品种、规格、强度等级、密度等级和标准编号顺序编写。

标记示例：规格尺寸290mm×140mm×90mm、强度等级MU25、密度1200级的黏土烧结多孔砖，其标记为：烧结多孔砖 N 290×140×90 MU25 1200 GB 13544－2011

烧结多孔砖和多孔砌块主要用于砌筑多层建筑的内外承重墙体及高层框架建筑的填充墙和隔墙。

7.1.3 烧结空心砖和空心砌块

以黏土、页岩、煤矸石为主要原料，经焙烧而成主要用于非承重部位的空心砖和空心砌块，称为烧结空心砖和空心砌块（图7-3），具有轻质、保温性好等特点。

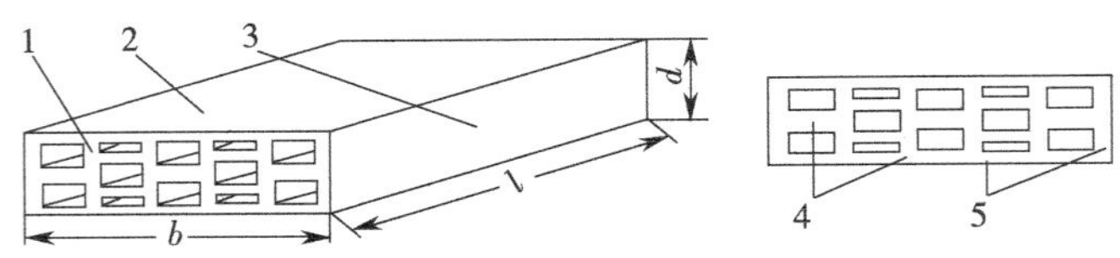

图7-3 烧结空心砖和空心砌块示意图

1—顶面 2—大面 3—条面 4—肋 5—壁 l—长度 b—宽度 d—高度

1. 烧结空心砖和空心砌块的技术性质

（1）规格及要求 烧结空心砖和空心砌块的外形为直角六面体，其长度、宽度、高度尺寸应符合下列要求（mm）：390，290，240，190，180（175），140，115，90；其他规格尺寸由供需双方协商确定。

（2）强度等级 抗压强度分为MU10.0、MU7.5、MU5.0、MU3.5和MU2.5五个强度等级，其强度应符合表7-8的规定。

表 7-8　烧结多孔砖和多孔砌块的强度级别　（单位：MPa）

强度级别	抗压强度平均值 $\bar{f}$≥	变异系数 δ≤0.21	变异系数 δ>0.21	密度等级范围 (kg/cm³)
		强度标准值 f_k≥	单块最小抗压强度值 f_{min}≥	
MU10	10	7.0	8.0	≤1100
MU7.5	7.5	5.0	5.8	
MU5.0	5.0	3.5	4.0	
MU3.5	3.5	2.5	2.8	
MU2.5	2.5	1.6	1.8	≤800

（3）体积密度等级　分为 800、900、1000 和 1100 四个密度等级。

（4）其他技术性能　包括泛霜、石灰爆裂、吸水率、冻融等内容。其中抗冻性（15 次）是以外观质量来评价是否合格的。外观质量等均应符合《烧结空心砖和空心砌块》（GB 13545—2003）的规定。强度、密度、抗风化性能和放射性物质合格的砖，根据尺寸偏差、外观质量、孔洞排列及其结构、泛霜、石灰爆裂、吸水率分为优等品（A）、一等品（B）和合格品（C）三个质量等级。

2. 烧结空心砖和空心砌块的应用

烧结空心砖和空心砌块主要用于砌筑非承重的墙体。

想一想

烧结多孔砖和空心砖用于砌筑承重墙体，它们是“空心”或者“多孔”，这样的墙体能承重吗？

思考与练习 7.1

7.1-1　名词解释

1. 泛霜　　2. 热导率　　3. 石灰爆裂

7.1-2　墙体材料在建筑中是主要的承重材料。(是非判断题)

7.1-3　烧结普通砖因为浪费土地和污染环境而逐渐被淘汰。(是非判断题)

7.1-4　烧结多孔砖的唯一优点是比烧结普通砖轻。(是非判断题)

7.1-5　烧结普通砖的标准尺寸为（　　）mm×（　　）mm×（　　）mm。（　　）块砖长、（　　）块砖宽、（　　）块砖厚，分别加灰缝（每个按 10mm 计），其长度均为 1m。理论上，1m³ 砖砌体大约需要砖（　　）块。

7.1-6　砌墙砖按有无孔洞和孔洞率大小分为（　　）、（　　）和（　　）三种；按生产工艺不同分为（　　）和（　　）。

7.1-7　烧结多孔砖和空心砖的强度等级是如何划分的？它们的用途如何？

7.1-8　烧结普通砖在砌筑施工前为什么一定要浇水润湿？浸水过多或过少为什么不好？

7.2 墙体用砌块、板材和保温材料

【案例7-3】走进工地你会发现工程中应用很多黑色、灰色的“大砖”，甚至有的高层建筑一面墙是用一块或者几块板子“拼”成的。他们无论外观形状还是技术性能与原来的红色烧结普通砖有很大的区别。墙体材料的形式多种多样，它们究竟有哪些优点呢？建筑要节能必须给建筑外墙穿上一层很厚很厚的“棉衣”，这层棉衣用什么做的，是否结实、美观、暖和？通过这一节的学习我们一定会找到答案的！

7.2.1 墙体用砌块

砌块是建筑用的人造块材，外形多为直角六面体。砌块系列中主规格的长度、宽度或高度有一项或一项以上分别大于365mm、240mm或115mm，但高度不大于长度或宽度的六倍，长度不超过高度的三倍。

想一想

我们身边还有多少可以利用的再生资源来制造砌块？建筑垃圾可以吗？

墙体砌块的主要分类方法有以下几种：

1）按胶凝材料分：水泥混凝土砌块、硅酸盐砌块、石膏砌块。

2）按砌块空心率分为：实心砌块、空心砌块。

3）按砌块的规格分为：大型砌块、中型砌块和小型砌块。

4）按其用途分为：承重砌块和非承重砌块。

5）按其使用功能分为：带饰面的外墙体用砌块、内墙体砌块、楼板用砌块、围墙砌块和地面用砌块。

想一想

砌块体积大，施工起来会不会麻烦。

1. 蒸压加气混凝土砌块

蒸压加气混凝土砌块是指以硅质材料和钙质材料为主要原料，掺加发气剂，经加水搅拌，由化学反应形成空隙，经浇筑成形、预养切割、蒸汽养护等工艺过程制成的多孔硅酸盐砌块。

>>> 相关链接 |【案例7-3分析】

由红砖变成了黑色和灰色的“大砖”是因为砌块不是烧的，而是以水泥为胶凝材料制作成的。

加气混凝土是一种多孔结构材料，其孔隙率可高达70%～80%。这种高孔隙率使材料的表观密度大大降低，其表观密度一般为300～800kg/m³，仅为烧结普通砖的1/3，钢筋混凝土的1/5，从而可使建筑物的自重大大减轻。

（1）尺寸与规格　蒸压加气混凝土砌块的技术规范执行GB/T 11968—2006《蒸压加气混凝土砌块》。

蒸压加气混凝土砌块的常用规格尺寸见表7-9，其他规格可由购货单位与生产厂协商确定。

表7-9　蒸压加气混凝土砌块的规格尺寸　（单位：mm）

长度 l	宽度 b	高度 h
600	100　120　125 150　180　200 240　250　300	200　240　250　300

注：如需其他规格，可由供需双方协商解决。

蒸压加气混凝土砌块按抗压强度和干密度进行分级。强度等级有A1.0、A2.0、A2.5、A3.5、A5.0、A7.5、A10共七个级别。干密度是指砌块试件在105℃下烘至恒质测得的单位体积的质量。干密度级别有B03、B04、B05、B06、B07、B08共六个级别。

蒸压加气混凝土砌块按尺寸偏差与外观质量、干密度、抗压强度和抗冻性分为：优等品（A）、一等品（B）两个等级，见表7-10。

表7-10　蒸压加气混凝土砌块的尺寸允许偏差和外观

项目			指标	
			优等品（A）	一等品（B）
尺寸允许偏差/mm	长度	l	±3	±4
	高度	b	±1	±2
	宽度	h	±1	±2
缺棱掉角	最小尺寸不得大于/mm		0	30
	最大尺寸不得大于/mm		0	70
	大于以上尺寸的缺棱掉角个数，不多于/个		0	2
裂纹长度	贯穿一棱两面的裂纹长度不得大于裂纹所在面的裂纹方向尺寸总和的		0	1/3
	任一面上的裂纹长度不得大于裂纹方向尺寸的		0	1/2
	大于以上尺寸的裂纹条数，不多于/条		0	2
爆裂、黏模和损坏深度不得大于/mm			10	30
平面弯曲			不允许	
表面疏松、层裂			不允许	
表面油污			不允许	

蒸压加气混凝土砌块按产品名称（代号 ACB）、强度级别、干密度级别、规格尺寸、产品等级和标准编号的顺序进行标记，如强度级别为 A3.5，干密度级别为 B05，优等品，规格尺寸为 600mm×200mm×250mm 的蒸压加气混凝土砌块，标记为：ACB　A3.5　B05　600×200×250A　GB 11968—2006。

想一想

对砌块中加“气”的多少有什么要求吗？加“气”多了会产生什么后果？

（2）蒸压加气混凝土砌块的其他技术性能　包括抗压强度、干密度、干燥收缩、抗冻性、导热系数等，见表 7-11。

表 7-11　蒸压加气混凝土砌块的其他技术性能

强度级别	立方体抗压强度	
	平均值不小于/MPa	单组最小值不小于/MPa
A1.0	1.0	0.8
A2.0	2.0	1.6
A2.5	2.5	2.0
A3.5	3.5	2.8
A5.0	5.0	4.0
A7.5	7.5	6.0
A10.0	10.0	8.0

干密度级别			B03	B04	B05	B06	B07	B08
强度级别	优等品（A）		A1.0	A2.0	A3.5	A5.0	A7.5	A10.0
	合格品（B）				A2.5	A3.5	A5.0	A10.0
干密度级别			B03	B04	B05	B06	B07	B08
干燥收缩值①	标准法/（mm/m）≤		0.50					
	快速法/（mm/m）≤		0.80					
抗冻性	质量损失/%　≤		5.0					
	冻后强度/MPa≥	优等品（A）	0.8	1.6	2.8	4.0	6.0	8.0
		合格品（B）			2.0	2.8	4.0	6.0
导热系数（干态）〔W/（m·k）〕≤			0.10	0.12	0.14	0.16	0.18	0.20

① 规定采用标准法、快速法测定砌块干燥收缩值，若测定结果发生矛盾不能判定，则以标准法测定的结果为准。

>>> **相关链接**【案例 7-3 分析】

多孔砌块没有烧结普通砖结实，质量轻的原因是多孔和加“气”。

（3）蒸压加气混凝土砌块的应用　蒸压加气混凝土砌块可以设计建造三层以下的全加气混凝土建筑，主要可用作框架结构的外墙填充、内墙隔断，也可以用于抗震圈梁构造柱、多层建筑外墙及保温隔热复合墙体，具有自重小、绝热性能好、吸声、加工方便和施工效率高等优点，但强度不高。

在无可靠的防护措施时，该类砌块不得用在处于水中或高湿度和有侵蚀介质的环境中，也不得用于建筑物的基础和温度长期高于 80℃的建筑部位。

【案例 7-4】 某工程采用普通混凝土小型空心砌块砌筑墙体，在顶层两端砌体部位出现裂缝。这是由于温度变化，砌体产生伸缩，加上砌体过长，砌体在墙体上层部分受到的约束小，下层部分受到的约束大，产生不均匀变形，从而引起裂缝。试结合下面内容分析引起裂缝的原因与砌块性能之间有哪些必然联系。

2. 普通混凝土小型空心砌块

普通混凝土小型空心砌块是以普通混凝土拌合物为原料，经成型、养护而成的空心块体墙材，有承重砌块和非承重砌块两类。为减轻自重，非承重砌块可用炉渣或其他轻质集料配制。根据外观质量和尺寸偏差，分为优等品（A）、一等品（B）及合格品（C）三个质量等级，见表 7-12 和表 7-13。砌块堆放运输及砌筑时应有防雨措施。砌块装卸时，严禁碰撞、扔摔，应轻码轻放，不许翻斗倾卸。砌块应按规格、等级分批分别堆放，不得混杂。

表 7-12　普通混凝土小型空心砌块的尺寸允许偏差　　（单位：mm）

项目名称	优等品（A）	一等品（B）	合格品（C）
长度	±2	±3	±3
宽度	±2	±3	±3
高度	±2	±3	±3

表 7-13　普通混凝土小型空心砌块的外观质量要求

项目名称		优等品（A）	一等品（B）	合格品（C）
弯曲/mm		≤2	≤2	≤3
掉角缺棱	个数	0	≤2	≤2
	三个投影方向尺寸的最小值/mm	0	≤20	≤30
裂纹延伸的投影尺寸累计/mm		0	≤20	≤30

普通混凝土小型空心砌块的技术性能主要包括以下六项内容：

（1）规格形状　砌块的主规格尺寸为390mm×190mm×190mm，其他规格尺寸可由供需双方协商。砌块的最小外壁厚应不小于30mm，最小肋厚应不小于25mm。空心率应不小于25%。砌块各部位名称如图7-4所示。

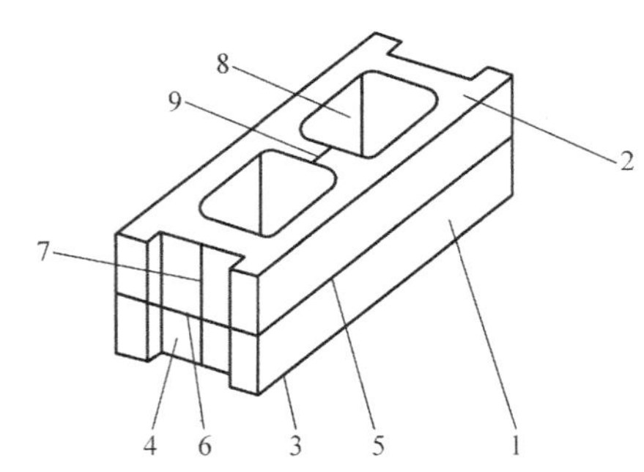

图7-4　砖块各部分名称

1—条面　2—坐浆面（肋厚较小的面）　3—铺浆面（肋厚较大的面）　4—顶面　5—长度　6—宽度　7—高度　8—壁　9—肋

（2）强度等级　混凝土砌块的强度以试验的极限荷载除以砌块毛界面面积计算。砌块的强度取决于混凝土的强度和砌块空心率。根据混凝土空心砌块强度的平均值和单块最小值确定其相应的强度等级详见表7-14。

表7-14　混凝土小型空心砌块的强度等级　（单位：MPa）

强度等级	砌块抗压强度	
	平均值	单块最小值
MU3.5	≥3.5	≥2.8
MU5.0	≥5.0	≥4.0
MU7.5	≥7.5	≥6.0
MU10.0	≥10.0	≥8.0
MU15.0	≥15.0	≥12.0
MU20.0	≥20.0	≥16.0

（3）相对含水率　使用在潮湿地区相对含水率不大于45%；使用在中等潮湿地区相对含水率不大于40%；使用在干燥地区相对含水率不大于35%。混凝土小砌块的抗冻性在采暖地区一般环境下应达到D15，干湿交替环境下应达到D25。非采暖地区不规定，其抗渗性也应满足有关规定。

想一想

什么是干湿交替环境？

（4）隔热性能　普通混凝土小型空心砌块的隔热性能很好，参考值见表7-15。

表7-15　部分单排孔普通混凝土小型空心砌块的隔热性能参考值

砌块名称	性能指标	参考数值
190mm厚普通砌块	单块重	约17kg
	热阻	$R=0.2$（$m^2\cdot K/W$）
90mm厚普通砌块	热阻	$R=0.14$（$m^2\cdot K/W$）
90mm厚劈离装饰砌块		$R=0.12$（$m^2\cdot K/W$）

（5）用途与使用注意事项

1）用途。普通混凝土小型砌块主要用于各种公用建筑或民用建筑以及工业厂房等建筑的内外墙体。

2）使用注意事项：

① 小型砌块采用自然养护时，必须养护28d后方可使用。

② 出厂时小型砌块的相对含水率必须严格控制在标准规定范围内。

③ 小型砌块在施工现场堆放时，必须采取防雨措施。

④ 砌筑前，小型砌块不允许浇水预湿。

3. 轻集料混凝土小型空心砌块

轻集料混凝土是用轻粗集料、轻砂或普通砂、水泥和水等原材料配制而成的干表观密度不大于1950kg/m^{3}的混凝土。其制成的小型空心砌块的技术规范执行国家标准《轻集料混凝土小型空心砌块》（GB/T 15229—2011）。

轻集料混凝土小型空心砌块的特点是：自重轻、保温隔热性能好，抗震性能强、防水、吸声、隔声性能优异，施工方便。

（1）轻集料混凝土小型空心砌块的分类

1）按孔的排数分为单排孔、双排孔、三排孔和四排孔等。

2）按砌块密度等级，分为700、800、900、1000、1100、1200、1300、1400八级。（除自燃煤矸石掺量不小于砌块质量35%的砌块外，其他砌块的最大密度等级为1200。）

3）按砌块强度等级，分为MU2.5、MU3.5、MU5.0、MU7.5、MU10.0五级。

4）轻集料混凝土小型空心砌块产品的主规格尺寸为390mm×190mm×190mm，其他规格可由供需双方商定。

（2）主要技术性能和质量指标　轻集料混凝土小型空心砌块的技术性能及质量指标应符合国家标准《轻集料混凝土小型空心砌块》（GB/T 15229—2011）各项指标的要求。

1）轻集料混凝土小型空心砌块的尺寸允许偏差和外观质量应分别符合国家有关规定。

2）轻集料混凝土小型空心砌块的密度等级应满足有关规定。强度等级应满足表7-16的规定。其他如相对含水率、抗冻性等也应满足标准规定。

表7-16　轻集料混凝土小型空心砌块的强度等级

强度等级	砌块抗压强度等级/MPa		密度等级范围
	平均值	最小值	
2.5	≥2.5	≥2.0	≤800
3.5	≥3.5	≥2.8	≤1000
5.0	≥5.0	≥4.0	≤1200
7.5	≥7.5	≥6.0	≤1200① ≤1300②
10.0	≥10.0	≥8.0	≤1300① ≤1400②

注：当砌块的抗压强度同时满足两个或两个以上强度等级要求时，以最高强度为准。

① 除自燃煤矸石掺量不小于砌块质量35%以外的其他砌块。

② 自燃煤矸石掺量不小于砌块质量35%以外的其他砌块。

(3) 用途 轻集料混凝土小型空心砌块是一种轻质高强且能取代普通黏土砖的最有发展前途的墙体材料之一，主要用于工业与民用建筑的外墙及承重或非承重的内墙，也可用于有保温及承重要求的外墙体。

想一想

常见的工程用的轻集料有哪些？为什么是“轻”集料？炉渣算不算轻集料？

4. 混凝土中型空心砌块

混凝土中型空心砌块是以水泥或无熟料水泥，配以一定比例的集料，制成空心率≥25%的制品。其尺寸规格为：长度 500mm、600mm、800mm、1000mm；宽度 200mm、240mm；高度 400mm、450mm、800mm、900mm。砌块的构造形式如图 7-5 所示。

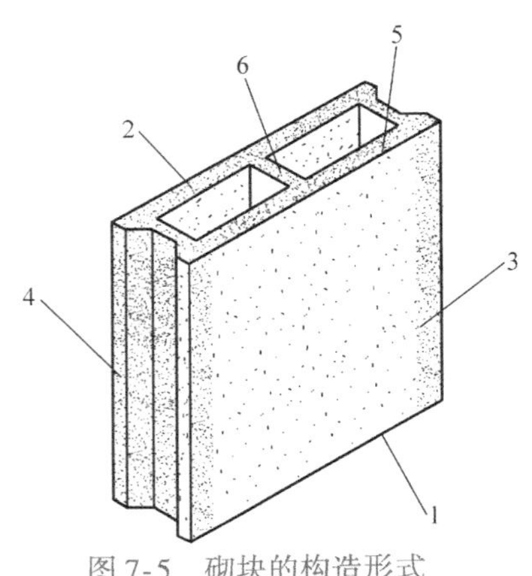

图 7-5 砌块的构造形式

1—铺浆面 2—坐浆面 3—侧面 4—端面 5—壁面 6—肋

用无熟料水泥配制的砌块属硅酸盐类制品，生产中应通过蒸汽养护或相关的技术措施以提高产品质量。

对混凝土中型空心砌块的质量要求是干燥收缩值≤0.8mm/m；经 15 次冻融循环后其强度损失≤15%，外观无明显疏松、剥落和裂缝；自然炭化系数（1.15×人工炭化系数）≥0.85。

中型空心砌块具有体积密度小、强度较高、生产简单、施工方便等特点，适用于民用与一般工业建筑物的墙体。

5. 蒸养粉煤灰砌块

粉煤灰砌块是以粉煤灰、石灰、石膏和集料（炉渣、矿渣）等为原料，经配料、加水搅拌、振动成型、蒸汽养护而制成的密实砌块。其主规格尺寸有 880mm×380mm×240mm 和 880mm×420mm×240mm 两种。

(1) 技术性质 蒸养粉煤灰砌块按立方体试件的抗压强度分为 MU10 和 MU15 两个强度等级；按外观质量、尺寸偏差和干缩性能分为一等品（B）和合格品（C）两个质量等级。

(2) 应用 蒸养粉煤灰砌块属硅酸盐类制品，其干缩值比水泥混凝土大，弹性模量低于同强度的水泥混凝土制品。以炉渣为集料的粉煤灰砌块，其体积密度约为 1300～1550kg/m^3，热导率为 0.465～0.582W/（m·K）。粉煤灰砌块适用于一般工业与民用建筑的墙体和基础，但不宜用于长期受高温（如炼钢车间）和经常受潮湿的承重墙，也不宜用于有酸性介质侵蚀的建筑部位。

6. 粉煤灰混凝土小型空心砌块

粉煤灰混凝土小型空心砌块是以粉煤灰、水泥、集料和水为主要组分（也可加入外加剂等）制成的混凝土小型空心砌块，以下简称砌块。

(1) 产品分类

1）按砌块孔的排数分为：单排孔（1）、双排孔（2）和多排孔（D）三类。

2）按砌块密度等级分为：600、700、800、900、1000、1200和1400七个等级。

3）按砌块抗压强度分为：MU3.5、MU5、MU7.5、MU10、、MU15和MU20六个等级。

主规格尺寸为390mm×190mm×190mm，其他规格尺寸可由供需双方商定。

（2）产品标记

产品按下列顺序进行标记：代号（FHB）、分类、规格尺寸、密度等级、强度等级、标准编号。

示例：规格尺寸为390mm×190mm×190mm，密度等级为800级，强度等级为MU5的双排孔砌块的标记为：

FHB2　390×190×190　800　MU 5（JC/T 862—2008）

（3）技术要求

1）尺寸偏差和外观质量应符合表7-17的规定。

表7-17　粉煤灰混凝土小型空心砌块的尺寸允许偏差和外观质量

项　目		指　标
尺寸允许偏差/mm	长度	±2
	宽度	±2
	高度	±2
最小外壁厚，不小于/mm	用于承重墙体	30
	用于非承重墙体	20
肋厚，不小于/mm	用于承重墙体	25
	用于非承重墙体	15
缺棱掉角	个数，不多于/个	2
	三个方向投影的最小值，不大于/mm	20
裂缝延伸投影的累计尺寸，不大于/mm		20
弯曲，不大于/mm		2

2）强度等级应符合表7-18的规定。

表7-18　粉煤灰混凝土的强度等级

强度等级	砌块抗压强度	
	平均值，不小于	单块最小值，不小于
MU3.5	3.5	2.8
MU5	5.0	4.0
MU7.5	7.5	6.0
MU10	10.0	8.0
MU15	15.0	12.0
MU20	20.0	16.0

（4）应用　目前，粉煤灰混凝土小型空心砌块已在全国许多城市的一些建筑中得到应用，使用效果较好。据有关部门测算，与实心黏土砖相比，采用粉煤灰小型空心砌块作墙体

材料，可降低墙体自重约1/3，提高建筑物的抗震性，建筑物基础工程造价可降低约10%；施工工效提高3~4倍，砌筑砂浆的用量可节约60%以上；增加建筑使用面积，提高建筑物使用系数4%~6%；建筑总造价可降低3%~10%，建筑物保温效果提高30%~50%，可节约建筑能耗。另外，它还具有隔声、抗渗、节能、方便装修、利废、环保等优点，经济效益、环境效益和社会效益均十分明显。

想一想

结合以前的知识阐述一下粉煤灰除了做砌块还能做什么？

7.2.2 墙体用板材

墙体用板材是一种新型墙体材料，它改变了墙体砌筑的传统工艺，通过黏结、组合等方法进行墙体施工，加快了建筑施工的速度。墙体用板材除轻质外，还具有保温、隔热、隔声、防水及自承重的性能。有的轻型墙体用板材还具有高强和绝热性能，从而为高层、大跨度建筑及建筑工业实现现代化提供了很好的墙体材料。

墙体用板材的种类很多，主要包括加气混凝土板、石膏板、石棉水泥板、玻璃纤维增强水泥板、铝合金板、稻草板、植物纤维板和铝塑复合墙板等类型。

想一想

墙板和砌块在施工速度上哪个比较快且省材料、省空间？建筑内的电线都在墙里，用墙板之后电线是不是好铺设了？

1. 石膏板

石膏板包括纸面石膏板、纤维石膏板及石膏空心条板三种。

(1) 纸面石膏板 纸面石膏板是以建筑石膏为主要原料，并掺入某些纤维和外加剂组成芯材，并将护面纸与芯材牢固地结合在一起所形成的建筑板材，主要包括普通纸面石膏板、防火纸面石膏板和防水纸面石膏板三个品种。

想一想

石膏板施工中怎么固定，一般固定在什么地方上？

根据形状不同，纸面石膏板的板边有矩形、45°倒角形、楔形、半圆形和圆形等五种。纸面石膏板具有轻质、高强、绝热、防火、防水、吸声、可加工、施工方便等特点。普通纸面石膏板适用于建筑物的围护墙、内隔墙和吊顶。在厨房、厕所以及空气相对湿

度经常大于70%的潮湿环境中使用时，必须采取防潮措施。

防水纸面石膏板纸面经过防水处理，而且石膏芯材也含有防水成分，因而适用于湿度较大的房间墙面。此外，防水纸面石膏板中的石膏外墙衬板和耐水石膏衬板还可用作卫生间、厨房、浴室等贴瓷砖、金属板、塑料面砖墙的衬板等。

想一想

石膏板在建筑中是不是容易受潮？怎么防止受潮？

（2）纤维石膏板　纤维石膏板是以石膏为主要原料，加入适量有机或无机纤维和外加剂，经打浆、铺浆脱水、成型、干燥而成的一种板材。

纤维石膏板主要用于工业与民用建筑的非承重内墙、天棚吊顶及内墙贴面等。

想一想

农村的秸秆可不可以做“纤维”？

2. 蒸压加气混凝土板

蒸压加气混凝土板主要包括蒸压加气混凝土条板和蒸压加气混凝土拼装墙板。

（1）蒸压加气混凝土条板　蒸压加气混凝土条板是以水泥、石灰和硅质材料为基本原料，以铝粉为发气剂，配以钢筋网片，经过配料、搅拌、成型和蒸压养护等工艺制成的轻质板材。

蒸压加气混凝土条板具有密度小，防火性和保温性能好，可钉、可锯、容易加工等特点，主要用于工业与民用建筑的外墙和内隔墙。

（2）蒸压加气混凝土拼装墙板　蒸压加气混凝土拼装墙板是以加气混凝土条板为主要材料，经锯切、黏结和钢筋连接制成的整间外墙板。这种墙板具有加气混凝土条板的性能，拼装、安装简便、施工速度快，其规格尺寸可按设计需要进行加工。

墙板拼装有两种形式，一种为组合拼装大板，即小板在拼装台上用方木和螺栓组合锚固成大板；另一种为胶合拼装大板，即板材用黏结力较强的黏结剂黏合，并在板间竖向安置钢筋。

蒸压加气混凝土拼装墙板主要应用于大模板体系建筑的外墙。

3. 纤维水泥板

纤维水泥板是以水泥砂浆或净浆作基材，以非连续的短纤维或连续的长纤维作增强材料所组成的一种水泥基复合材料。纤维水泥板包括玻璃纤维增强水泥板和纤维增强水泥轻质多孔墙板等。

（1）玻璃纤维增强水泥板　玻璃纤维增强水泥板又称玻璃纤维增强水泥条板，是一种新型墙体材料，近年来广泛应用于工业与民用建筑中，尤其适合作为高层建筑物的内隔墙。这种水泥板是用抗碱玻璃纤维作增强材料，以水泥砂浆为胶凝材料，经成型、养护而成的一种复合材料。具有强度高、韧性好、抗裂性优良等特点，主要用于非承重和半承重构件，可用来制造外墙板、复合外墙板、天花板、永久性模板等。

（2）玻璃纤维增强水泥（GRC）轻质多孔墙板　GRC 轻质多孔墙板是我国近年来发展起来的轻质高强的新型建筑材料。GRC 轻质多孔墙板的特点是重量轻、强度高，防潮、保温、不燃、隔声、厚度薄，可锯、可钻、可钉、可刨、加工性能良好，原材料来源广，成本低，节省资源。GRC 板价格适中，施工简便，安装施工速度快，比砌砖快了 3 ~ 5 倍，安装过程中避免了湿作业，从而改善了施工环境。它的重量约为烧结普通砖的 1/6 ~ 1/8，在高层建筑中应用能够大大减轻自重，缩小基础及主体结构规模，降低总造价。它的厚度为60 ~ 120mm，条板宽度 600 ~ 900mm，房间使用面积可扩大 6% ~ 8%（按每间房 16m^2 计）。

GRC 轻质墙板分为多孔结构及蜂巢结构，适用于工业与民用建筑非承重结构内墙隔断（在建筑物非承重部位代替黏土砖），主要用于民用建筑及框架结构的非承重内隔墙，如高层框架结构建筑、公共建筑及居住建筑的非承重隔墙等。

4. 石棉水泥板

石棉水泥板是用石棉作增强材料，水泥净浆作基材制成的板材。其类型按形状分为平板和半波板两种，按物理性能等级分为一类板、二类板和三类板，按尺寸偏差可分为优等品和合格品两种。

石棉水泥板具有较高的抗拉、抗折强度及防水、耐蚀性能，且锯、钻、钉等加工性能好，干燥状态下还有较高的电绝缘性。主要可作复合外墙板的外层、隔墙板、吸声吊顶板、通风板和电绝缘板等。

5. 泰柏板

泰柏板即钢丝网架聚苯乙烯水泥夹心板，简称 GJ 板，是由三维空间焊接钢丝网架和泡沫塑料（聚苯乙烯）芯组成主体部分，而后喷涂或抹水泥砂浆制成的一种轻质复合墙板。泰柏板强度高（有足够的轴向和横向强度）、重量轻（以 100mm 厚的板材与半砖墙和一砖墙相比，可减少重量 54% ~76%，从而降低了基础和框架的造价）、不碎裂（抗震性能好以及防水性能好），具有隔热（保温隔热性能佳，优于两砖半墙的保温隔热性能）、隔声、防火、防震、防潮、抗冻等优良性能。适用于民用、商业和工业建筑中的墙体、地板及屋面等。

泰柏板可任意裁剪、拼装与连接，两侧铺抹水泥砂浆后，可形成完整的墙板。其表面可作各种装饰面层，可用作各种建筑的内外填充墙，也可用于房屋加层改造各种异形建筑物，并且可作屋面板使用（跨度 3m 以内），免做隔热层。采用该墙板可降低工程造价 13% 以上，增加房屋的使用面积（高层公寓 14%，宾馆 11%，其他建筑根据设计相应减少）。目前，该产品已大量应用在高层框架加层建筑、农村住宅的围护外墙和轻质隔墙、外墙外保温层。

6. 铝塑复合墙板

铝塑复合墙板简称铝塑板，是由经过表面处理并涂装烤漆的铝板作为表层，聚乙烯塑料板作为芯层，经过一系列工艺过程加工复合而成的新型材料。铝塑板是由性质不同的两种材料（金属与非金属）组成，它既保留了原组成材料（金属铝、非金属聚乙烯塑料）的主要特性，又克服了原组成材料的不足，进而获得了众多优异的材料性能，如豪华美观、艳丽多彩的装饰性，耐腐蚀、耐冲击、防火、防潮、隔热、隔声、抗震性，质轻，易加工成形，易搬运安装，可快速施工等特性。这些性能为铝塑板开辟了广阔的应用前景。

7. 混凝土大型墙板

混凝土大型墙板是用混凝土预制的重型墙板，主要用于多、高层现浇或预制的民用房屋建筑的外墙和单层工业厂房的外墙。

混凝土大型墙板的分类有以下两种：

1）按其材料品种可分为普通混凝土空心墙板、轻集料混凝土墙板和硅酸盐混凝土墙板。

2）按其表面装饰情况可分为不带饰面的一般混凝土外墙板和带饰面的混凝土幕墙板。

8. 植物纤维水泥板

植物纤维水泥板是指以木纤维或以农作物秸杆为主的植物纤维为增强材料而制成的一类纤维水泥板。主要品种包括木纤维增强水泥空心墙板（PRC 板）、水泥刨花板、水泥木屑板、水泥丝板以及植物纤维水泥板。

想一想

在实际工程中你见过哪几种墙板？一般是怎么施工的？

7.2.3 墙体保温材料

墙体保温材料是用于减少建筑物与环境热交换的一种功能材料，简单来说就是冬天减少室内的热量通过墙传到室外，夏天减少室外的热量传入室内。因此，在墙体和屋面等围护结构要采用保温材料。砖墙或混凝土外墙的保温节能体系有内保温、夹心保温和外保温三大类。其中以外保温体系和内保温体系应用最为广泛，且外保温体系更为科学合理。

1. 墙体保温材料的技术性能

（1）保温隔热的效果　保温效果是外墙保温的关键所在，为此应按所使用的保温材料的实际热工性能，确定使用的厚度，以满足相应标准中对当地建筑的节能要求。材料的保温效果取决于材料热导率的大小，热导率越小保温隔热性能就越好。材料的热导率的大小取决于自身的成分、表观密度、内部结构以及传热时候的平均温度和材料的含水量。

为了使住宅居室内始终有一个温暖舒适的环境，同时又要尽量地节省建筑能耗，就要求起围护作用的墙体应具备有良好的保温隔热能力，这个能力的大小通常可以用以下一些指标来衡量：

1）导热系数。某种材料导热能力的大小可用导热系数 λ 来表示。导热系数是指厚度为 1m 的材料，当其两侧温度差为 1℃时，单位时间内在单位面积上所传递的热量。

想一想

木材的导热能力强还是金属导热能力强，对保温材料的导热能力应该强还是弱？

2）热阻。热阻是材料在一定的表面温差下，单位时间内通过单位面积热量的大小。

3）比热容。比热容表示1kg的物质，当温度升高或降低1℃时所吸收或放出的热量，单位为kJ/（kg·℃）。比热容是衡量材料温度升高时，吸收热量多少的一项指标。

>>> 相关链接 【案例7-3分析】

墙体保温是建筑节能很重要的一部分，保温效果的好坏主要取决于保温材料的热导率，热导率越小，传热能力越差保温效果越好。

（2）牢固性 要保证保温层与主体墙的结合牢固，用黏结剂和机械铆固件固定保温板时，必须能够抵抗所处高度和方位的最大风力。采用耐水融结剂和耐腐蚀机械铆固件，应保证保温层在潮湿状态下的稳定性。

（3）防火性 用聚苯板等外墙保温材料时，必须采用自熄型阻燃聚苯板，并在任何部位不得裸露，建筑物超过一定高度时，需作专门的防火构造处理，并设置防火隔离带。

（4）水密性 接缝处、门窗洞口周围应严密包覆，表面的裂纹要严格控制，防止雨水渗入带来危害。

（5）水蒸气渗透性 水蒸气的渗透可导致墙体内部或保温层内结露，当外保温体系位于长期高湿度房间的外墙时，应做好墙体的结构设计，以防墙内结露。

2. 外墙外保温体系的技术要求

外保温墙面处于大气环境中，受到温度、湿度、太阳辐射、风雨等多种气候因素循环作用的影响，极易开裂。为减少或防止墙面开裂，从选材上看，要选用耐碱性能好的玻璃纤维网格布以提高其耐久性，网眼的尺寸对其与水泥砂浆的结合能力也有影响，选择适当的砂浆配合比可减少其干燥收缩值，施工时不要过分抹压表面砂浆，以防砂浆配合比发生改变，选择经过时效处理的、在一定密度范围内的聚苯板可减少开裂。在构造上，护面层的厚度要适当，这样可使玻纤网格布充分发挥其抵抗表面开裂的作用，其主要构造如图7-6所示。

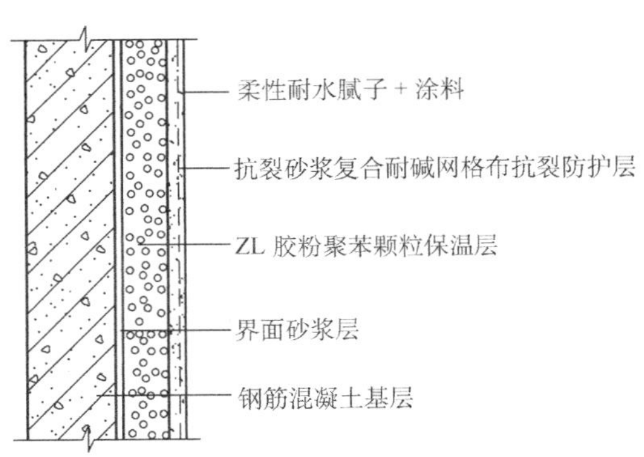

图7-6 外墙保温的主要构造

只有从材料、结构和施工等各方面均采取合理的措施，才能最大限度地避免墙面开裂。

（1）外保温体系要具备的性能

1）温差伸缩性。外墙外表面温度发生剧烈变化时，其不可逆的永久变形将对墙体造成危害，应根据建筑物的具体情况设置伸缩缝。

2）与主体结构的变形协调性。当主体结构产生变形时，外保温体系不应与之对抗，以防引起裂缝或脱开。

3）耐久性。耐久性应该通过外保温体系的组成材料、合理的安装和良好的施工质量来予以保证。

4）耐撞击性。外保温体系应能承受正常搬运时发生的碰撞，并在偶尔发生碰撞时，不致损害。

（2）外墙外保温体系优点

1）可减少墙体内表面的结露，保护了墙体，延长了墙体的使用寿命。

2）不降低建筑物的室内有效使用面积。

3）有利于旧房的节能改造，对室内居民干扰较小。

（3）外墙外保温体系缺点

1）在室外安装保温板比在室内安装难度要大。

2）外饰面要有常年承受风吹、日晒、雨淋和反复冻融的能力，同时板缝要求注意防裂、防水。

3）造价较高。

3. 常用的外保温材料

（1）胶粉聚苯颗粒保温材料　胶粉聚苯颗粒保温材料是在参考和吸收欧美等发达国家浆体保温材料及其应用技术的基础上，并在多年建筑墙体保温工程应用过程中开发研制的。它是一种能够系统有效地解决保温、隔热、抗裂、耐火、憎水、耐候、透气等问题的新型墙体保温材料技术。

胶粉聚苯颗粒外墙外保温体系由界面层、保温隔热层、抗裂防护层和饰面层组成。施工中要特别注意墙角、窗洞口、挑檐阳台、女儿墙等细部的处理。

（2）矿棉及其制品　矿棉包括矿渣棉和岩石棉，矿渣棉所用的原料有高炉矿渣棉、铜矿渣等，并加一些调节原料（钙质和硅质原料）；岩棉的主要原料为天然岩石（白云石、花岗石、玄武岩等）。上述材料经熔融后用喷吹法和离心法制成纤维，具有轻质、不燃、绝热和电绝缘的特点，可以制成矿棉板等保温材料。

（3）膨胀珍珠岩制品　膨胀珍珠岩是以膨胀珍珠岩为集料，配以适量的胶凝材料，经拌和、成型、养护（或者干燥、焙烧）而制成的砖、板等产品。

（4）纤维增强聚苯乙烯外保温板　纤维增强聚苯乙烯外保温板是由基层墙体、绝热层、纤维增强层以及饰面层在现场装配组成的一类复合墙体。

（5）挤塑板　挤塑板全名是绝热用挤塑聚苯乙烯泡沫塑料。聚苯乙烯泡沫塑料分为膨胀性 EPS 和连续性挤出型 XPS 两种。与 EPS 板材相比，XPS 板材是第三代硬质发泡保温材料，从工艺上它克服 EPS 板材繁杂的生产工艺，具有 EPS 板材无法替代的优越性能。它是由聚苯乙烯树脂及其他添加剂经挤压过程制造出的拥有连续均匀表层和闭孔式蜂窝结构的板材。这些蜂窝结构的厚板，完全不会出现空隙，这种闭孔式结构的保温材料可具有不同的压力（150～500kPa），同时拥有同等低值的导热系数（仅为 0.028W/（m·K））和经久不衰的优良保温和抗压性能，抗压强度可达 220～500kPa。XPS 挤塑板（挤塑聚苯乙烯）是我国近年普遍推广应用的新型建筑材料，这种利用废旧塑料变废为宝的新型环保材料，因其卓越的高强度、良好的抗压性、优良的保温隔热性，质地轻、使用方便，优质的憎水、防潮性和环保性能，稳定性、防腐性好，成为建筑行业普遍推广的新型建材，广泛用于墙体和楼面保温。

(6) 聚氨酯保温板　硬质聚氨酯导热系数低，热工性能好。当硬质聚氨酯密度为35～40kg/m^3 时，导热系数仅为0.018～0.024W/（m·K），约相当于EPS的一半，是目前所有保温材料中导热系数最低的。硬质聚氨酯防火、阻燃、耐高温。聚氨酯在添加阻燃剂后，是一种难燃的自熄性材料，它的软化点可达到250℃以上，仅在较高温度时才会出现分解；另外，聚氨酯在燃烧时会在其泡沫表面形成积炭，这层积炭有助隔离下面的泡沫，能有效地防止火焰蔓延。而且，聚氨酯在高温下也不产生有害气体。虽然硬质聚氨酯泡沫材的单价比其他传统保温材料的单价高，但增加的费用将会由供暖和制冷费用的大幅度减少而抵消。硬质聚氨酯保温大板材在彩钢夹芯板、中央空调、建筑墙体材料等有广泛的应用。

思考与练习7.2

7.2-1　砌块按用途分为（　　）和（　　），按有无孔洞可分为（　　）和(　　)。

7.2-2　建筑工程中常用的砌块有（　　）、(　　)、(　　)、(　　)、(　　）等。

7.2-3　墙体板材按照使用材料不同可分为（　　）类、（　　）类、（　　）类和(　　)墙板等。

7.2-4　常用的外墙保温材料有（　　）、(　　)、(　　)。

7.2-5　砌块的应用从哪几方面体现了绿色、环保？

7.2-6　墙板主要应用在高层建筑，在多层建筑中广泛应用的相对较少，试说明原因。

7.2-7　外墙保温材料能够得以广泛应用，原因是什么（从材料自身的特点上来回答)？

7.2-8　石膏墙板主要有哪几种？简述石膏墙板的主要特性。

7.2-9　纤维复合板可分为哪几类？主要品种有哪些？

本章回顾

- 墙体材料主要包括砖、砌块、墙板三大类。主要的性能指标有：强度等级、尺寸偏差、外观质量、泛霜、保温隔热、石灰爆裂、耐久性等。
- 砌块发展比较快的原因：原材料绿色、环保、多孔、轻质、施工速度快、保温隔热好。
- 砌块的主要技术性能：强度等级、主要尺寸、外观质量等。
- 墙板的主要种类有：石膏板、混凝土板、水泥纤维板、复合板等。
- 墙体保温材料的保温原理。
- 墙体保温材料的主要种类和外墙保温体系的性能要求。

知识应用

调查实际工程中墙体材料的应用状况，特别要关注新的墙体材料，并预测将来墙体材料的发展方向。

【延伸阅读】

新型建筑墙体材料的发展前景

目前，大家都在呼吁节约能源，建立节约型社会。建筑节能必须以发展新型墙体材料为前提，墙体材料革新必须与建筑节能结合起来才能得以实施。国内外建筑能耗对比见表7-19。

表7-19　国内外建筑能耗对比

项目名称	发达国家	国　内
外墙能耗	1	4~5倍
屋顶能耗	1	2.5~5.5倍
外窗能耗	1	1.5~2.2倍
门窗空气渗透量	1	3~6倍

由于结构和抗震要求，高层住宅不可能采用砖混结构，一般都用钢筋混凝土剪力墙或框架结构。因此新型墙材产品应具有符合建筑功能要求的技术性能，如轻质、高强、保温、隔热等，也要具有较好的社会效益和经济效益，如造价适中、节能、节土、利废以及有利于保护环境等。2005年2月，上海绿色建筑示范楼荣获“全国绿色建筑创新一等奖”。在上海地区，它的综合能耗仅为普通住宅的1/4。

上海绿色建筑示范楼的建设广泛使用了可再生、可回收、可重复使用的材料，以及无毒、无公害、无污染的建材和装饰装修材料。其中墙体纷纷采用了由工业废料和建筑垃圾制成的再生混凝土空心砌块，大大减少了水泥用量。

上海绿色建筑示范楼外墙明显比一般建筑厚，针对该楼东南西北不同朝向，分别采取了填充泡沫板、注入发泡剂等四种不同的外墙外保温体系；平、坡屋面结构，则又分别采用了两种平屋面保温体系和一种坡屋面保温体系；南向外窗以及较大的天窗，还采用了多种外遮阳措施，力争冬天暖气不外逸，夏天酷热不内渗。普通外窗采用铝合金断热型材，配合中空LOW—E玻璃。有些部位采用三玻璃双中空LOW—E玻璃窗，表层为具有自清洁功能夹层安全玻璃。通过建筑外围护结构设计，采用高效保温材料复合墙体和屋面，以及密封性良好的多层窗，因此显著减少了建筑运行能耗。

第8章 沥青材料

本章导入

沥青材料是一种有机结合料，使用方法很多，可以融化后热用，也可以加溶剂稀释或乳化后冷却作为涂层，或制成沥青胶用来粘贴防水卷材，以及制成沥青防水制品及配制沥青混凝土等。

8.1 常用沥青材料概述

导入案例

【案例 8-1】 现代公路交通，特别是高速公路对沥青路面的要求越来越高。现代交通的特点是交通量大、载重量大、行车速度高，所以要求路面承载能力大、耐久性好，并具有良好的表面状况。我国的石油大多属于石蜡基，用其提炼加工出来的沥青一般性能较差、标号较低，难以满足上述要求。因此，对沥青进行深加工，或者在沥青里掺入其他化学物质使沥青的性能得到提高和改善成为我们急需解决的重点问题。

道路建筑沥青按产源可分为地沥青和焦油沥青两大类：

（1）地沥青　来源于石油系统，天然存在或由石油精制加工而得到。按其产源又可分为天然沥青和石油沥青。

（2）焦油沥青　焦油沥青是各种有机物（煤、木材、页岩等）干馏加工得到焦油后，经再加工而得到的产品。焦油沥青按其加工的有机物名称命名，如由煤干馏得到煤焦油，经再加工后所得的沥青，即称为煤沥青。

在道路建筑中最常用的主要是石油沥青和煤沥青两类，其次是天然沥青。我国石油资源丰富，分布广泛，随着石油工业的发展，石油沥青产量日益增多，成为工程中广泛使用的一种沥青材料。

8.1.1 石油沥青

石油沥青是以原油为原料，经过炼油厂常压蒸馏、减压蒸馏提取汽油、煤油、柴油、重

柴油、润滑油等产品后得到的渣油，通常这些渣油属于低标号的慢凝液体沥青。石油沥青是石油经精制加工而得到的产品，最常得到的有：直馏沥青、氧化沥青、溶剂沥青、裂化沥青、调和沥青等，还可经过加工而得到乳化沥青等。

8.1.2 煤沥青

煤沥青也称煤焦油沥青或柏油。根据煤干馏的温度不同而分为低温煤沥青、中温煤沥青、高温煤沥青三大类。路用煤沥青主要是由炼焦或制造煤气得到的高温（700℃以上）焦油加工而得。以高温焦油为原料时获得的煤沥青数量较多且质量较佳。而低温焦油则相反，获得的煤沥青数量较少，且往往质量也不稳定。建筑中主要使用半固体的低温煤沥青。

煤沥青和石油沥青的胶体结构相类似，都是复杂的胶体分散系，但在技术性质上有一些差异。如煤沥青密度较大，塑性较差，温度敏感性较大，在低温下易变脆硬、老化快，与矿质材料表面结合紧密，黏附性较好，防腐能力强，有毒并有臭味。道路用煤沥青适用于下列情况：

1）各种等级公路的各种基层上的透层。

2）三级及三级以下公路的表面处治或贯入式沥青路面。

3）与道路石油沥青、乳化沥青混合使用，以改善渗透性。

道路用煤沥青严禁用于热拌热铺沥青混合料，作其他用途时的贮存温度宜为70～90℃，且不得长时间贮存。

煤沥青的技术指标主要有黏度、蒸馏试验、含水量、甲苯不溶物含量、萘含量、酚含量等。但由于煤沥青在技术性能上存在较多的缺点，而且其成分不稳定，并有毒性，对人体和环境不利，近来已很少用于建筑、道路和防水工程之中。

8.1.3 改性沥青

1. 改性沥青的定义及改性剂的种类

改性沥青是指掺加橡胶、树脂、高分子聚合物（简称高聚物）、天然沥青、磨细的橡胶粉，或者其他材料等外掺剂（改性剂）制成的沥青结合料，从而使沥青或沥青混合料的性能得以改善。

常用的改性剂主要为高聚物，如树脂类高聚物、橡胶类高聚物、热塑性弹性体类高聚物等，各类常用高聚物名称及代号见表8-1。

表8-1 改性沥青常用高聚物名称及代号

树脂类高聚物	橡胶类高聚物	树脂—橡胶共聚物（热塑性弹性体）
聚乙烯（PE） 聚丙烯（PP） 聚乙烯—乙酸乙烯酯共聚物（EVA）	丁苯橡胶（SBR） 氯丁橡胶（CR） 丁腈橡胶（NBR） 苯乙烯—异戊二烯橡胶（SIR） 乙丙橡胶（EPDR）	苯乙烯—丁二烯嵌段共聚物（SBS） 苯乙烯—异戊二烯嵌段共聚物（SIS）

2. 改性沥青的性能

（1）树脂类改性沥青 树脂类高聚物可分为热塑性树脂和热固性树脂两类，用作沥青改性的树脂主要是热塑性树脂。经树脂改性后沥青的特点是：针入度下降，软化点上升，而延度减少。因此，采用树脂类改性沥青可以大大改善路面的高温稳定性，提高抗车辙能力，减薄路面厚度，降低路面造价。但是由于树脂类改性剂可使沥青的低温脆性增大，掺加时易分解以及与沥青的相溶性差等，因而限制了其使用性。树脂（常用聚乙烯、聚丙烯、无规聚丙烯）的价格比较便宜，而且可以直接掺加，因此主要应用于对沥青低温性能要求不高的温带地区。

热固性树脂，例如环氧树脂（EP）也曾被用于改性沥青，这种改性沥青配制的混合料具有优良的高温稳定性。但是由于造价较高以及重复使用困难等缺点，所以较少采用。

（2）橡胶类改性沥青　橡胶类改性沥青的特点是：低温变形能力提高，韧度增大，高温（施工温度）黏度增大，沥青针入度降低，软化点升高。橡胶类改性沥青的性能，主要取决于沥青的性能、橡胶的品种和掺量以及制备工艺。

（3）热塑性弹性体改性沥青　由于热塑性弹性体兼有树脂和橡胶的特性，所以它对沥青性能的改善优于树脂和橡胶改性沥青。

现以SBS为例，说明其改善沥青性能的优越性。

以胜利90号沥青为基料，根据相容性理论，应用助剂的作用在其中掺入5%的SBS。SBS改性沥青的技术性能见表8-2。

表8-2　SBS改性沥青的技术性能

沥青名称	高温指标		低温指标		耐久性指标
	绝对黏度60℃/(Pa·s)	软化点/℃	低温延度/cm	脆点/℃	薄膜加热试验前后黏度比
原始沥青（针入度86　0.1mm）	115	48	3.8	-10.0	2.18
改性沥青（针入度90　0.1mm）	224	51	36.0	-23.0	1.08

改性沥青由原始沥青与5%SBS及助剂组成。从表8-2中的试验结果可知，改性沥青较原始沥青在路用性能上，主要有下列改善：

① 提高了低温变形能力。原始沥青在5℃时的延度仅为3.8cm，脆点为-10.0℃，当掺加5%的SBS高聚物及助剂后，5℃时的延度可增加至36.0cm，脆点降低至-23℃。故改性沥青具有较好的低温变形能力。

② 提高了高温使用的黏度。掺加SBS高聚物后的改性沥青，60℃的黏度可由115Pa·s提高为224Pa·s；软化点亦可相应提高至51℃。

③ 提高了温度感应性。原始沥青与改性沥青的黏度—温度曲线如图8-1所示。从图中可明显看出，改性沥青在低温时的黏度较原始沥青降低（具有较好的变形能力），而高温（60℃）时的黏度得到了提高（具有较好的抗变形能力）。在更高温度（90℃以上）上，黏度与原始沥青相近（具有较好的施工流动性）。

④ 提高了耐久性。采用薄膜烘箱试验（TFOT）的方法，以老化后沥青60℃时的黏度和老化前沥青60℃时的黏度之比值为指标，从表8-2中可以看出，掺加SBS聚合物后沥青的前后比值变化小，表明沥青的耐久性得到了提高，这主要取决于聚合物中助剂（防老剂）的作用。

⑤ 提高了力学性能。改性沥青较原始沥青的弹性有明显的增强。

现场制造的改性沥青宜随配随用，需作短时间贮存，或运送到附近的工地时，使用前必

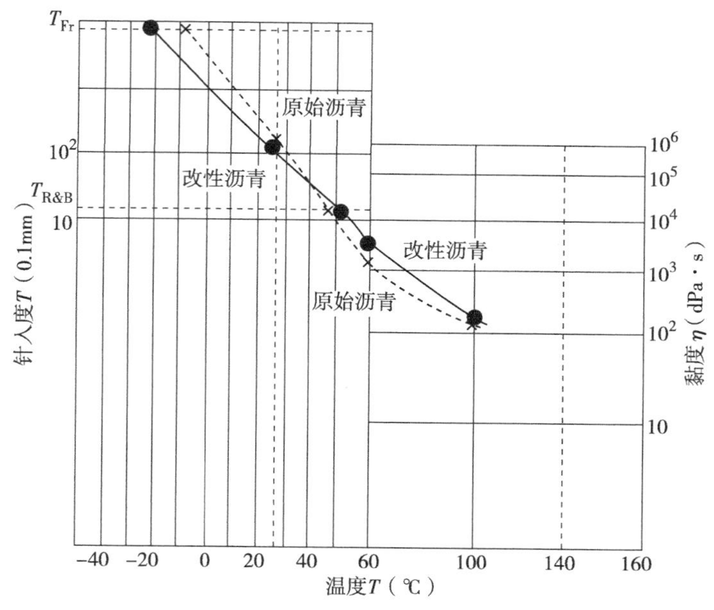

图 8-1　原始沥青与原始沥青黏度—温度曲线

须搅拌均匀，在不发生离析的状态下使用。改性沥青制作设备必须设有随机采集样品的取样口，采集的试样宜立即在现场灌模。工厂制作的成品改性沥青到达施工现场后贮存在改性沥青罐中，改性沥青罐中必须加设搅拌设备并进行搅拌，使用前改性沥青必须搅拌均匀。在施工过程中应定期取样检验产品质量，发现离析等质量不符要求的改性沥青不得使用。

>>> 相关链接

20世纪50年代中期，随着市政建设的发展，许多金属管道需要埋在地下，随着时间的推移，使用不长时间的金属表面就出现不同程度的破损。为解决这个问题，美国匹兹堡化学工业公司发明了双组分的环氧液体涂料，把这种液体涂在金属表面能够较长时间的防止金属腐蚀，此后人们发现经此防腐工艺处理的钢管埋地几十年后仍然毫无锈迹。其后，我国原石油部管道科学研究院也顺利研发了这种液体，并在我国城市建设中大量应用，这种能起到防腐作用的液体就是煤沥青。

思考与练习 8.1

8.1-1　道路建筑沥青按产源可分为哪两类？

8.1-2　什么是煤沥青？煤沥青分为哪几类？

8.1-3　煤沥青的应用情况如何？

8.1-4　什么是改性沥青？改性沥青与石油沥青相比有什么特点？

8.1-5　常用的改性剂主要有哪些？

8.1-6 如何区别煤沥青和石油沥青?

8.2 石油沥青

导入案例

【案例8-2】某沥青混凝土路面刚通车不久就出现质量问题，经检测其组成集料技术性质均合格，本节，我们将了解一些路用沥青的技术性质。

8.2.1 石油沥青的组成及胶体结构

1. 石油沥青的组成

(1) 元素组成 石油沥青是由多种碳氢化合物及其非金属（氧、硫、氮）的衍生物所组成的混合物，它的通式为 $C_nH_{2n+a}O_bS_cN_d$，所以它的元素组成主要是碳（80%～87%）、氢（10%～15%），其次是非烃元素，如氧、硫、氮等（<3%）。此外还含有一些微量的金属元素，如镍、钒、铁、锰等，含量约为百万分之几至十万分之几。

(2) 化学组分 利用沥青在不同有机溶剂中的选择性溶解或在不同吸附剂上的选择性吸附，而将沥青分离为化学性质相近、其路用性能有一定联系的几个组，这些组就称为沥青的化学组分。

我国现行《公路工程沥青及沥青混合料试验规程》(JT E20—2011) 中规定有三组分和四组分两种分析法。

1) 三组分分析法。将石油沥青分离为油分、树脂和沥青质三个组分，也称为溶解—吸附法。该法是将沥青试样先用正庚烷沉淀沥青质，再将溶于正庚烷中的可溶分（即软沥青质）用硅胶吸附，装于抽提仪中抽提油蜡，再用苯—乙醇抽出树脂。最后将抽出的油蜡用丁酮—苯为脱蜡溶剂，在 -20℃下，冷冻过滤分离油、蜡。

2) 四组分分析法。将石油沥青分离为饱和分、芳香分、胶质和沥青质，这一分析法也称为色层分析法。该法是将沥青试样先用正庚烷（C_7）沉淀沥青质（At）；再将溶于正庚烷中的可溶分（即软沥青质）吸附于氧化铝谱柱上，先用正庚烷冲洗，所得的组分称为饱和分（S）；然后用甲苯冲洗，所得的组分称为芳香分（Ar）；最后用甲苯—乙醇混合液、甲苯、乙醇冲洗，所得的组分称为胶质（R）。对于含蜡沥青，可将分离得到的饱和分、芳香分，以丁酮—苯为脱蜡溶剂，在 -20℃下冷冻分离固态烷烃，确定含蜡量。

2. 石油沥青的胶体结构

(1) 胶体结构的形成 现代胶体学说认为，沥青中的沥青质为分散相，饱和分和芳香分为分散介质，但沥青质不能直接分散在饱和分和芳香分中。而胶质是一种“胶溶剂”，沥青质吸附了胶质形成胶团而后分散于芳香分中，饱和分可溶于芳香分中，但它是一种“胶凝剂”会阻碍沥青质和胶质在芳香分中的分散。所以沥青的胶体结构是以沥青质为胶核，胶质被吸附于其表面，并逐渐向外扩散形成胶团，胶团再分散于芳香分和饱和分中。

（2）胶体结构类型　根据沥青中各组分的化学组成和含量不同，可以形成三种胶体结构，示意如图 8-2 所示。

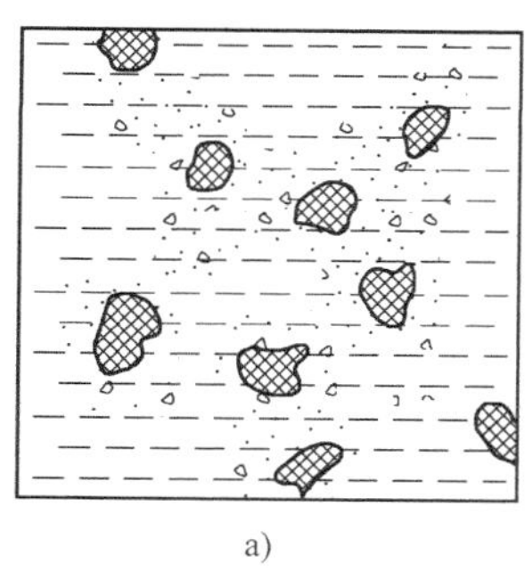
a)

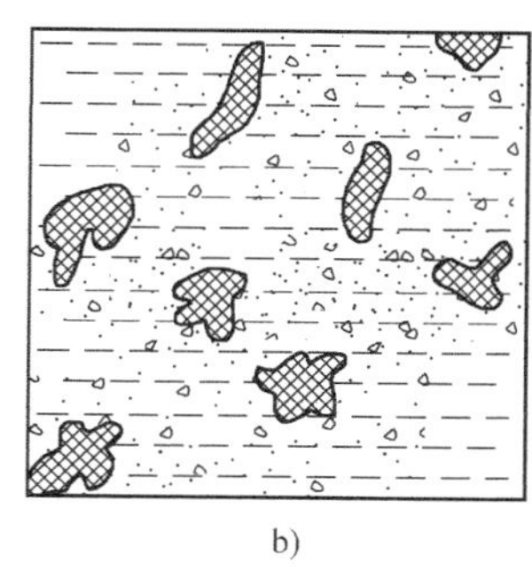
b)

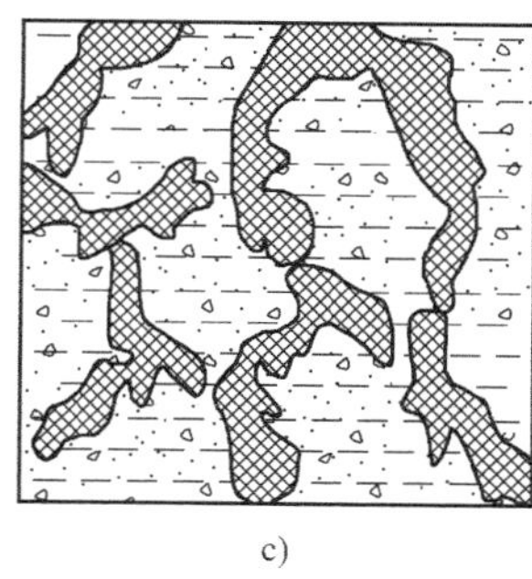
c)

图 8-2　沥青胶体结构示意图
a）溶胶结构　b）溶-凝胶结构　c）凝胶结构

8.2.2　石油沥青的技术性质与技术标准

1. 石油沥青的技术性质

（1）黏滞性　作为路面结合料的沥青材料，首要的技术性质是黏滞性。黏滞性（简称黏性）是指沥青在外力的作用下，沥青粒子产生相互位移时抵抗变形的能力，通常用黏度（η）来表示。

沥青黏度的测定方法可分为绝对黏度法和相对黏度法（或称条件黏度法）两类。由于绝对黏度测定较为复杂，因此在实际应用上多测定沥青的条件黏度。最常采用的条件黏度有以下几种：

1）针入度。沥青的针入度是在规定温度和时间内，测量出附加一定质量的标准针垂直贯入沥青试样的深度，单位以 0.1mm 表示。试验时采用针入度仪来测定，如图 8-3 所示。

试验条件以 P（T，m，t）表示，其中 P 为针入度，T 为试验温度，m 为标准针、针连杆及砝码的质量，t 为贯入时间。最常用的试验条件为 P（25℃，100g，5s）。例如某沥青在温度 25℃、荷载 100g、时间 5s 的条件下测得针入度为 90（0.1mm），可表示为

$$P(25℃,100g,5s) = 90(0.1mm)$$

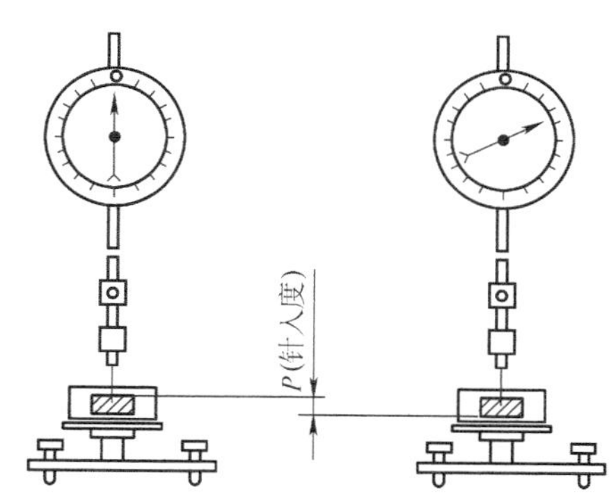

图 8-3　沥青的针入度测定

2）黏度。沥青的黏度是液体状态沥青试样在标准黏度计中，于规定的温度条件下，通过规定的流孔直径流出 50mL 所需的时间，以 s 表示。采用道路沥青标准黏度计来测定（图 8-4）。试验条件以 $C_{T,d}$表示，其中 C 为黏度，T 为试验温度，d 为流孔直径。常用的试验温度为 25℃、30℃、50℃和 60℃，常用的流孔有 3mm、4mm、5mm 和 10mm 四种，试验温度和流孔直径根据液体沥青的黏度选择。例如某沥青在 60℃时，通过 5mm 流孔流出 50mL 沥青所需的时间为 100s，可表示为 $C_{60,5}=100s$。

（2）塑性　塑性是指沥青在外力的作用下发生变形而不破坏的能力，沥青的塑性用延

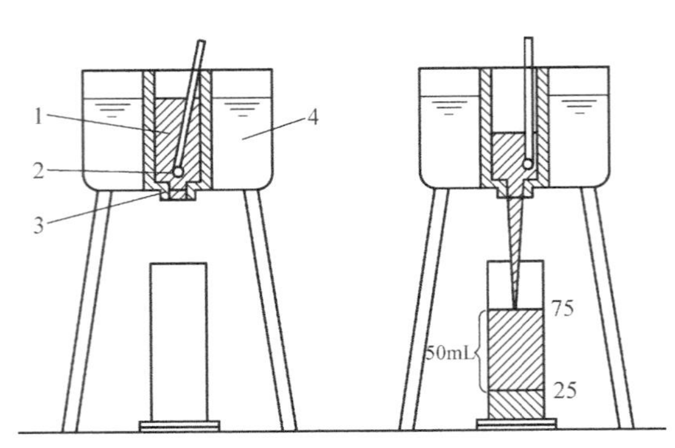

图 8-4 沥青的标准黏度测定
1—沥青试样 2—活动球杆 3—流孔 4—水

度指标表示。

沥青的延度是规定形状的沥青试样在规定温度下以一定速度受拉伸至断开时的长度，以 cm 表示。采用延度仪（图 8-5）来测定。试验条件以 $D_{T,v}$ 表示，其中 D 为延度，T 为试验温度，v 为拉伸速度。通常采用的试验温度为 25℃、15℃、10℃ 或 5℃，拉伸速度为（5 ± 0.25）cm/min，低温采用（1 ±0.05）cm/min。

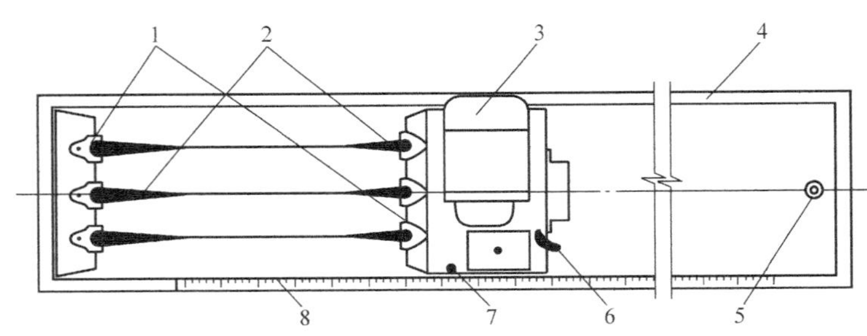

图 8-5 沥青的延度测定
1—试模 2—试样 3—电动机 4—水槽 5—泄水孔 6—开关柄 7—指针 8—标尺

（3）温度稳定性

1）软化点。软化点是评价沥青高温稳定性的重要指标。我国现行试验法（JTJ JTG E20 T 0606—2000）是采用环与球法（图 8-6）。测定时将沥青试样放在规定尺寸的金属环内，上置规定尺寸和质量的钢球，放于水或甘油中，以规定的速度加热，至钢球下沉达规定距离时记录的温度即为软化点，以℃表示。软化点越高，沥青的热稳定性越好。

以上所述的针入度、延度、软化点是评价黏稠石油沥青路用性能最常用的经验指标，统称“三大指标”。

2）脆点。弗拉斯脆点是涂于金属片的沥青试样薄膜在规定条件下，因被冷却和弯曲而出现裂纹时的温度，以℃表示。采用弗拉斯脆点仪测定。

脆点试验的方法（JTJ E20 T 0613—1993）是：将（0.4 ±0.01）g 的沥青试样，按规定的方法均匀地涂于薄钢片上，在室温下冷却至少 30min 后将其稍稍弯曲装入弯曲器内，并将弯曲器置于大试管中。再将装有弯曲器的大试管置于圆柱玻璃筒内，然后将干冰慢慢加到酒

精中，控制温度下降的速度为1℃/min。当温度到达预计的脆点以前10℃时，开始以60r/min的速度转动摇把，即每分钟使薄钢片弯曲一次。当薄钢片弯曲时，出现一个或多个裂纹时的温度即作为沥青的脆点。

（4）感温性　沥青的感温性通常是采用黏度随温度而变化的行为（黏—温关系）来表达。国际上有许多种评价沥青感温性的指标，针入度指数是最常用的一种。

针入度指数用以描述沥青的温度敏感性，宜在15℃、25℃、30℃ 3个或3个以上温度条件下测定针入度后按规定的方法计算得到，若30℃时的针入度值过大，可采用5℃代替。当量软化点 T_{800} 是相当于沥青针入度为800时的温度，可用以评价沥青的高温稳定性。当量脆点 $T_{1.2}$ 是相当于沥青针入度为1.2时的温度，用以评价沥青的低温抗裂性能。

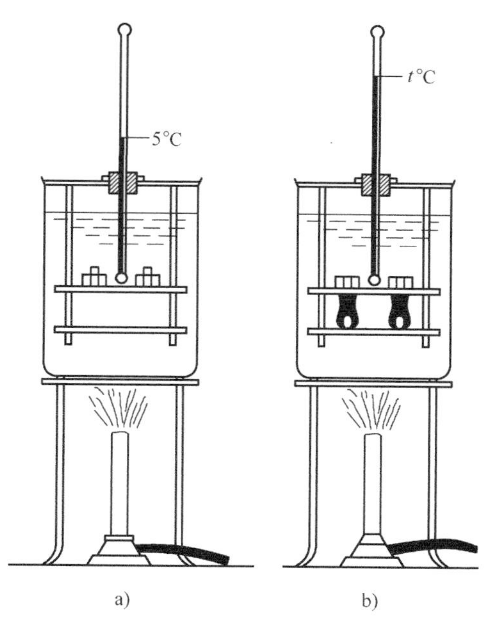

图8-6　沥青的软化点测定

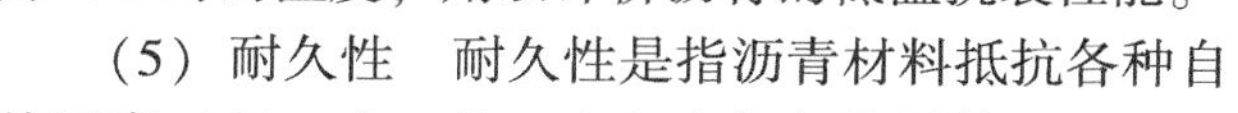

（5）耐久性　耐久性是指沥青材料抵抗各种自然因素（氧、光、热、水和大气氧化剂等）和交通荷载（机械应力）作用的性能。

1）影响因素。影响沥青耐久性的因素及各种因素的作用见表8-3。

表8-3　影响沥青耐久性的因素及作用

因　素	作　用
热	热能加速沥青分子的运动，除了引起沥青的蒸发外，并能促使沥青化学反应的加速，最终导致沥青变硬，劲度增加，技术性能降低。尤其是施工加热到160～180℃时，空气中的氧参与共同作用，使沥青的性质严重的劣化
氧	空气中的氧，在加热的条件下，能促使沥青组分对其吸收，并产生脱氢作用，使沥青的组分发生转移（如芳香分转变为胶质，胶质转变为沥青质），即氧可使沥青老化
光	日光（特别是紫外线）对沥青照射后，能产生光化学反应，促使氧化速度加快，使沥青中羟基、羧基、羰基等基团增加
水	水在与光、氧和热共同作用时，能起催化剂的作用，加速沥青的老化进程
大气氧化剂	如工业环境中的臭氧、过氧化物和游离原子团等，在日光照射下，对沥青耐久性有影响
机械应力	汽车交通对路面中的沥青所引起的应力，可促进沥青的硬化

2）评价方法。我国现行行业标准《公路工程沥青及沥青混合料试验规程》（JTG F40—2004）规定：对黏稠石油沥青，老化试验统一为薄膜加热试验（JTG E20 T0609—1993），也允许用旋转薄膜加热试验代替。对液体石油沥青，则应进行蒸馏试验（JTJ E20 T0632—1993）。

（6）安全性　沥青材料在使用时必须加热，当加热至一定温度时，沥青材料中挥发的油分蒸气与周围空气组成混合气体，此混合气体遇火焰则易发生闪火。若继续加热，油分蒸气的饱和度增加，此混合气体遇火焰极易燃烧，而引起溶油车间发生火灾或导致沥青烧坏产生损失。为此，必须测定沥青加热闪火和燃烧的温度，即所谓闪点和燃点，它们是保证沥青加热质量和施工安全的一项重要指标。

闪点是把沥青试样放在规定的盛样器内，按规定的升温速度受热时将所蒸发的气体，以规定的方法与试焰接触，初次发生一瞬即灭的火焰时的试样温度，以℃表示。燃点是试样按规定的升温速度继续加热时，当试样蒸气接触火焰能持续燃烧不少于5s时的温度，以℃表示。我国现行行业标准（JTG 052—2011）规定，对黏稠沥青安全性测定是采用克利夫兰开口杯法（简称COC法），对液体沥青是采用泰格开口杯法（简称TOC法）。

2. 石油沥青的技术标准

（1）黏稠石油沥青的技术标准　道路石油沥青按针入度划分为30号、50号、70号、90号、110号、130号和160号七个标号，根据当前的沥青使用和生产水平，按技术性能分为A、B、C三个等级。

（2）液体石油沥青的技术标准　道路用液体石油沥青的技术要求（JTG E20—2000），按液体沥青的凝固速度而分为：快凝AL（R）、中凝AL（M）和慢凝AL（S）三个等级，快凝液体石油沥青按黏度分为AL（R）—1和AL（R）—2两个标号，中凝和慢凝液体石油沥青按黏度分为AL（M）—1～AL（M）—6和AL（S）—1～AL（S）—6各六个标号。

8.2.3 石油沥青的分类及选用

石油沥青按照其用途主要划分为三大类：道路石油沥青、建筑石油沥青和防水防潮石油沥青。其牌号基本都是按针入度指标来划分的，每个牌号还要满足相应的延度、软化点以及溶解度、蒸发损失、蒸发后针入度比、闪点等的要求。

在同一品种石油沥青材料中，牌号越小，沥青越硬；牌号越大，沥青越软，同时随着牌号增加，沥青黏性减小（针入度增加），塑性增加（延度增大），而温度敏感性增大（软化点降低）。建筑石油沥青的技术要求和道路石油沥青的技术要求分别见表8-4、表8-5。

表8-4　建筑石油沥青的技术要求

项　　目	质量指标		
牌号	10号	30号	40号
针入度（25℃，100g，5s）/（1/10mm）	10～25	26～35	36～50
针入度（46℃，100g，5s）/（1/10mm）	报告①	报告①	报告①
针入度（0℃，200g，5s）/（1/10mm），≥	3	6	6
延度（25℃，5cm/min）/cm，≥	1.5	2.5	3.5
软化度（环球法）/℃，≥	95	75	60
溶解度（三氯乙烯）（%），≥	99.0		
蒸发后质量变化（163℃，5h）（%），≤	1		
蒸发后25℃针入度比②（%），≥	65		
闪点（开口杯法）/℃，≥	260		

① 报告应为实测值。

② 测定蒸发损失后样品的25℃针入度与原25℃针入度之比乘以100后，所得的百分比，称为蒸发后针入度比。

表 8-5　道路石油沥青的技术要求

项　目	质量指标				
牌号	200 号	180 号	140 号	100 号	60 号
针入度（25℃，100g，5s）/（1/10mm）	200～300	150～200	110～150	80～110	50～80
延度（25℃）/cm，≥	20	100	100	90	70
软化度/℃	30～48	35～48	38～51	42～55	45～58
溶解度（%）	99.0				
闪点（开口）/℃，≥	180	200	230		
密度（25℃）/（g/cm^3）	报告				
蜡含量（%），≤	4.5				
薄膜烘箱试验（163℃，5h）					
质量变化（%），≤	1.3	1.3	1.3	1.2	1.0
针入度比（%）	报告				
延度（25℃）/cm	报告				

注：如25℃延度达不到，15℃达到时，也认为是合格的，指标要求与25℃一致。

相关链接　**【案例 8-2 分析】**

从沥青的性能来讲，温度升高时沥青会变软、变稀，黏结力下降，温度下降时会变稠、变硬、变脆，丧失黏结力。这种性能对沥青的使用是很不利的，在夏季或气候炎热的地区，在重载的作用下沥青路面易形成车辙；在冬季或寒冷的地区，沥青路面易出现裂缝。

思考与练习 8.2

8.2-1　建筑石油沥青的黏性是用（　　）表示的。(单选题)

A. 针入度　　B. 黏滞度　　C. 软化点　　D. 延伸度

8.2-2　石油沥青的牌号由低到高，则沥青的（　　）由小到大。(单选题)

A. 黏性　　B. 塑性　　C. 温度稳定性　　D.（A＋B）

8.2-3　石油沥青牌号用什么表示？牌号与其主要性能间的一般规律如何？

8.2-4　我国现行的石油沥青化学组分分析方法可将石油沥青分离为哪几个组分？国产石油沥青在化学组分上有什么特点？

8.2-5　简述石油沥青的化学组分与其技术性质之间的关系。

8.2-6　石油沥青可划分为哪几种胶体结构？各种胶体结构的石油沥青有何特点？

8.2-7　石油沥青三大指标的含义是什么？它们分别表征石油沥青的什么性质？

8.3 防水卷材

【案例 8-3】 某厂房的库房屋顶漏水，要进行防水维修，通过对本节内容的学习，能否为其选择一种最适合的防水材料？这些材料在贮存、运输及施工时都应注意哪些问题？

8.3.1 防水卷材的品种

防水卷材是重要的建筑防水材料之一，在建筑防水工程的实践中起着重要的作用，广泛应用于建筑物地上、地下和其他特殊构筑物的防水。建筑防水卷材目前的规格品种已由20世纪50年代单一的沥青油毡发展到具有不同物理性能的几十种高、中档新型防水卷材。常用的防水卷材按照材料的组成不同一般可分为沥青防水卷材、高聚物改性防水卷材和合成高分子防水卷材三大系列，此外还有柔性聚合物水泥卷材、金属卷材等几大类。

8.3.2 防水卷材的性能

1. 沥青防水卷材

沥青防水卷材是传统的防水材料（俗称油毡），是在基胎（如原纸、纤维织物等）上浸涂沥青后，再在表面撒布粉状或片状的隔离材料而制成的可卷曲的片状防水材料。油毡按所选用的隔离材料分为粉状油毡和片状油毡两个品种，表示为粉毡和片毡。油毡分为200号、350号和500号三个标号，并按浸渍材料总量和物理性质分为合格品、一等品和优等品三个等级。油毡按胎体材料不同可分为以下5种。

（1）纸胎油毡　这是我国传统的防水材料，目前在屋面工程中仍占主导地位。它是采用低软化点石油沥青浸渍原纸，然后用高软化点石油沥青覆盖油纸两面，再涂或撒隔离材料所制成的一种纸胎卷材。其低温柔性差，防水层耐用年限较短，但价格较低，适合三毡四油、二毡三油叠层铺设的屋面工程，常采用热玛琋脂及冷玛琋脂粘贴施工。

（2）玻璃布油毡　其抗拉强度高，胎体不易腐蚀，材料柔性好，耐久性比纸胎油毡提高一倍以上，多用作纸胎油毡的增强附加层和突出部位的防水层。常采用热玛琋脂及冷玛琋脂粘贴施工。

（3）玻璃纤维胎油毡　具有良好的耐水性、耐腐蚀性和耐久性，柔性也优于纸胎油毡，多用作屋面或地下防水工程。常采用热玛琋脂及冷玛琋脂粘贴施工。

（4）麻布胎油毡　抗拉强度高、耐水性好，但胎体材料易腐烂，多用作屋面增强附加层。常采用热玛琋脂及冷玛琋脂粘贴施工。

（5）铝箔面油毡　有很高的阻隔蒸汽渗透的能力，多与带孔玻璃纤维毡配合或单独使用，宜用于隔汽层。常采用热玛琋脂粘贴施工。

2. 高聚物改性沥青防水卷材

利用改性沥青作防水卷材已经成为普遍的趋势，也是我国近期发展的主要防水卷材品种。改性沥青与传统的氧化沥青相比，其使用温度区间大为扩展，做成的卷材光洁柔软，高温不流淌、低温不脆裂，而且可以做成4～5mm的厚度。可以单层使用，具有10～20年可靠的防水效果，因此受到使用者的欢迎。

(1) 弹性体（SBS）改性沥青防水卷材　弹性体改性沥青防水卷材是以聚酯毡或玻纤毡为胎基，以苯乙烯-丁二烯-苯乙烯（SBS）热塑性弹性体作改性剂，两面覆以隔离材料所制成的建筑防水卷材，简称SBS卷材。SBS卷材按胎基分为聚酯胎（PY）、玻纤胎（G）和玻纤增强酯毡（PYG）三类。按上表面隔离材料分为聚乙烯膜（PE）、细砂（S）及矿物粒（片）料（M）三种。下表面隔离材料分为细砂（S）和聚乙烯膜（PE）两种。按物理力学性能分为Ⅰ型和Ⅱ型。SBS卷材耐高、低温性能有明显提高，卷材的弹性和耐疲劳性明显改善。SBS卷材品种见表8-6。

表8-6　SBS卷材品种（GB 18242—2008）

胎基 / 上表面材料	聚酯胎（PY）	玻纤胎（G）	玻纤增强聚酯毡（PYG）
聚乙烯膜	PY—PE	G—PE	PYG—PE
细砂	PY—S	G—S	PYG—S
矿物粒（片）料	PY—M	G—M	PYG—M

聚酯胎卷材厚度为3mm、4mm和5mm；玻纤胎卷材厚度为3mm和4mm。玻纤增强聚酯毡卷材公称厚度为5mm，每卷面积有15m^2、10m^2和7.5 m^2三种。SBS卷材的材料性能应符合表8-7的规定。SBS卷材适用于工业与民用建筑的屋面及地下防水工程，尤其适用于较低气温环境的建筑防水工程或复合使用，可采用冷施工或热熔法铺设。

表8-7　SBS卷材的材料性能

<table>
<tr><th rowspan="3">序号</th><th rowspan="3" colspan="2">项　目</th><th colspan="5">指　标</th></tr>
<tr><th colspan="2">Ⅰ</th><th colspan="3">Ⅱ</th></tr>
<tr><th>PY</th><th>G</th><th>PY</th><th>G</th><th>PYG</th></tr>
<tr><td rowspan="4">1</td><td rowspan="4">可溶物含量/(g/m³)，≥</td><td>3mm</td><td colspan="4">2100</td><td>—</td></tr>
<tr><td>4mm</td><td colspan="4">2900</td><td>—</td></tr>
<tr><td>5mm</td><td colspan="5">3500</td></tr>
<tr><td>试验现象</td><td>—</td><td>胎基不燃</td><td>—</td><td>胎基不燃</td><td>—</td></tr>
<tr><td rowspan="3">2</td><td rowspan="3">耐热性</td><td>℃</td><td colspan="2">90</td><td colspan="3">105</td></tr>
<tr><td>≤mm</td><td colspan="5">2</td></tr>
<tr><td>试验现象</td><td colspan="5">无流淌、滴落</td></tr>
<tr><td rowspan="2">3</td><td rowspan="2" colspan="2">低温柔性/℃</td><td colspan="2">−20</td><td colspan="3">−25</td></tr>
<tr><td colspan="5">无裂缝</td></tr>
<tr><td>4</td><td colspan="2">不透水性30min</td><td>0.3MPa</td><td>0.2MPa</td><td colspan="3">0.3MPa</td></tr>
</table>

（续）

序号	项目		指标				
			I		II		
			PY	G	PY	G	PYG
5	拉力	最大峰拉力/（N/50mm），≥	500	350	800	500	900
		次高峰拉力/（N/50mm），≥	—	—	—	—	800
		试验现象	拉伸过程中，试件中部无沥青涂盖层开裂或与胎基分离现象				
6	延伸率	最大峰时延伸率（%），≥	30	—	40	—	—
		第二峰时延伸率（%），≥	—		—		15
7	浸水后质量增加（%），≤	PE、S	1.0				
		M	2.0				
8	热老化	拉力保持率（%），≥	90				
		延伸率保持率（%），≥	80				
		低温柔性/℃	-15		-20		
			无裂缝				
		尺寸变化率（%），≤	0.7	—	0.7	—	0.3
		质量损失（%），≤	1.0				
9	渗油性	张数 ≤	2				
10	接缝剥离强度/（N/mm），≥		1.5				
11	钉杆撕裂强度①/N，≥		—				300
12	矿物粒料黏附性②/g，≤		2.0				
13	卷材下表面沥青涂盖层厚度③/mm，≥		1.0				
14	人工气候加速老化	外观	无滑动、流淌、滴落				
		拉力保持率（%），≥	80				
		低温柔性/℃	-15		-20		
			无裂缝				

① 仅适用于单层机械固定施工方式卷材。

② 仅适用于矿物粒料表面的卷材。

③ 仅适用于热熔施工的卷材。

（2）塑性体改性沥青防水材料　塑性体改性沥青防水卷材是以聚酯毡或玻纤毡为胎基，无规聚丙烯（APP）或聚烯烃类聚合物（APAO、APO）作改性剂，两面覆以隔离材料所制成的建筑防水卷材，统称 APP 卷材。

APP 卷材的品种、规格与 SBS 卷材相同。其材料性能应符合表 8-8 规定。APP 卷材具有良好的强度、延伸性、耐热性、耐紫外线照射及耐老化性能。一般单层铺设，适用于工业与民用建筑的屋面和地下防水工程，以及道路、桥梁等建筑物的防水，尤其适用于紫外线辐射强烈及炎热地区屋面使用。通常采用热熔法或冷粘法铺设。

表 8-8 APP 卷材的材料性能

序号	项目		指标				
			I		II		
			PY	G	PY	G	PYG
1	可溶物含量/（g/m³），≥	3mm	2100				—
		4mm	2900				—
		5mm	3500				
		试验现象	—	胎基不燃	—	胎基不燃	—
2	耐热性	℃	110		130		
		≤mm	2				
		试验现象	无流淌、滴落				
3	低温柔性/℃		−7		−15		
			无裂缝				
4	不透水性 30min		0.3MPa	0.2MPa	0.3MPa		
5	拉力	最大峰拉力/（N/50mm），≥	500	350	800	500	900
		次高峰拉力/（N/50mm），≥	—	—	—	—	800
		试验现象	拉伸过程中，试件中部无沥青涂盖层开裂或与胎基分离现象				
6	延伸率	最大峰时延伸率（%），≥	25	—	40	—	—
		第二峰时延伸率（%），≥	—		—		15
7	浸水后质量增加（%），≤	PE、S	1.0				
		M	2.0				
8	热老化	拉力保持率（%），≥	90				
		延伸率保持率（%），≥	80				
		低温柔性/℃	−2		−10		
			无裂缝				
		尺寸变化率（%），≤	0.7	—	0.7	—	0.3
		质量损失（%），≤	1.0				
9	接缝剥离强度/（N/mm），≥		1.0				
10	钉杆撕裂强度①/N，≥		—				300
11	矿物粒料黏附性②/g，≤		2.0				
12	卷材下表面沥青涂盖层厚度③/mm，≥		1.0				
13	人工气候加速老化	外观	无滑动、流淌、滴落				
		拉力保持率（%），≥	80				
		低温柔性/℃	−2		−10		
			无裂缝				

① 仅适用于单层机械固定施工方式卷材。

② 仅适用于矿物粒料表面的卷材。

③ 仅适用于热熔施工的卷材。

3. 合成高分子防水卷材

合成高分子防水卷材是以合成橡胶、合成树脂或两者的共混体为基础，加入适量的化学助剂和填充料等，经不同工序（混炼、压延或挤出等）加工而成的可卷曲的片状防水材料。

目前其品种有橡胶系列（聚氨酯、三元乙丙橡胶、丁基橡胶等）防水卷材、塑料系列（聚乙烯、聚氯乙烯等）防水卷材和橡胶塑料共混系列防水卷材三大类，其中又可分为加筋增强型和非加筋增强型两种。

合成高分子防水卷材具有抗拉强度和抗撕裂强度高、断裂伸长率大、耐热性和低温性好、耐腐蚀、耐老化等一系列优异的性能，是新型高档防水卷材。常见的有三元乙丙橡胶防水卷材、聚氯乙烯防水卷材、氯化聚乙烯-橡胶共混防水卷材等。此类卷材按厚度分为1mm、1.2mm、1.5mm、2.0mm 等规格。

（1）三元乙丙橡胶（EPDM）防水卷材　该卷材是以乙烯、丙烯和少量双环戊二烯三种单体共聚合成的三元乙丙橡胶为主要原料，掺入适量的丁基橡胶、硫化剂、促进剂、软化剂和填充剂等，经密炼、拉片、过滤、挤出（或压延）成型、硫化等工序加工制成的一种高弹性的新型防水卷材。

由于三元乙丙橡胶分子结构中的主链上没有双键，当其受到臭氧、光、湿和热等作用时，主链不易断裂，因此三元乙丙橡胶的耐候性、耐老化性好，化学稳定性也佳，耐臭氧性、耐热性和低温柔性甚至超过氯丁橡胶与丁基橡胶，具有质量轻（$1.2\sim2.0\mathrm{kg/m^2}$）、抗拉强度高（>7.5MPa）、延伸率大（450%以上）、耐酸碱腐蚀等特点，对基层材料的伸缩或开裂变形适应性强，使用寿命达20年以上，可广泛用于防水要求高、耐用年限长的防水工程中。

（2）聚氯乙烯（PVC）防水卷材　该卷材是以聚氯乙烯树脂为主要原料，掺加填充料和适量的改性剂、增塑剂等，经混炼、压延或挤出成型、分卷包装而成的防水卷材。

PVC 防水卷材根据基料的组分及其特性分为两种类型，即 S 型和 P 型。S 型是以煤焦油与聚氯乙烯树脂混溶料为基料的柔性卷材，其厚度为1.5mm、2.0mm、2.5mm 等。P 型是以增塑聚氯乙烯为基料的塑料卷材，其厚度为1.2mm、1.5mm、2.0mm 等。卷材的宽度为1000mm、1200mm、1500mm 等。

（3）氯化聚乙烯-橡胶共混防水卷材　该卷材是以氯化聚乙烯树脂和合成橡胶为主体，掺加适量的硫化剂、促进剂、稳定剂、软化剂和填充剂等，经素炼、混炼、过滤、压延或挤出成型、硫化等工序加工制成的高弹性防水卷材。它不仅具有氯化聚氯乙烯所特有的高强度和优异的耐臭氧、耐老化性能，而且具有橡胶类材料所特有的高弹性、高延伸性和良好的低温柔性，抗拉强度在7.5MPa 以上，断裂伸长率在450%以上，脆性温度在 -40℃以下，热老化保持率在80%以上。因此，该类卷材特别适用于寒冷地区或变形较大的建筑防水工程。

合成高分子防水卷材除以上三种典型品种外，还有很多种其他产品。一些常见合成高分子防水卷材的特点、适用范围及施工工艺详见表8-9。

表 8-9　常见合成高分子防水卷材的特点、适用范围及施工工艺

卷材名称	特　　点	适用范围	施工工艺
三元乙丙橡胶防水卷材	防水性能优异，耐候性好，耐臭氧性好，耐化学腐蚀性佳，弹性好，抗拉强度大，对基层变形开裂的适应性强；重量轻、适用温度范围宽，寿命长，但价格高，黏结材料尚需配套完善	屋面防水技术要求较高、防水层合理使用年限要求长的工业与民用建筑，单层或复合使用	冷粘法或自粘法
丁基橡胶防水卷材	有较好的耐候性、抗拉强度和伸长率，耐低温性能稍低于三元乙丙防水卷材	单层或复合使用于要求较高的屋面防水工程	冷粘法施工
氯化聚乙烯防水卷材	具有良好的耐候、耐臭氧、耐热老化、耐油、耐化学腐蚀及抗撕裂的性能	单层或复合使用，宜用于紫外线强的炎热地区	冷粘法施工
氯磺化聚乙烯防水卷材	伸长率较大，弹性较好，对基层变形开裂的适应性较强，耐高、低温性能好、耐腐蚀性能优良，有很好的难燃性	适合于有腐蚀介质影响及在寒冷地区的屋面工程	冷粘法施工
聚氯乙烯防水卷材	具有较高的抗拉和抗撕裂强度，伸长率较大，耐老化性能好，原材料丰富，价格便宜，容易黏结	单层或复合使用于外露或有保护层的屋面防水	冷粘法或热风焊接法施工
氯化聚乙烯-橡胶共混防水卷材	不但具有氯化聚乙烯特有的高强度和优异的耐臭氧、耐老化性能，而且具有橡胶特有的高弹性、高延伸性及良好的低温柔性	单层或复合使用，尤宜用于寒冷地区或变形较大的屋面	冷粘法施工
三元乙丙橡胶-聚乙烯共混防水卷材	属热塑性弹性材料，有良好的耐臭氧和耐老化性能，使用寿命长，低温柔性	单层或复合使用于外露的防水屋面，宜在寒冷地区使用	冷粘法施工
聚乙烯丙纶复合防水卷材	复合卷材具有抗渗漏能力强、抗拉强度大、低温柔性好、线胀系数大、稳定性好、无毒、变形适应能力强、适应温度范围宽、使用寿命长等良好的综合性能	适合与多种材料的基层粘合，可与水泥材料在凝固过程中直接粘合，可在基层潮湿情况下粘贴复合卷材	冷粘法施工

>> **相关链接**　**【案例 8-3 分析】**

厂房防水维修选用油毡这种防水卷材可能更经济实惠一些。油毡施工时必须先将隔离材料清除掉，以免影响粘贴质量。贮存运输时，卷材应立放，堆高不超过两层，并应防潮、防晒、防雨淋。

思考与练习 8.3

8.3-1　与沥青防水卷材相比较，改性沥青防水卷材和合成高分子防水卷材有哪些优点？

8.3-2 为满足防水要求，防水卷材应具有哪些技术性能？
8.3-3 合成高分子防水卷材具有哪些优异的性能？
8.3-4 沥青防水卷材都有哪些品种？
8.3-5 SBS卷材有哪些品种？

8.4 防水涂料

导入案例

【案例8-4】我国幅员广阔，气候变化幅度较大，因此各地的建筑防水做法不尽相同，北方气候干燥，四季温差变化大，南方多雨高温，冬季气温比北方高，1993年建设部（现住房与城乡建设部）曾对100多个城市1988~1990年内竣工的公共建筑、工业厂房和住宅工程进行了渗漏情况的抽样检查，其中屋面和厕浴间渗漏较为突出，那么该如何治理建筑渗漏？采用什么材料提高防水质量呢？

8.4.1 常用沥青防水涂料的品种

防水涂料按液态类型可分为溶剂型、水乳型和反应型三种；按成膜物质的主要成分分为沥青类、高聚物改性沥青类和合成高分子类。

8.4.2 常用沥青防水涂料的性能

1. 沥青类防水涂料

沥青类防水涂料成膜物质中的主要材料是石油沥青。该类涂料有溶剂型和水乳型两种：

（1）溶剂型沥青防水涂料　将石油沥青溶于有机溶剂而配成的涂料，为溶剂型沥青涂料。其实质是一种沥青溶液。因形成的涂膜较薄，沥青又未经改性，故一般不单独作防水涂料，而仅作配套材料（例如打底的冷底子油）使用。沥青类防水卷材使用时常用沥青胶粘贴，为了提高与基层的黏结力，常在基层表面涂刷一层冷底子油。

1）冷底子油。冷底子油是用建筑石油沥青加入汽油、煤油、轻柴油，或者用软化点为50~70℃的煤沥青加入苯，融合而配制成的沥青溶液，可以在常温下涂刷。

冷底子油的作用机理：涂刷在多孔材料表面——渗入材料孔隙——溶剂挥发——沥青形成沥青膜（牢固结合于基层表面且具有憎水性）。

常使用30%~40%的石油沥青和60%~70%的溶剂（汽油或煤油）配制。配制时，首先将沥青加热至180~200℃，脱水后冷却至130~140℃，并加入溶剂量的10%煤油，待温度降至约70℃时，再加入余下的溶剂（汽油）搅拌均匀为止。

冷底子油黏度小，具有良好的流动性。涂刷在混凝土、砂浆或木材等基层上，能很快渗入基层孔隙中，待溶剂挥发后，便与基层牢固结合。冷底子油形成的涂膜较薄，一般不单独作防水材料使用，只作某些防水材料的配套材料。施工时在基层上先涂刷一道冷底子油，再

刷沥青防水涂料或铺油毡。冷底子油可封闭基层毛细孔隙，使基层具备一定的防水能力，并使基层具有憎水性，为黏结同类防水材料创造有利条件。

冷底子油应涂刷于干燥的基层上，不宜在有雨、雾、露的环境中施工，通常要求与冷底子油相接触的水泥砂浆的含水率不大于10%。冷底子油最好是现用现配，若需贮存时，应使用密闭容器，以防止溶剂挥发。

2）沥青胶。沥青胶（也称沥青玛碲脂）是沥青和适量粉状或纤维状矿物填充料（有时含稀释剂）的混合物。其具有较好的黏性、耐热性和柔韧性，主要用于粘贴卷材、嵌缝、接头、补漏及做防水层的底层。沥青胶标号以耐热度表示，分为S—60、S—65、S—70、S—75、S—80、S—85等六个标号。对沥青胶质量要求有耐热性、柔韧性、黏结力等，详见表8-10。

表8-10　石油沥青胶的质量要求

指标名称 \ 标号	S—60	S—65	S—70	S—75	S—80	S—85
耐热度	用2mm厚的沥青胶粘合两张沥青油纸，在不低于下列温度（℃），于1:1坡度上停放5h，沥青胶不应流淌，油纸不应滑动					
	60	65	70	75	80	85
柔韧性	涂在沥青油纸上的2mm厚的沥青胶层在18℃±2℃时，围绕下列直径（mm）的圆棒，用2s的时间以均衡速度弯成半周，沥青胶不应有裂纹					
	10	15	15	20	25	30
黏结力	用手将两张以沥青胶粘贴在一起的油纸慢慢地撕开，从油纸和沥青胶粘贴面的任何撕开部分，沥青胶之间的撕裂面积应不大于粘贴面积的1/2					

沥青胶的配制和使用方法分为热用和冷用两种。热用即热沥青玛碲脂，是将70%～90%的沥青加热至180～200℃，使其脱水后，与10%～30%的干燥填料热拌混合均匀后，热用施工。冷沥青玛碲脂是将40%～50%的沥青融化脱水后，缓慢加入25%～30%的溶剂，再掺入10%～30%的填料，混合拌匀制得，并在常温下使用。冷用沥青胶比热容用沥青胶施工方便，涂层薄，节省沥青，但耗费溶剂，成本高。

沥青胶的性质主要取决于沥青的性质，其耐热度与沥青的软化点、用量有关，还与填料种类、用量及催化剂有关。在房屋防水工程中沥青胶标号的选择，应根据屋面的使用条件、屋面坡度及当地历年极限最高气温，按《屋面工程质量验收规范》（GB 50345—2012）有关规定选用。若采用一种沥青不能满足配制沥青所要求的软化点，可采用两种或三种沥青进行掺配。

（2）水乳型沥青防水涂料　水乳型沥青防水涂料即水性沥青防水涂料，是以乳化沥青为基料的防水涂料。它借助于乳化剂作用，在强力搅拌下，将熔化的沥青微粒（<10μm）均匀地分散于溶剂中，使其形成稳定的悬浮体，沥青基本未改性或改性作用不大。

为了使沥青同水结合在一起，形成均匀的分散体系，需采用表面活性剂。专用于沥青的表面活性剂称沥青乳化剂。沥青乳化剂有很多种，如石灰膏、动物胶、肥皂、洗衣粉、水玻璃、松香等。选用不同品种的乳化剂，就能得到不同品种的乳化沥青。根据乳化剂类型的不同，乳化沥青可分为阴离子型、阳离子型、非离子型、复合离子型以及橡胶改性、合成树脂改性、无机型等多种。各种离子型乳化沥青都属于沥青乳胶体，因成膜较薄，现多用作防水材料的配套材料或用来配制各种橡胶改性和合成树脂改性的乳化沥青。无机型乳化沥青为膏状沥青悬浮体，成膜较厚，可作防水涂料使用。

建筑上使用的乳化沥青是一种棕黑色的水包油型乳状液体，主要用于防水，温度在0℃以上可以流动。乳化沥青和其他类型的涂料相比，其主要特点如下：

1）可在常温下进行涂刷或喷涂。

2）可以在较潮湿的基层上施工。

3）具有无毒、无嗅、干燥较快的特点。

4）不使用有机溶剂，费用较低，施工效率高。

乳化沥青可以作为冷底子油用，可以用来粘贴卷材，构成多层防水层，也可以作为防潮、防水涂料以及拌制沥青混凝土、沥青砂浆铺设路面。将乳化沥青涂刷于防水基层后，水分不断地蒸发，沥青微粒不断靠近，逐渐撕破乳化剂膜层，沥青微粒凝聚成膜与基层黏结形成防水层。一般来说，基层越干燥，环境温度越高，空气越流通，沥青微粒越小，乳化沥青的成膜速度越快。乳化沥青在成膜后应具有一定的耐热性、黏结性、韧性和防水性能。乳化沥青材料的稳定性总是不如溶剂型涂料和热熔型涂料。乳化沥青的贮存时间一般不超过半年，贮存时间过长容易分层变质，变质以后的乳化沥青不能再用。一般不能在0℃以下贮存和运输，也不能在0℃以下施工和使用。乳化沥青中添加抗冻剂后虽然可以在低温下贮存和运输，但这样会使乳化沥青价格提高。

2. 高聚物改性沥青防水涂料

高聚物改性沥青防水涂料指以沥青为基料，用合成高分子聚合物进行改性，制成的水乳型或溶剂型防水涂料。这类涂料在柔韧性、抗裂性、抗拉强度、耐高低温性能、使用寿命等方面比沥青基涂料有很大改善。品种有水乳型再生橡胶防水涂料、氯丁橡胶沥青防水涂料、聚氨酯防水涂料等，适用于Ⅱ、Ⅲ、Ⅳ级防水等级的屋面、地面、混凝土地下室和卫生间等。

（1）氯丁橡胶沥青防水涂料　氯丁橡胶沥青防水涂料可分为溶剂型和水乳型两种。

1）溶剂型氯丁橡胶沥青防水涂料（又名氯丁橡胶-沥青防水涂料）。它是氯丁橡胶和石油沥青溶化于甲基苯（或二甲苯）而形成的一种混合胶体溶液，其主要成膜物质是氯丁橡胶和石油沥青。其技术性能见表8-11。

表8-11　溶剂型氯丁橡胶沥青防水涂料技术性能

项　次	项　目	性能指标
1	外观	黑色黏稠液体
2	耐热性（85℃，5h）	无变化
3	黏结力/MPa	>0.25
4	低温柔韧性（-40℃，1h，绕 ϕ5mm 圆棒弯曲）	无裂纹
5	不透水性（动水压0.2MPa，3h）	不透水
6	抗裂性（基层裂缝≤0.8mm）	涂膜不裂

2）水乳型氯丁橡胶沥青防水涂料（又名氯丁胶乳沥青防水涂料）。是以阳离子型氯丁胶乳与阳离子型沥青乳液相混合而成。它的成膜物质也是氯丁橡胶和石油沥青，但与溶剂型涂料不同的是以水代替甲苯等有机溶剂，使其成本降低并无毒。其技术性能见表8-12。

表8-12　水乳型氯丁橡胶沥青防水涂料技术性能

项　次	项　目		性能指标
1	外观		深棕色乳状液
2	黏度/Pa · s		0.1～0.25
3	含固量（%）		≥43
4	耐热性（85℃，5h）		无变化
5	黏结力/MPa		≥0.2
6	低温柔韧性（－10℃，2h）		ϕ2mm，不断裂
7	不透水性（动水压0.1～0.2MPa，0.5h）		不透水
8	耐碱性（在饱和$Ca(OH)_2$溶液中浸15d）		表面无变化
9	抗裂性（基层裂缝≤2mm）		涂膜不裂
10	涂膜干燥时间/h	表干	≤4
		实干	≤24

（2）水乳型再生橡胶防水涂料　该涂料（简称JG—2防水冷胶料）是水乳型双组分（A液、B液）防水冷胶结料。A液为乳化橡胶，B液为阴离子型乳化沥青，两液分别包装，现场配制使用。涂料呈黑色，为无光泽黏稠液体，略有橡胶味，无毒。经涂刷或喷涂后形成防水薄膜，涂膜具有橡胶弹性，温度稳定性好，耐老化性能及其他各项技术性能均比纯沥青和玛碲脂好。该涂料可以冷操作，加衬中碱玻璃丝布或无纺布作防水层，抗裂性好，适用于屋面、墙体、地面、地下室、冷库的防水防潮，也可用于嵌缝及防腐工程等。

（3）聚氨酯防水涂料　聚氨酯防水涂料（又称聚氨酯涂膜防水材料）属双组分反应型涂料。甲组分是含有异氰酸基的预聚体，乙组分含有多羟基的固化剂与增塑剂、稀释剂等。甲乙两组分混合后，经固化反应，形成均匀而富有弹性的防水涂膜。

聚氨酯涂膜防水材料有透明、彩色、黑色等种类，并兼有耐磨、装饰及阻燃等性能。由于它的防水、延伸及温度适应性能优异，施工简便，故在中高级公用建筑的卫生间、水池等防水工程及地下室和有保护层的屋面防水工程中得到广泛应用。

按《聚氨酯防水涂料》（GB/T 19250—2003）的规定，其主要技术性能应满足表8-13的要求。

表 8-13 聚氨酯防水涂料的主要技术性能

项目名称 \ 指标要求 \ 等级		一等品	合格品
抗拉强度/MPa		>2.45	>1.65
断裂延伸率（%）		>450	>300
拉伸时的老化	加热老化	无裂缝及变形	
	紫外线老化	无裂缝及变形	
低温柔性		-35℃无裂纹	-30℃无裂纹
不透水性		0.3MPa，30min 不渗漏	
固体含量（%）		≥94	
适用时间/min		≥20	
干燥时间/h		表干≤4，实干≤12	

8.4.3 用于屋面防水工程的材料选择

根据建筑物的性质、重要程度、使用功能要求、建筑结构特点以及防水耐用年限等，将屋面防水分成四个等级，并按《屋面工程质量验收规范》（GB 50345—2012）的规定选用防水材料。屋面防水等级和材料选择见表 8-14。

表 8-14 屋面防水等级和材料选择

项目	屋面防水等级			
	Ⅰ	Ⅱ	Ⅲ	Ⅳ
建筑物类别	特别重要的民用建筑和对防水有特殊要求的工业建筑	重要的民用建筑，如博物馆、图书馆、医院、宾馆、影剧院；重要的工业建筑、仓库等	一般民用建筑，如住宅、办公楼、学校、旅馆；一般的工业建筑、仓库等	非永久性的建筑，如简易宿舍、简易车间等
防水耐用年限	25 年以上	15 年以上	10 年以上	5 年以上
选用材料	应选用合成高分子防水卷材、高聚物改性沥青防水卷材、合成高分子防水涂料、细石防水混凝土、金属板等材料	应选用高聚物改性沥青防水卷材、合成高分子防水卷材、合成高分子防水涂料、高聚物改性沥青防水涂料、细石防水混凝土、金属板、平瓦、油毡瓦等材料	应选用三毡四油沥青基防水卷材、高聚物改性沥青防水卷材、合成高分子防水卷材、高聚物改性沥青防水涂料、合成高分子防水涂料、刚性防水层、细石混凝土、平瓦、油毡瓦等材料	可选用二毡三油沥青基防水卷材、高聚物改性沥青防水涂料、沥青基防水涂料等材料
设防要求	三道或三道以上防水设防，其中必须有一道合成高分子防水卷材，且只能有一道 2mm 以上厚的合成高分子涂膜	两道防水设防，其中必须有一道卷材，也可以采用压型钢板进行一道设防	一道防水设防，或两种防水材料复合使用	一道防水设防

>>> 相关链接 【案例 8-4 分析】

案例中所出现的渗漏原因主要是设计、施工和材料质量低劣以及使用不当等所致，其中以施工因素居多。为此 1991 年建设部（现住房和城乡建设部）从国内现状出发，先后颁布了《关于治理屋面渗漏的若干规定》及《关于提高防水工程质量的若干规定》，要求对房屋进行综合治理。我国于 20 世纪 80 年代末成功地研制出一种粉状的防水材料。它是由无机非金属原料的粉末，以及在其表面涂以强憎水性的有机高分子材料组成。由于采用了轻质的粉状颗粒构成防水层，因此又可以起到保温隔热的效果，常称为防水隔热粉。施工时将防水隔热粉铺撒于找平层上，然后再加一层牛皮纸作为隔离层，最后在隔离层上面加细石混凝土作为防水粉的保护层。这样不仅防止粉层的改变，同时也防止了防水隔热粉表面高分子材料的老化变质。这种粉状防水材料适用于平屋面的防水工程及地下工程等，具有良好的应变性能，能抗热胀冷缩、抗震动，防水性能不受基层裂缝的影响并且施工方便。

思考与练习 8.4

8.4-1 沥青胶的标号是根据（　　）划分的。(单选题)

A. 耐热度　　B. 针入度　　C. 延度　　D. 软化点

8.4-2 沥青基类的防水涂料可分为哪几种?

8.4-3 试述冷底子油的作用机理。

8.4-4 乳化沥青和其他类型的涂料相比，其主要特点有哪些?

8.4-5 沥青胶分为哪几个标号?

8.4-6 对沥青胶都有哪些质量要求?

8.4-7 常见的制作乳化沥青用的乳化剂都有哪几种?

8.4-8 水乳型再生橡胶防水涂料主要适用于什么样的防水工程?

8.4-9 防水涂料经常采用什么方法施工?

8.4-10 在粘贴防水卷材时，一般均采用沥青胶而不是沥青，这是为什么?

8.5 沥青混合料

【案例 8-5】 夏季我们经常能够看见一些沥青混凝土路面出现大面积泛油现象和严重的车辙现象，那么我们能否通过对本节内容的学习来分析其病害形成的原因? 能否提出合理的解决方案?

8.5.1 沥青混合料的定义及分类

沥青混合料是由矿料与沥青结合料拌和而成的混合料的总称。沥青混合料的种类很多，按不同的分类方式可分类如下：

1. 按结合料分类

(1) 石油沥青混合料　以石油沥青为结合料的沥青混合料，称为石油沥青混合料。其中石油沥青包括道路石油沥青、乳化石油沥青及液体石油沥青。

(2) 改性沥青混合料　以改性沥青为结合料的沥青混合料，称为改性沥青混合料。

(3) 煤沥青混合料　以煤沥青为结合料的沥青混合料，称为煤沥青混合料。

2. 按制造工艺分类

(1) 热拌沥青混合料　沥青与矿料在热态下拌和、热态下铺筑的沥青混合料，称为热拌热铺沥青混合料，简称热拌沥青混合料。

(2) 冷拌沥青混合料　以乳化沥青或稀释沥青与矿料在常温状态下拌和、铺筑的沥青混合料，称为冷拌沥青混合料。

(3) 再生沥青混合料　再生沥青混合料就是将废弃的旧沥青混凝土，经翻挖、回收、破碎、筛分，再与部分新集料和新沥青按一定比例配合，重新拌制获得满足路用性能要求的沥青混合料，用于铺筑路面面层或基层。通过重复使用沥青和石料，可以最大限度地利用资源和减少环境污染。

3. 按材料组成及结构分类

(1) 连续级配沥青混合料　沥青混合料中的矿料是按级配原则，从大到小各级粒径都有，按比例相互搭配组成的混合料，称为连续级配沥青混合料。

(2) 间断级配沥青混合料　矿料级配组成中缺少一个或几个粒径档次（或用量很少）而形成的沥青混合料称为间断级配沥青混合料。

4. 按矿料级配组成及空隙率分类

(1) 密级配沥青混合料　按密实级配原理设计组成的各种粒径颗粒的矿料与沥青结合料拌和而成，设计空隙率3%～6%（对不同交通及气候情况、层位可作适当调整）的密实式沥青混凝土混合料（以AC表示）和密实式沥青稳定碎石混合料（以ATB表示）。按关键性筛孔通过率的不同又可分为细型密级配沥青混合料、粗型密级配沥青混合料，嵌挤作用较好的粗型密级配沥青混合料也称嵌挤密实型沥青混合料。

(2) 开级配沥青混合料　矿料级配主要由粗集料嵌挤组成，细集料及填料较少，设计空隙率为18%的混合料。

(3) 半开级配沥青碎石混合料　由适当比例的粗集料、细集料及少量填料（或不加填料）与沥青结合料拌和而成，经马歇尔标准击实成型所得试件的剩余空隙率在6%～12%的半开式沥青碎石混合料（以AM表示）。

5. 按集料公称最大粒径分类

(1) 特粗式沥青混合料　集料公称最大粒径等于或大于37.5mm的沥青混合料。

(2) 粗粒式沥青混合料　集料公称最大粒径为26.5mm或31.5mm的沥青混合料。

(3) 中粒式沥青混合料　集料公称最大粒径为16mm或19mm的沥青混合料。

(4) 细粒式沥青混合料　集料公称最大粒径为9.5mm或13.2mm的沥青混合料。

（5）砂粒式沥青混合料　集料公称最大粒径小于9.5mm的沥青混合料。

8.5.2　沥青混合料的技术性质

（1）高温稳定性　沥青混合料的高温稳定性是指混合料在夏季高温（通常为60℃）的条件下，经车辆荷载长期重复作用后，不产生车辙和波浪等病害的性能。

《公路沥青路面施工技术规范》（JTG F40—2004）规定：采用马歇尔稳定度试验（包括稳定度、流值）来评价沥青混合料的高温稳定性。对用于高速公路和一级公路的公称最大粒径等于或小于19mm的密级配沥青混合料（AC）及SMA、OGFC混合料，必须在规定的试验条件下进行车辙试验检验其抗车辙能力。

影响沥青混合料高温稳定性的主要因素有沥青的黏度、沥青的用量、矿料的级配、矿料的尺寸和形状等。提高沥青混合料的高温稳定性，可采用提高沥青混合料的黏聚力和内摩阻力的方法。适当提高沥青材料的黏度，严格控制沥青与矿料的比值，均能改善沥青混合料的黏聚力。增加粗集料含量，采用表面粗糙的碎石可以提高沥青混合料的内摩阻力。

（2）低温抗裂性　《公路沥青路面施工技术规范》（JTG F40—2004）规定：对用于高速公路和一级公路的公称最大粒径等于或小于19mm的密级配沥青混合料（AC）及SMA、OGFC混合料，宜在温度-10℃、加载速率50mm/min的条件下进行弯曲试验，测定破坏强度、破坏应变、破坏劲度模量，并根据应力应变曲线的形状，综合评价沥青混合料的低温抗裂性能。

（3）耐久性　沥青混合料的耐久性是指其在各种因素（如日光、空气、水、车辆荷载等）的长期作用下，仍能基本保持原有的性能。为保证沥青混合料路面具有较长的使用年限，要求沥青混合料必须具有较好的耐久性。

《公路沥青路面施工技术规范》（JTG F40—2004）规定：对沥青混合料采用马歇尔试验后，计算出沥青混合料试件的空隙率、饱和度和残留稳定度等指标来评价沥青混合料的耐久性。

影响沥青混合料耐久性的主要因素有：沥青混合料的组成结构（空隙率、饱和度）、沥青与集料的性质等。

（4）抗滑性　沥青混合料的抗滑性是指车辆在路面上行驶中不产生滑移，保证行车安全的性能。

影响沥青混合料抗滑性的主要因素有：矿质集料的微表面性质、矿质集料的级配、沥青用量以及沥青的含蜡量等。

为了提高路面的抗滑性，对于路面抗滑表层用粗集料应选用坚硬、耐磨、抗冲击性好、有棱角、表面粗糙的碎石或破碎砾石，不得使用筛选砾石、矿渣及软质集料。高速公路、一级公路沥青路面表面层（或磨耗层）的粗集料的磨光值应符合要求。允许在硬质粗集料中掺加部分较小粒径的磨光值达不到要求的粗集料，其最大掺加比例由磨光值试验确定。硬质集料往往属于酸性集料，与沥青的黏附性差，为此在配料时可采用硬质集料与软质集料混合使用和掺加抗剥离剂等措施。

沥青用量对抗滑性的影响非常敏感，沥青用量超过最佳用量的0.5%，即可使路面的抗滑系数明显降低。

含蜡沥青会使路面的抗滑性降低，影响路面的行车安全。我国现行行业标准《公路沥青路面施工技术规范》(JTG F40—2004) 规定，A 级沥青含蜡量应不大于 2.2%，B 级含蜡量应不大于 3.0%，C 级含蜡量应不大于 4.5%。

评定路面抗滑性的指标有路面摩擦系数和构造深度。二者越大，说明路面的抗滑性越好。

(5) 施工和易性　沥青混合料的施工和易性是指混合料拌和的均匀性、难易性、是否分层离析、摊铺的难易性及压实性等，属于一种工艺性能。

影响沥青混合料施工和易性的因素有矿料的级配、沥青用量、气温以及施工条件等。矿质混合料的级配情况是首要因素，连续级配与间断级配的矿质混合料相比，具有优良的和易性，不易产生离析现象，故经常采用连续级配。而间断级配的混合料粗细集料粒径相差悬殊，缺乏中间尺寸，混合料容易分层、离析，和易性较差。在混合料中，如细集料太少，沥青层就不容易均匀地分布在粗集料的表面；如细集料太多，则使拌和困难。

当沥青用量过少，或矿粉用量过多时，则容易使混合料疏松，不易压实；如沥青用量过多，则容易使混合料结团，不易摊铺。因此，应选择最佳的沥青用量。

目前，评价施工和易性尚没有定量的指标，只能凭经验来目估。

8.5.3　沥青混合料组成材料的技术要求

沥青混合料的技术性质决定于组成材料的性质、材料的配合比和混合料的制备工艺等因素。为保证沥青混合料的技术性质，首先应正确选择符合质量要求的组成材料。

1. 沥青

《公路沥青路面施工技术规范》(JTG F40—2004) 中规定：对热拌沥青混合料路面用的沥青，应采用道路石油沥青和改性沥青，道路用煤沥青严禁用于热拌热铺的沥青混合料。

道路石油沥青的质量应符合规定的技术要求。各个等级沥青的适用范围见表 8-15。经建设单位同意，沥青的 PI 值、60℃动力黏度，10℃延度可作为选择性指标。

表 8-15　道路石油沥青的适用范围

沥青等级	适用范围
A 级沥青	各个等级的公路，适用于任何场合和层次
B 级沥青	1. 高速公路、一级公路沥青下面层及以下的层次，二级及二级以下公路的各个层次 2. 用作改性沥青、乳化沥青、改性乳化沥青、稀释沥青的基质沥青
C 级沥青	三级及三级以下公路的各个层次

沥青路面采用的沥青标号，宜按照公路等级、气候条件、交通条件、路面类型及在结构层中的层位及受力特点、施工方法等，结合当地的使用经验，经技术论证后确定。

对高速公路、一级公路，夏季温度高、高温持续时间长、重载交通、山区及丘陵区上坡路段、服务区、停车场等行车速度慢的路段，尤其是汽车荷载切应力大的层次，宜采用稠度大，60℃黏度大的沥青，也可提高高温气候分区的温度水平选用沥青等级；对冬季寒冷的地区或交通量小的公路、旅游公路宜选用稠度小、低温延度大的沥青；对温度日温差、年温差大的地区宜注意选用针入度指数大的沥青。当高温要求与低温要求发生矛盾时应优先考虑满足高温性能的要求。当缺乏所需标号的沥青时，可采用不同标号掺配的调和沥青，其掺配比例由试验决定。各类聚合物改性沥青的质量应符合技术要求，其中 PI 值可作为选择性指标。

2. 粗集料

（1）定义　在沥青混合料中，粗集料是指粒径大于2.36mm的碎石、破碎砾石、筛选砾石和矿渣等；在水泥混凝土中，粗集料是指粒径大于4.75mm的碎石、砾石和破碎砾石。

（2）粗集料的技术要求

1）沥青层用粗集料包括碎石、破碎砾石、筛选砾石、钢渣、矿渣等，但高速公路和一级公路不得使用筛选砾石和矿渣。粗集料必须由具有生产许可证的采石场生产或施工单位自行加工。

2）粗集料应该洁净、干燥、表面粗糙，质量应符合规定。当单一规格集料的质量指标达不到技术规范要求，而按照集料配合比计算的质量指标符合要求时，工程上允许使用。对受热易变质的集料，宜采用经拌和机烘干后的集料进行检验。

3）粗集料的粒径规格应按规定生产和使用。采石场在生产过程中必须彻底清除覆盖层及泥土夹层。生产碎石用的原石不得含有土块、杂物，集料成品不得堆放在泥土地上。

4）高速公路、一级公路沥青路面的表面层（或磨耗层）的粗集料的磨光值应符合要求。除SMA、OGPC路面外，允许在硬质粗集料中掺加部分较小粒径的磨光值达不到要求的粗集料，其最大掺加比例由磨光值试验确定。

5）粗集料与沥青的黏附性应符合要求，当使用不符要求的粗集料时，宜掺加消石灰、水泥或用饱和石灰水处理后使用，必要时可同时在沥青中掺加耐热、耐水、长期性能好的抗剥落剂，也可采用改性沥青的措施，使沥青混合料的水稳定性检验达到要求。掺加外加剂的剂量由沥青混合料的水稳定性检验确定。

6）破碎砾石应采用粒径大于50mm、含泥量不大于1%的砾石轧制，破碎砾石的破碎面应符合要求。筛选砾石仅适用于三级及三级以下公路的沥青表面处治路面。

7）经过破碎且存放期超过6个月以上的钢渣可作为粗集料使用。除吸水率允许适当放宽外，各项质量指标应符合规定要求。钢渣在使用前应进行活性检验，要求钢渣中的游离氧化钙含量不大于3%，浸水体膨胀系数不大于2%。

3. 细集料

在沥青混合料中，细集料是指粒径小于2.36mm的天然砂、人工砂（包括机制砂）及石屑；在水泥混凝土中，细集料是指粒径小于4.75mm的天然砂、人工砂。

细集料必须由具有生产许可证的采石场、采砂场生产。细集料应洁净、干燥、无风化、无杂质，并有适当的颗粒级配。细集料的洁净程度，天然砂以小于0.075mm含量的百分数表示，石屑和机制砂以砂当量（适用于0~4.75mm）或亚甲蓝值（适用于0~2.36mm或0~0.15mm）表示。

天然砂可采用河砂或海砂，通常宜采用粗、中砂，其规格应符合规定。砂的含泥量超过规定时应水洗后使用，海砂中的贝壳类材料必须筛除。开采天然砂必须取得当地政府主管部门的许可，并符合水利及环境保护的要求。热拌密级配沥青混合料中天然砂的用量通常不宜超过集料总量的20%，SMA和OGFC混合料不宜使用天然砂。

石屑是采石场破碎石料时通过4.75mm或2.36mm的筛下部分，其规格应符合要求。采石场在生产石屑的过程中应具备抽吸设备，高速公路和一级公路的沥青混合料，宜将S14与S16组合使用，S15可在沥青稳定碎石基层或其他等级公路中使用。

4. 填料

填料指在沥青混合料中起填充作用的粒径小于0.075mm的矿物质粉末。通常是石灰岩等碱性石料加工磨细得到的矿粉，水泥、消石灰、粉煤灰等矿物质有时也可作为填料使用。

沥青混合料的矿粉必须采用石灰岩或岩浆岩中的强基性岩石等憎水性石料经磨细得到的矿粉，原石料中的泥土杂质应除净。矿粉应干燥、洁净，能自由地从矿粉仓流出。拌和机的粉尘可作为矿粉的一部分回收使用，但每盘用量不得超过填料总量的25%，掺有粉尘填料的塑性指数不得大于4%。粉煤灰作为填料使用时，用量不得超过填料总量的50%，粉煤灰的烧失量应小于12%，与矿粉混合后的塑性指数应小于4%，其余质量要求与矿粉相同。高速公路、一级公路的沥青面层不宜采用粉煤灰做填料。

相关链接【案例8-5分析】

结合沥青混合料的高温稳定性来分析其病害的形成原因，采用马歇尔稳定度试验（包括稳定度、流值）来评价和控制沥青混合料的高温稳定性，使其达到使用要求。并严格控制其施工质量。

思考与练习8.5

8.5-1 沥青混合料按其组成结构可分为哪几种类型？各种结构类型的沥青混合料有什么特点？

8.5-2 试述影响沥青混合料强度的内因和外因。

8.5-3 试述矿粉在沥青混合料中的作用。

8.5-4 试述沥青混合料应具备的技术性质，及我国现行沥青混合料高温稳定性的评价方法。

8.5-5 我国现行热拌沥青混合料质量评定有哪几项指标？并说明各项指标用以控制沥青混合料的什么技术性质。

8.5-6 配制沥青混合料用各种原材料应具备哪些主要技术要求？

本章回顾

- 沥青材料是一种有机结合料。它的使用方法很多，可以融化后热用，也可以加熔剂稀释或使其乳化后冷用，可以用来涂刷涂层，可以制成沥青胶用来粘贴防水卷材，还可以制成沥青防水制品及配制沥青混凝土。沥青的品种很多，应该了解常见的几种沥青的技术特性及应用情况。
- 本章介绍了石油沥青、煤沥青和改性沥青，重点介绍了石油沥青的技术性质、技术要求及应用情况等。
- 要求掌握一些新型防水卷材和防水涂料的品种、性能、施工工艺及应用的场合。

• 需掌握沥青混合料的定义、分类、技术性质和技术标准，了解配制沥青混合料对其组成材料的技术要求及沥青混合料在运输过程中应注意的问题。

知识应用

要求同学们到就近的一些沥青混合料拌和站、工地实验室或防水卷材、防水涂料生产厂家去调查。通过调查沥青混合料或防水卷材、防水涂料的生产工艺及流程，体验所学知识；通过现场试验检测确定其调查材料的技术特性及适用范围，运用所学知识写一份调查报告。

【延伸阅读】

建筑防水材料的发展趋势

1. 建筑防水材料多样化

在可以预见的将来，无论哪一种防水材料都不会独霸市场，一统天下，现有的一些种类的先进防水材料，如改性沥青防水卷材、高分子防水卷材、防水涂料、金属屋面、现场喷涂聚氨酯泡沫、膨润土制品、渗透结晶型涂料、沥青油毡瓦、混凝土瓦等在屋面、外墙、厕浴间、地下将得到各自的应用。

2. 建筑防水仍以沥青基卷材为主

氧化沥青油毡屋面和地下沥青油毡防水膜的使用呈下降趋势。在地下工程中，美国SBS改性沥青无胎自粘油毡占有突出的位置。在屋面上绝大多数使用的是SBS和APP改性沥青油毡，但TPO改性沥青油毡已经进入欧美市场。SBS与APP相比在综合性能上略胜一筹，应用多于APP。

在胎体方面，主要使用聚酯毡和玻纤毡，之后开发的聚酯-玻纤复合胎也受到人们的青睐。聚酯毡在多项性能上优于玻纤毡，使用比例逐渐增多，但美、法等国在多层改性沥青油毡屋面中大量使用玻纤毡，使用效果也很好。

改性沥青油毡可单层和多层施工，多层施工更加稳定，单层施工时外加一层氧化沥青垫层会更加可靠。

3. 高分子防水卷材已占有重要地位

高分子屋面卷材是仅次于改性沥青卷材的屋面材料，EPDM是公认的耐久性最好的防水材料，美国推行的配套齐全的EPDM屋面系统保证上乘的防水工程质量，自粘密封带便利接缝连接快速而可靠。

PVC是目前各国均大量使用的一种屋面材料，增塑剂迁移问题已基本得到解决，但PVC生产、焊接、焚烧中释放出二噁英等有毒物质，对人体和环保有害，将影响将来的使用。

TPO是近期开发的功能比较全面的材料，无增塑剂，可重复使用，性能与EPDM相当，又可焊接，是PVC和EPDM的潜在强有力竞争对手。

在地下防水卷材中目前使用丁基橡胶和PVC最多，因为防水和防潮性较好，但TPO在地下防水中也有取代PVC的潜在可能。

4. 防水涂料向聚合物基和渗透型方向发展

传统的沥青防水涂料性能欠佳，在屋面上逐渐被改性沥青特别是聚合物防水涂料所取代，使用最多的是聚氨酯和丙烯酸防水涂料。

在地下，渗透性防水涂料渗入混凝土内与水反应形成晶体，堵塞孔隙，以达到抗渗目的，构思新颖，已在很大程度上取代了带金属氧化物的胶凝涂料，在地下防渗止漏中独领风骚。

5. 密封材料向弹性密封膏过渡

世界建筑密封材料的总趋势是用量持续增加，产品向高功能的弹性密封膏方向发展，而低档油性嵌缝膏用量已很少，中档密封膏将有适度的发展。弹性密封膏中硅酮、聚氨酯和改性硅酮密封膏最有发展前途，各有特点，目前欧美硅酮和聚氨酯用量最多，而改性硅酮日本用量最大，在欧美已得到认可，且在技术上有新的发展，聚硫密封膏的使用呈持续下降的趋势。中档密封膏以丙烯酸密封膏为主，它不仅环保，而且适用于小型构件和自己动手（DIY）施工。

6. 绿色防水材料的发展

绿色防水材料是对环境有利、对人体无害、有利于节能、可节约资源和（或）可再生利用并持久耐用的产品，在平屋面中宜首选EPDM和TPO防水卷材，其次是选用SBS、APP、TPO改性沥青防水卷材，施工方法以机械固定法和松铺压顶法为佳。在地下外防水中，宜首选改性沥青自粘非增强油毡，其次是TPO和丁基胶防水卷材；在外防内贴中膨润土制品具有独特功效；在内防水中渗透结晶型涂料宜视为最佳选择。而各种白色屋面（包括丙烯酸白色涂层）对于降低建筑能耗和减少城市热岛效应有着显著的作用。防水涂料要尽量减少VOC含量，严禁添加有毒物质，水性和反应型涂料优于溶剂型涂料。种植屋面、贮水屋面、光电屋面板会逐渐引起人们的关注。

第9章　建筑装饰材料

本章导入

了解和掌握常用建筑装饰材料的品种与性能，对于合理使用材料至关重要。本章将主要介绍玻璃类、陶瓷类、石材类、涂料类、金属类材料的特性及主要用途，所列材料仅为比较有代表性的常用材料。

建筑装饰材料是建筑材料中最精美的一个分支，它又称饰面材料，在整个建筑材料中占有重要的地位。根据建筑物装饰部位不同，建筑装饰材料分为外墙装饰材料、内墙装饰材料、地面装饰材料、顶棚装饰材料。室内装饰装修主要包括墙、地面及吊顶三部分。近年来，建筑装饰材料更新换代逐渐加快，从材料来源看，新型建筑装饰装修材料逐渐向环保化和再生化方向发展。

9.1　建筑玻璃

导入案例

【案例9-1】在建筑材料工程中，玻璃已成为继钢筋和水泥之后的第三大类建筑材料，玻璃在建筑上的应用十分广泛。你知道玻璃在建筑上的使用部位吗？玻璃的装饰性通过什么体现呢？

建筑玻璃是唯一能用透光性来控制和隔断空间的材料。随着现代建筑发展的需要，建筑玻璃作为建筑装饰材料已由过去单纯地作为采光材料，向控制光线、调节热量、节约能源、控制噪声以及降低建筑结构自重、改善环境等多功能方向发展。与发达国家相比，我国建筑物能耗高，而玻璃结构是建筑物节约能源的薄弱环节，新一代节能玻璃能否比混凝土墙更保温呢？

9.1.1　玻璃的分类

按照在建筑物中的作用，玻璃可分为普通建筑玻璃、安全玻璃和特种玻璃。

1. 普通建筑玻璃

普通建筑玻璃是玻璃进行深加工的基础材料，按照在建筑上所起的作用不同又分为平板玻璃和装饰类玻璃两类。

2. 安全玻璃

安全玻璃具有能够保障人身安全的作用，这类玻璃不仅具有比普通玻璃高得多的强度，而且在玻璃破碎时所产生的碎片不易伤人。

3. 特种玻璃

与普通和安全玻璃相比，特种玻璃某一方面的性能特别显著。特种玻璃的品种主要有热反射玻璃、吸热玻璃、中空玻璃等。

9.1.2 常用玻璃的性能与用途

常用玻璃的性能与用途见表9-1。

表9-1 常用玻璃的性能与用途

品种		工艺过程	主要性能	用途
平板玻璃	普通平板玻璃（镜片玻璃）	未经研磨加工	应用面广量大，透明度好，板面平整	普通建筑工程门窗的装配
	浮法平板玻璃	用浮法工艺生产	比普通平板玻璃具有更优的性能，光学畸变小，物像质量高	除普通平板玻璃可以使用的地方外，还可以用其作为制镜和高级建筑的材料
装饰类玻璃	彩色玻璃	在玻璃原料中加入金属氧化物或在一面喷以色釉而带色	具有红、蓝、灰、茶色等多种颜色成分，分有透明和不透明两种，耐腐蚀、抗冲刷、易清洗、装饰美观	透明彩色玻璃用于门窗等，不透明玻璃用于内外墙等
	磨（喷）砂玻璃（毛玻璃）	用机械喷砂和研磨方法将普通平板玻璃处理	表面粗糙，使光产生漫射，有透光不透视的特点	用于卫生间、厕所、浴室的门窗
	压花玻璃	在玻璃硬化前用刻纹的滚筒在玻璃面压出花纹	折射光线不规则，透光不透视，有使用功能又有装饰功能	用于宾馆、办公楼、会议室的门窗，装饰性好，视感好
	镭射玻璃（光栅玻璃）	经特殊工艺处理构成光栅	在各种光线的照射下会出现亮丽的七彩光，华贵高雅，梦幻迷人	用于宾馆、饭店、电影院等文化娱乐场所以及商业设施装饰的理想材料

（续）

品种		工艺过程	主要性能	用途
安全玻璃	钢化玻璃	将平板玻璃在钢化炉中加热然后迅速冷却或通过离子交换法制得	强度高，抗冲击性好，破碎时没有尖锐的棱角，不易伤人，具有安全性。根据所用的玻璃原片不同，可制成普通钢化玻璃、吸热钢化玻璃、彩色钢化玻璃、钢化中空玻璃等	用于车辆的窗用玻璃、建筑门窗、玻璃幕墙、玻璃隔断、玻璃栏杆、采光屋面和全玻门等处
	夹层玻璃	在两片或多片玻璃之间，嵌夹透明的塑料薄片，经热压黏合而成	强度高，破碎时不形成分离的碎片，夹层玻璃中的胶合层与夹丝玻璃中的金属丝网一样，起到骨架增强的作用	具有防弹或有特殊安全要求的建筑门窗
	夹丝玻璃	编织好的钢丝网压入已软化的玻璃即制成夹丝玻璃	强度高，破碎时其碎片附着在钢丝上，不致飞出伤人。当发生火灾时能起到隔绝火势的作用，故又称防火玻璃	防火门、楼梯间、电梯井、天窗等
	钛化玻璃（永不碎铁甲箔膜玻璃）	将钛金箔膜紧贴在任意一种玻璃基材之上的新型玻璃	具有高抗碎、高防热及防紫外线等功能。常见颜色有无色透明、茶色、茶色反光等	用于建筑物的外墙窗玻璃幕墙，可以起到显著的节能效果，现已被广泛地应用于各种高级建筑物之上
	微晶玻璃	把加有晶核剂或不加晶核剂的特定组成的玻璃，在有控条件下进行晶化热处理	又称微晶玉石或陶瓷玻璃，是综合玻璃。它具有玻璃和陶瓷的双重特性，微晶玻璃比陶瓷的亮度高，比玻璃韧性强	微晶玻璃表面可呈现天然石条纹和颜色的不透明体，优于天石材和陶瓷，可用于建筑幕墙及室内高档装饰
节能型装饰玻璃	吸热玻璃	普通玻璃中加入有着色作用的氧化物，或在玻璃表面喷涂有色氧化物薄膜	玻璃带色，并具有较高的吸热性能，可吸收太阳光紫外线，具有一定的透明度，色泽经久不变	用于建筑工程的门窗或外墙以及车船的风挡玻璃等，起到采光、隔热、防眩作用
	热反射玻璃（镀膜玻璃）	在平板玻璃上，镀一层金属或金属氧化物薄膜或有机物薄膜	反射红外线，具有清凉效果，调节光线，并且具有单向透视性，即迎光面具有镜子效果，而反光面具有透视性。具有多种颜色	用于因为太阳辐射而增热及设置空调的大型公用建筑的门窗、幕墙等

（续）

品种		工艺过程	主要性能	用途
节能型装饰玻璃	低辐射膜玻璃	是镀膜玻璃的一种，玻璃镀上低辐射膜	所镀膜层具有极低的表面辐射率，它可以将80%以上的远红外线热辐射反射回去，具有良好的阻隔热辐射透过作用	一般不单独使用，往往与普通平板玻璃、浮法玻璃、钢化玻璃等配合，制成高性能中空玻璃，是目前公认的理想玻璃材料
	中空玻璃	两片或多片玻璃间充有干燥的空气	保温、节能降噪效果好，结露温度低。中空玻璃一般不能现场切割	适用于大型公用建筑的门窗，对温度控制及防止结露、节能环保有很高要求的建筑
玻璃砖	玻璃空心砖	两块经模压成凹形的玻璃加热熔接成整体的空心砖	空心玻璃砖透光不透视，抗压强度较高，保温隔热、隔声、防火，装饰性能好	用于建造透光隔墙、淋浴隔断、楼梯间、门厅、通道等和需要控制透光、眩光和阳光直射的场合
	玻璃锦砖（马赛克）	一种小规格的彩色饰面玻璃	色泽绚丽多彩，断面比普通陶瓷有所改进，吃灰深，黏结较好，不易脱落，耐久性较好。天雨自涤，经久常新，价格较低	适用于宾馆、医院、办公楼、礼堂、住宅等建筑的外墙装饰

试一试

请找出吸热玻璃与热反射玻璃的区别有哪些。

相关链接【案例9-1分析】

玻璃在建筑上的应用可谓无处不在，如玻璃门、玻璃窗、玻璃隔断、玻璃楼梯、玻璃镜、玻璃地板和通道、玻璃屋顶、玻璃幕墙等。玻璃的装饰特性可划分成玻璃的透光性、透明性、半透明性、折射性、反射性、多色性、光亮性、表面图案的多样性、玻璃形状多样性、安装结构多样性，可使建筑物色彩斑斓、光彩造人。

随着建筑标准提高，建筑节能中的玻璃窗节能被广泛重视。有资料显示，建筑中采用银灰膜中空玻璃比单层玻璃每年节约能源2/3，冬天降低采暖能耗25%～30%。中空玻璃中玻璃与玻璃之间留有一定的空气层，一般空气层的厚度为6～12mm。由于空腔的存在，使玻璃具有了较高的保温、隔热等功能，在某些条件下其绝热性可优于混凝土墙。

9.1.3 玻璃的选用

玻璃具有一定的强度、硬度、弹性和塑性，但脆而易碎是其最大的弱点。在玻璃的选择方面，必须以安全为原则，根据使用部位、环境、功能合理选用。如隐蔽的部位需要选用透光而不透视的磨砂玻璃、压花玻璃及彩色玻璃；炎热地区、设有空调的建筑应选用节能玻璃，如吸热玻璃、热反射玻璃、中空玻璃等；银行等有贵重物品的部位选用防盗的夹层、防弹玻璃；朝北的房间采用吸热或中空玻璃，能起到保温隔热效果；在隔断、壁画、门窗、顶棚等地方，采用彩绘玻璃、玻璃砖等，能增强室内艺术效果；使用压花玻璃，具有既可透光但又不透形的特点，通常在室内隔断或分隔室内间的门窗使用；钢化、夹层、夹丝玻璃以安全性为主要目的，用于幕墙、采光天棚等处。

9.1.4 玻璃幕墙

玻璃幕墙是现代建筑极为重要的装饰材料之一，它具有自重轻、保温隔热、隔声、可光控、装饰效果良好等特点。

玻璃幕墙是由金属构件与玻璃板组成的建筑外围护结构。玻璃幕墙所用的玻璃已由浮法玻璃、钢化玻璃发展到吸热玻璃、热反射玻璃、中空玻璃等，其中热反射玻璃是玻璃幕墙采用的主要品种。

1. 玻璃幕墙的分类

玻璃幕墙按其框架的不同分类，可分为早期的钢框玻璃幕墙，现在常见的铝合金明框玻璃幕墙以及最先进的隐框玻璃幕墙。

（1）明框玻璃幕墙　明框玻璃幕墙是金属框架构件显露在外表面的玻璃幕墙。它以特殊断面的铝合金型材为框架，玻璃面板全嵌入型材的凹槽内。其特点在于铝合金型材本身兼有骨架结构和固定玻璃的双重作用。

（2）隐框玻璃幕墙　隐框玻璃幕墙又可分为全隐框玻璃幕墙和半隐框玻璃幕墙两种。全隐框玻璃幕墙的金属框隐蔽在玻璃的背面，室外看不见金属框；半隐框玻璃幕墙是金属框架竖向或横向构件显露在外表面的玻璃幕墙。隐框玻璃幕墙的构造特点是：玻璃在铝框外侧，用硅酮结构密封胶把玻璃与铝框粘在一起。幕墙的荷载主要靠密封胶承受。

（3）点支式玻璃幕墙　点支式玻璃幕墙是近年来新出现的一种支承方式。点支式玻璃幕墙的分类按照支承结构的不同方式，可分为：金属支承结构点式玻璃幕墙、全玻璃结构点式玻璃幕墙、拉杆（索）结构点式玻璃幕墙。

2. 玻璃幕墙的优缺点

玻璃幕墙是当代的一种新型墙体，它赋予建筑的最大特点是将建筑美学、建筑功能、建筑节能和建筑结构等因素有机地统一起来，建筑物从不同角度呈现出不同的色调，随阳光、月色、灯光的变化给人以动态的美。在世界各大洲的主要城市均建有宏伟华丽的玻璃幕墙建筑。玻璃幕墙也存在着一些局限性，例如光污染、能耗较大等问题。但这些问题随着新材料、新技术的不断出现，正逐步纳入到建筑造型、建筑材料、建筑节能的综合研究体系中，作为一个整体的设计问题加以深入的探讨。

思考与练习 9.1

9.1-1 选择题（单选题）

1. 用于淋浴房的隔断及门窗，最好选用（　　）。

A. 磨光玻璃　　B. 吸热玻璃　　C. 钢化玻璃　　D. 彩色玻璃

2. 在加工玻璃时，不能现场切割加工的玻璃是（　　）。

A. 压花玻璃　　B. 磨砂玻璃　　C. 彩色玻璃　　D. 钢化玻璃

3. 下列各优点中，不属于中空玻璃的优点是（　　）。

A. 绝热性能好　　B. 隔声性好　　C. 寒冷冬季不结霜　　D. 透光率高于普通玻璃

4. 具有单向透视特点，起帷幕作用的玻璃是（　　）。

A. 吸热玻璃　　B. 热反射玻璃　　C. 磨光玻璃　　D. 磨砂玻璃

9.1-2 问答题

1. 安全玻璃有哪几种？适用于什么部位？
2. 节能型玻璃有哪几种？各自特点有哪些？
3. 玻璃幕墙的分类有哪些？

9.2 建筑陶瓷

导入案例

【案例 9-2】 古老的陶瓷艺术发源于东方的我国，可是随着西方国家经济的发展，其陶瓷工业的发展逐渐超越了我国，其中美国、意大利、西班牙等国逐渐成了世界陶瓷的领军。但自 20 世纪 80 年代中期从意大利引进第一条全自动地砖生产线开始发展至今，我国已经是世界上陶瓷生产大国，陶瓷产量已连续 8 年位居世界第一。目前建筑陶瓷约有 2000 多个花色品种，其中有很多使用在建筑的外装饰上，随着饰面砖性能的不断提高，采用各类饰面砖的建筑越来越广泛。然而美中不足的是，饰面局部出现空鼓、开裂、脱落现象，尤其是北方许多地区，面砖开裂脱落更多，这是什么原因呢？通过本节内容的学习，我们来找答案。

9.2.1 陶瓷的分类

陶瓷是用黏土及其他天然矿物原料，经配料、制坯、干燥、焙烧制成的。按所用原料及坯体的致密程度可分为以下几类：

1. 粗陶器

粗陶是最原始最低级的陶瓷器，一般以一种易熔黏土制造。在某些情况下也可以在黏土中加入熟料或砂与之混合，以减少收缩。主要制品有日用缸器、砖、瓦。

2. 精陶

精陶按坯体组成的不同，可分为黏土质、石灰质、长石质、熟料质等四种。主要制品有日用器皿、彩陶、卫生陶瓷及装饰釉面砖。

3. 炻器

炻器在我国古籍上称“石胎瓷”，坯体致密，已完全烧结，但它还没有玻化。主要制品有建筑外墙砖、锦砖、地砖、瓷质砖、化工及电器工业制器。

4. 瓷器

瓷器是陶瓷器发展的更高阶段。它的特征是坯体已完全烧结，完全玻化，因此很致密，对液体和气体都无渗透性，胎薄呈半透明，断面呈贝壳状，主要生产日用餐茶具及美术用品。

9.2.2 建筑装饰陶瓷的分类

建筑装饰陶瓷通常是指用于建筑物内外墙面、地面及卫生洁具的陶瓷材料和制品，另外还有在园林或仿古建筑中使用的琉璃制品。它具有强度高、耐久性好、耐腐蚀、耐磨、防水、防火、易清洗以及花色品种多、装饰性好等优点。

建筑装饰陶瓷产品主要分为陶瓷墙地砖、卫生陶瓷、陶瓷壁画、装饰琉璃制品等。其中用量最大的陶瓷墙地砖是釉面内墙砖、地砖与外墙砖的总称。

1. 陶瓷墙地砖

（1）釉面内墙砖　釉面内墙砖是用于建筑物内墙装饰的薄板状精陶制品，有时也称为瓷片，表面施釉，制品经烧成后表面光滑、光亮，颜色丰富多彩，是一种高级内墙装饰材料。釉面砖的结构由两部分组成，即坯体和表面釉彩层。釉面砖按正面形状分为正方形砖、长方形砖和异型配砖三种。按表面釉的颜色为单色（含白色）砖、花色砖和图案砖三种。按釉面光泽分为亮光釉面砖和亚光釉面砖。亮光釉面砖适合于制造干净的效果，亚光釉面砖适合于制造时尚的效果，异型配砖主要用于墙面阴阳角及各种收口部位，对装饰效果影响较大。

因为釉面内墙砖为多孔坯体，吸水率较大，会产生湿胀现象，而其表面釉层的湿胀性又很小，再加上冻胀现象的影响，会在坯体和釉层之间产生应力。当坯体内应力超过釉层本身的抗拉强度时，就会导致釉层开裂或脱落，严重影响饰面效果，另外此内墙砖不能用在室外。

釉面内墙砖耐污性好，便于清洗，防潮、耐腐蚀，外形美观，耐久性好，而且细腻，色彩和图案丰富、风格典雅，具有很好的装饰性。因此常被用在对卫生要求较高的室内环境中，如厨房、卫生间、浴室、实验室、精密仪器车间及医院等场所的室内墙的饰面材料。

釉面内墙砖铺贴前要浸水处理，保有一定的水分才不会影响黏结层水泥的正常水化和凝结硬化。

（2）外墙面砖　根据表面与装饰情况，外墙砖可分为表面不施釉的单色砖、表面施釉的彩釉砖、表面既有彩釉又有凸起的花纹图案的立体彩釉砖（又称线砖），及表面施釉并做成仿花岗岩的外墙砖等。

外墙砖具有坚固耐用、色彩鲜艳、易清洗、防火、防水、耐磨、耐腐蚀和维修费用低等特点。外墙贴面砖适用于装饰等级要求较高的工程，可防止建筑物表面被大气侵蚀，同时增加建筑物的立面装饰效果。但外墙饰面的不足之处是造价偏高、工效低、自重大。

（3）地砖　地砖又称防潮砖或缸砖，地砖中包括锦砖（马赛克）、梯沿砖、铺路砖和大地砖等。有不上釉的也有上釉的，形状有正方形、六角形、八角形、叶片形等。

地砖表面平整，质地坚硬，耐磨、耐压、耐酸碱、吸水率小。地砖按其表面是否施釉分为无釉地砖和彩色釉面陶瓷地砖。地砖的表面质感多种多样。通过配料和改变制作工艺，可获得平面、麻面、磨光面、抛光面、纹点面、仿大理石（或花岗岩）表面、压花浮雕表面、无光釉面、金属光泽面、防滑面、玻化瓷质面及耐磨面等多种表面形状，也可获得丝网印刷、套花图案、单色及多色等装饰效果。

梯沿砖又称防滑条，它坚固耐用，表面有凸起条纹，防滑性能好，主要用于楼梯、站台等处的边缘。陶瓷锦砖也称马赛克或纸皮砖，由有多种颜色和多种形状的锦砖按一定图案反贴在牛皮纸上而成。彩釉砖的主要产品规格有500mm×500mm、600mm×600mm、800mm×800mm和1000mm ×1000mm，厚度为8～12mm。无釉地砖的主要规格有500mm×500mm、600mm×600mm、800mm×800mm，厚度为8～9mm等。

陶瓷地砖是粗炻类建筑陶瓷制品，其背面有凹凸条纹，便于镶贴时增强面砖与基层的黏结力。

2. 卫生陶瓷

卫生陶瓷是以磨细的石英粉、长石粉和黏土为主要原料，注浆成型后一次烧制，然后表面施乳浊釉的卫生洁具。它具有结构致密、强度大、吸水率小、冲刷性能好、用水量少、热稳定性好等特点，可分为洗面器、大便器、小便器、浴缸等。产品有白色和彩色两种，可用于厨房、卫生间、实验室等。

3. 陶瓷壁画

陶瓷壁画是以陶瓷面砖、陶板、锦砖等为原料而制作的具有较高艺术价值的现代装饰材料。它不是原画稿的简单复制，而是艺术的再创造。它巧妙地将绘画技法和陶瓷装饰艺术融于一体，经过放样、制版、刻画、配釉、施釉、烧成等一系列工序，采用浸点、涂、喷、填等多种施釉技法和丰富多彩的窑变技术而产生出神形兼备、巧夺天工的艺术效果。陶瓷壁画既可镶嵌在高层建筑上，也可陈设在公共场所，如候机室、候车室、大型会议室、会客室、园林旅游区等地，给人以美的享受。

4. 装饰琉璃制品

装饰琉璃制品是一种低温彩釉陶瓷制品，色彩绚丽，造型古朴，富有我国传统的民族特色，价格高，适用于宫殿式建筑、园林建筑中的亭、台、楼阁等。

9.2.3 常用建筑装饰陶瓷制品的主要品种、特点及应用

常用陶瓷制品的主要品种、特点及应用见表9-2。

表9-2 常用陶瓷制品的主要品种及特点

种类		特点及应用
常用陶瓷制品	白色或彩色釉面内墙砖	过去称为瓷砖，一般为正方形或长方形，颜色以白色最多。属陶质材料，强度较低，易清洗，釉层有多种颜色，装饰性好
	花釉砖（内墙装饰砖）	系在同一砖上施以多种彩釉，经高温烧成。色釉互相渗透，花纹千姿百态，有良好的装饰效果
	大理石釉砖（内墙装饰砖）	具有天然大理石花纹，颜色丰富，美观大方

（续）

种 类		特点及应用
常用陶瓷制品	彩釉砖	彩釉墙地砖色彩图案丰富多样，表面可制成光滑的平面、压花的浮雕面、纹点面或其他釉饰面，具有材质坚固耐磨、易清洗、防水、耐腐蚀等优点。用于外墙及室内地面
	无釉砖	无釉砖，是表面不施釉的耐磨炻质地面砖。无釉砖一般以单色或加色斑点为多，适用于建筑物地面、庭院道路等处铺贴
	劈离砖	成型时两块砖背对背同时挤出，烧成后才"劈离"成单块，故而得名劈离砖。表面形式有细质的也有粗质的，有上釉的也有无釉的。可用于建筑物的外墙、内墙、地面、台阶等部位
	抛光砖	抛光砖是通体砖坯体的表面经过打磨而成的一种光亮的砖。抛光砖表面要光洁得多。抛光砖坚硬耐磨，适合在除洗手间、厨房以外的多数室内外空间中使用。抛光砖可以做出各种仿石、仿木效果。但抛光砖在制作时留下的凹凸气孔，会藏污纳垢，其表面很容易渗入污染物
	玻化砖	玻化砖是一种强化的抛光砖，玻化砖采用高温烧制而成。质地比抛光砖更硬更耐磨，玻化砖的价格也很高。玻化砖是全瓷砖，其表面光洁不需要抛光，所以不存在抛光气孔的问题。无论装饰于室内或是室外，均具有现代气派。特有的微孔结构也是玻化砖的致命缺陷，一般铺完玻化砖后，要对砖面进行打蜡处理，三遍打蜡后进行抛光，以后每三个月或半年打一次蜡。玻化砖表面太滑是它的不足之处
	仿古砖	仿古砖不同于抛光砖和瓷片，它天生就有一幅"自来旧"的面孔，因此，人们称它为仿古砖、复古砖、古典砖、泛古砖、瓷质釉面砖等。仿古砖设计的本质就是再现"自然"
	广场砖（文化砖）	广场砖是用于铺砌广场及道路的陶瓷砖，是一种功能性比较突出的产品。属于耐磨砖的一种，其砖体色彩简单，砖面体积小，多采用凹凸面的形式。具有防滑、耐磨、修补方便的特点
	陶瓷锦砖（俗称马赛克）	具有多种色彩和不同形状的小块砖，按不同图案贴在牛皮纸上，也称纸皮砖，主要用于室内地面铺装，也可用于高级建筑物的饰面材料。它与外墙贴面砖相比，有造价略低、面层薄、自重轻的优点。目前国内产品多为无釉锦砖

9.2.4 陶瓷墙地砖的选择

陶瓷墙地砖的选择应注意以下几点：

1）注意包装出厂日期，避免不同时期生产造成的色差。

2）任取一块，仔细观察表面是否平整完好，是否边缘规整，有无表面缺陷，图案是否完整。

3）任取两块，拼合对齐，缝隙越小越好；再叠起来，比较宽厚是否一致，偏差应在2mm以内。

4）应考虑室内空间环境，据实际情况选择合适的规格和颜色的墙地砖，并应注意与墙壁和门窗的颜色协调。

试一试

内墙面砖、墙地砖和陶瓷锦砖在性能特点上有什么不同?

相关链接 【案例9-2分析】

现在市场上供应的外墙釉面砖，是由透明釉和坯体两部分组成，采用两次烧结而成，不但坯体与釉面结合不牢固，还存在层的热胀、湿胀、吸水和强度的不协调现象，因某一方面原因引起的内应力足可使其开裂，尤其寒地冻胀引起的釉面更容易开裂，逐渐剥落。彩釉砖的吸水率和抗冻性循环次数不容忽视。

试一试解析

内墙面砖坯体属于精陶，而墙地砖坯体属炻质，锦砖属瓷质，因此内墙面砖坯体多孔、吸水率大、强度低、抗冻性差，不宜用于外墙帖面。但内墙面砖施釉后，使其坯体得到保护，易清洗、抗污染，显著提高了装饰效果。外墙面砖吸水率低、抗冻性强，地砖和锦砖还具有耐磨、抗冲击性强的优点，而锦砖小巧玲珑。

从应用上看，内墙面砖只适用于室内墙面，外墙面砖适用于外墙贴面，地砖适用于室内外地面，锦砖可适用于室内地面和外墙高级装饰贴面。家庭装潢用的彩色瓷砖选购时应注意外观质量，如表面色泽、图案、平整度、尺寸、包装等，亮度分亚光与亮光两个品种，可根据个人喜好选择。

思考与练习 9.2

9.2-1 填空题

1. 陶瓷锦砖又称为“（　　）”，是译音。
2. 陶瓷按坯体的致密程度可分为（　　）器、（　　）器和（　　）器。

9.2-2 问答题

1. 为什么釉面砖只适用于室内，而不适用于室外?
2. 常用墙地砖有哪些品种? 有何特点?
3. 为什么釉面砖耐污性优于抛光砖?
4. 玻化砖与抛光砖有哪些区别?

9.2-3 课外题

市场上如何鉴别和挑选瓷砖?

9.3　建筑饰面石材

导入案例

【案例9-3】 据最新数据显示，上海建筑石材年用量3000万m^2，已成为全球最大的石材消费市场，不过外立面全石材干挂工艺因成本大、工艺高，多用于高端公共建筑（如上海大剧院）、高档写字楼等商业建筑，在住宅市场应用较少。随着人们审美观念的提高，高端石材的运用有望成为高端住宅建筑设计的新亮点。

现拟修建某一大型纪念性建筑，需要采用当地的天然饰面石材大理石和花岗石等。此工程需要对室内衬面及地坪、外墙衬面、馆前广场地面及前面浮雕等部位都进行装饰，那么如何选用饰面石材才能符合经济、耐久、美观的要求呢？

9.3.1　饰面石材的分类

1. 根据来源分

（1）天然饰面石材　主要有大理石、花岗石等。

（2）人造饰面石材　主要有人造大理石和人造花岗石、水磨石等。人造石材花纹图案可人为控制，胜过天然石材，且质量轻、耐腐蚀、耐污染、施工方便、价格低，是一种具有良好发展前途的建筑装饰材料。

2. 根据表面加工的粗细程度分

（1）粗磨板材　表面平整，有粗糙条纹。

（2）细磨板材　表面光滑平整。

（3）磨光板材　表面平整，有镜面光泽。

这几种板材中用于装饰的主要有花岗石和大理石板材。其中花岗石是公认的高级建筑结构材料和装饰材料，我国各大城市的大型建筑，广泛采用花岗石作为建筑物立面的主要材料，其SiO_2含量高，属酸性岩石。磨光的花岗石因其具有色彩绚丽的花纹和光泽，故多用于室内外地面、墙面、柱面等的装饰以及旱冰场地面、纪念碑等。而大理石主要成分为碱性物质$CaCO_3$，易被酸侵蚀，故除个别品种（汉白玉、艾叶青）外，一般不宜用做室外装修，否则会受到酸雨以及空气中的酸性氧化物（如CO_2、SO_3等）遇水形成的酸类侵蚀，从而失去表面光泽并渐渐破坏。

9.3.2　常用装饰石材的性能与应用

常用饰面石材的性能与应用见表9-3。

表 9-3 常用饰面石材的性能与应用

品种		主要性质	主要应用
天然饰面石材	大理石普通、异型板材	大理石俗称“云石”，具有云纹状花纹，大理石是以云南省大理县的大理城命名的。其强度、硬度、耐久性不如花岗石，不能用于室外，但汉白玉、艾叶青除外。一般均为镜面板材	用于商店、宾馆、会议厅等的室内墙面、柱面、台面及地面。但由于大理石的耐磨性相对较差，故在人流较大的场所不宜作为地面装饰材料
	花岗石普通、异型板材	花岗石俗称“豆渣石”，具有麻点状图案，耐用年限 75～200 年，耐久性很高，但不耐火，分为粗面、细面、镜面板材	花岗石属于高级装饰材料，但开采加工困难，故造价较高，因而主要用于大型建筑或装饰要求高的其他建筑
人造饰面石材	人造大理石、花岗石	色彩花纹仿真性强，强度高，不易碎，其板材薄，重量轻，具有良好的耐酸碱性、耐腐蚀性和抗污染性。可加工性好，但易老化，易在室内使用	用于室内墙面、柱面、地面，也可用作楼梯面板、窗台板、服务台面、茶几面等
	微晶玻璃	又称水晶玻璃，属于玻璃陶瓷复合的仿石材料，无色差，色彩鲜艳，无泛碱现象，无放射性	用于建筑、机械、化工、航空等行业
	水磨石板	水泥型人造石，强度高、耐磨性好，价格低、易于施工，具有一定装饰性	用于普通装修场所，特别在地面工程中应用较大
	石碴类装饰砂浆	如水刷石、干粘石等，强度较高，颜色多样，质感较好	用于中、高级建筑的外墙、柱、勒脚饰面
	灰浆类装饰砂浆	强度较高，颜色与表面形式多样，但质感、色泽的持久性较石碴类装饰砂浆差	适用于一般民用或公用建筑的外墙饰面
	装饰混凝土	性能与普通混凝土相同，但具有多种色彩和线条或集料外露	用于外墙面，也可制成花砖用于室外地面

9.3.3 石材的选用

1）根据经济状况进行选购。大理石的产地很多，有国外的也有国内的。产地不同，精加工的程度不同，导致价格也不同。石材市场信息表明，大理石以产自西班牙、意大利、巴西的最好，来自这几个国家的大理石花色精美、加工精密度高、价格自然也高，其中最贵的达到 2000 元/m^2。目前进口石材价格远远高过国产，几乎是国产同类品种价格的 3～5 倍。一般来说，选择国产石材也能达到不错的装饰效果。国产石材如大花绿、宝兴白、中国红、丰镇黑等品种也有较强装饰性，甚至有一些优于进口的同类产品，而价格却便宜得多。

2）根据对颜色和用途进行选择。在现实生活中，大自然的七彩现象给人类带来了美好的想象。不同的时期、不同的国家、不同的民族、不同的人对颜色的看法不同。一般来说，红色象征吉利美好，黄色象征光明高贵，绿色象征希望与安静，黑色象征权力与尊严等。其实，颜色只是寄托着人们的某种希望与祝愿，也表现出人们不同的审美观与心理预期。从心

理学来说，我们生活的世界五彩斑斓，人们的生活也离不开颜色。当我们看到某种颜色时，总能伴随着某种心理活动。由于人们的风俗习惯、情感认识、审美态度、联想方式的不同，对颜色象征意义的理解也就不同，给颜色蒙上了神秘的面纱，并由此引发出某一时期对不同颜色的好恶的情感。近年最流行的天然石材色彩是变化最丰富的黄色系。现在，越来越多的人开始知道根据使用的部位来选择石材品种。装饰墙面可用花纹效果突出的大理石，装修地面就用耐磨性好、强度高的花岗石。同时，异型石材、石雕石刻等装修功能强的产品也将日趋流行。在家庭装修中，由于石材价格的因素与色彩很难把握，全方位运用不多，因此大理石在家装中常被当作陪衬品，如客厅地面的拼花、楼梯的踏板、窗台的台面、卫生间的台面等。

3）根据石材的技术性质进行选择。选购时要注意一些品质技术指标，特别是物理性能和力学性能，大量购买一定要进行物理性能检测。石材品质技术指标主要指石材的物理性能和力学性能，包括吸水率、体积密度、干燥抗压强度、抗弯强度。一般情况下，石材的体积密度小，吸水率相对要高一些。这样的石材，从外观上看材质比较疏松，其本质的缺陷是材料的孔隙率较大，使用中容易吸入各种杂质和污物。当把石材作为地面铺设材料时，还应注重其硬度和耐磨性指标。因此，选中一种石材后，要看有没有检测报告，最好请有资质的质检部门做物理性能检测。

4）根据石材的放射性进行选择。作为大自然的产物，石材的辐射性是在所难免的，建筑离不开的材料如水泥、玻璃、陶瓷等都有辐射性。重要的是看含量是否超标，如果在国家控制标准之下，那是安全、环保的，可放心购买。天然石材按放射性水平分为 A、B、C 三类：A 类可在任何场合中使用，包括写字楼和家庭居室；B 类放射性程度高于 A 类，不可用于居室的内饰面，但可用于其他一切建筑物的内、外饰面；C 类产品放射性高于 A、B 两类，只可用于建筑物的外饰面；超过 C 类标准控制值的天然石材，只可用于海堤、桥墩及碑石等其他用途。

最后，在购买石材时，要注意其厚薄要均匀，表面要光滑明亮，花纹要均匀，图案鲜明，色差也要一致，且不能有凹坑。四个角及切边要整齐，各个直角要相互对应，同时内部结构要紧密，没有裂缝。

相关链接　**【案例 9-3 分析】**

室内衬面及地面优先选用大理石，也可选用花岗石；外墙衬面用花岗石；馆前广场地面选用花岗石；前面浮雕选用花岗石或汉白玉、艾叶青等。

原因：大理石硬度不大宜于加工和磨光，装饰性好但不耐酸雨；花岗石耐磨性好，抗风化和耐久性高，耐酸性好。

思考与练习 9.3

9.3-1　选择题（单选题）

1. 大理石饰面板，适用于（　　）。

A. 室外工程　　　　B. 室内工程
C. 室内及室外工程　　　　D. 有酸性物质的工程

2. 室外高级地面工程，不易选用（　　）。

A. 汉白玉　　B. 花岗石　　C. 人造大理石　　D. 艾叶青

9.3-2 问答题

1. 为什么大理石不宜用于室外？
2. 彩色水磨石与天然石比较有何特点？

9.4 建筑装饰涂料

导入案例

【案例9-4】在发达国家，内外墙装饰装修用得最多的是建筑涂料。以美国为例：内墙很少采用价格贵的装饰材料，大多以建筑涂料为主；在外墙装饰方面，采用建筑涂料占80%以上。如洛杉矶的建筑物外墙，几乎全部采用建筑涂料，只有少数高层建筑采用铝塑板装饰，很难找到面砖类装饰材料。当前我国建筑物内墙装饰中建筑涂料所占的比例偏高，但外墙装饰多数还使用传统建材，如花岗岩、面砖、铝合金玻璃幕墙等等。从长远来看，与国外市场相同，我国势必走用涂料替代面砖和马赛克进行外墙装饰之路。为什么外墙涂料装饰受到青睐呢？目前哪一种建筑涂料最受欢迎呢？

9.4.1 涂料的概念

涂料是指借助特定的施工方法涂敷于物体表面，并能很好地黏结形成完整保护膜的物料。用于建筑物作装饰、保护或特种功能作用的涂料就称为建筑装饰涂料。与其他贴面材料相比，建筑装饰涂料具有色彩丰富、简单、经济，施工和维修翻新方便等诸多优点。

9.4.2 涂料的组成及分类

1. 涂料的组成

（1）主要成膜物质　主要成膜物质也称黏合剂。它能将涂料中的其他组分黏结成一整体，是涂料必不可少的基本成分，对涂料的性质起决定性作用。

（2）次要成膜物质　次要成膜物质主要指涂料中所用的颜料和填料，是构成涂膜的重要组成部分，不能够单独成膜，但对涂膜性能有巨大的影响。

（3）辅助成膜物质　辅助成膜物质是指溶剂或稀释剂，是涂料的挥发性组分，最终不留在涂膜中。主要作用是使涂料具有一定的黏度，以符合施工工艺的要求。

（4）辅助材料　一般助剂，用量很少但作用显著，能极大地提高涂料涂膜的性质。

2. 涂料的分类

（1）按涂层使用的部位分　分为外墙涂料、内墙涂料、地面涂料、顶棚涂料等。

（2）按涂料使用的功能分　分为防火涂料、防水涂料、防霉涂料、防结露涂料等。

（3）按构成涂膜的主要成膜物质分　分为聚乙烯醇系列建筑涂料、丙烯酸系列建筑涂料、氯化橡胶外墙涂料、聚氨酯建筑涂料和水玻璃及硅溶胶建筑涂料。

（4）按主要成膜物质分　分为有机涂料、无机涂料、有机无机复合涂料。

常用的有机涂料有以下三种类型：

1）有机涂料。主要分为以下几种：

① 溶剂性涂料。溶剂性涂料是以高分子合成树脂为主要成膜物质，有机溶剂为稀释剂，具有涂膜细且坚韧，有较好的耐水性和耐候性等特点，多用于内、外墙涂料。

② 水溶性涂料。水溶性涂料是以水溶性合成树脂为主要成膜物质，以水为稀释剂。水溶性涂料的耐水性、耐候性较差，一般只用作内墙涂料。

③ 乳胶涂料。乳胶涂料又叫乳胶漆，是合成树脂借助乳化液的作用，分散在水中构成乳液，以乳液为主要成膜物质的涂料。耐水、耐擦洗性较好，可作为内外墙建筑涂料。

2）无机涂料。无机涂料应用较广的有硅溶胶系、硅酸钠水玻璃和硅酸钾水玻璃外墙涂料。其特点是黏结力、遮盖力强，耐久性好且资源丰富、工艺简单等。

3）复合涂料。复合涂料可使有机、无机涂料各自发挥优势，改善建筑性能，满足建筑需求。

4）油漆类涂料。在建筑中常用的是清漆和色漆。

① 清漆是一种不含颜料的透明涂料，由成膜物本身或成膜物溶液和其他助剂组成。各类清漆均能形成透明光亮的涂层，加入醇溶或油溶颜料，还可制成各色透明清漆，广泛用于涂饰地板、门窗、楼梯扶手等。

② 色漆。色漆是指因加入某种颜料（有时也加入填料）而呈现某种颜色，具有遮盖力的涂料的总称，包括磁漆、调和漆、底漆和防锈漆等。

a. 磁漆是在清漆中加入颜料形成的，用作装饰性面漆。

b. 调和漆含有较多填料，多用于门窗工程。

c. 底漆是施在物体表面的第一层涂料，作为面层涂料的基底，可用在木材表面。

d. 防锈漆由成膜物和颜料组成，是具有防锈作用的底漆。

9.4.3　常用内墙、外墙、地面涂料的品种与性能

建筑涂料以水性涂料为主，内墙、顶棚所用的涂料几乎全部为水性涂料，包括水溶性的和水乳性的（乳胶涂料）。外墙涂料中水性涂料和溶剂性涂料均有应用，在用量上以水性涂料为多，在使用效果上则以溶剂型涂料为优。由于乳胶漆是用水作溶剂，解决了溶剂型涂料中使用有机材料作溶剂而造成对环境和对人体健康的影响问题，因此近年来在建筑装饰涂料中得到广泛使用。

地面涂料主要用于民用住宅的地面装饰，磨损后重涂性好，价格低廉。

常用内墙、外墙及地面涂料的品种与性能见表9-4和表9-5。

表 9-4 常用内墙和顶棚涂料的品种与性能

品 种	主要成分	主要性质	主要应用
聚醋酸乙烯乳胶漆内墙涂料	聚醋酸乙烯乳液等	无毒无味，易于施工，透气性好，色彩鲜艳，装饰性好，价格适中，但耐水性差，仅用作内墙	适用于要求较高的内墙及顶棚装饰
乙丙内墙乳胶漆	醋酸乙烯－丙烯酸酯乳液等	无毒无味、耐候性及耐碱性好、保色性好，属于中、高档内墙涂料。用于内墙装饰，优于聚醋酸乙烯乳胶漆	适用于高级的内墙面及顶棚装饰，也可用于木质门窗
苯丙乳胶漆	苯乙烯－丙烯酸酯乳液等	既可内用又可外用，一般以外用为主，属于中档防水涂料，目前使用量最大	用于较高级的住宅及各种公共建筑的墙面装饰。不仅是一种高档内墙装饰涂料，也是外墙涂料中较好的一种
多彩涂料	两种以上的合成树脂	由两种以上色彩组合，涂膜质地较厚类似壁纸，具有耐擦洗性，属于高档内墙涂料	适用于高级内墙及顶棚装饰
氯－偏乳液涂料	以氯乙烯－偏氯乙烯共聚乳液为主要成膜物质	属于水乳型涂料，无毒、无臭、不燃，能在稍潮湿基面上施工，成膜性能优良，结膜致密，成膜后透气率大大低于油性漆、普通乳胶漆	氯-偏乳液广泛用于防渗工程及配制成各种用途的涂料，如防潮涂料、防霉涂料、防火涂料、地面涂料、混凝土养生液、聚合水泥砂浆等
聚乙烯醇水玻璃内培涂料（106 涂料）	聚乙烯醇树脂的水溶液和水玻璃作为黏结剂	有机无机复合涂料中应用最广泛的内墙涂料，是一种水溶性的涂料，这种涂料适用于内墙装饰，表面光滑，没有光泽，有各种色泽	具有良好的环保效果，涂料的价格低，这种涂料的缺点是颜色的调配受到限制（因为它是碱性溶液），此外，其耐水性与掉粉问题也没有完全解决，属于低档普及型墙面涂料
聚乙烯醇缩甲醛内墙涂料（803 内墙涂料）	是以聚乙烯醇与甲醛进行不完全缩合醛化反应生成的	是一种水溶性的涂料，无毒无味，涂层光洁，在冬季较低温下不易结冻，涂刷方便	聚乙烯醇缩甲醛内墙涂料可广泛用于住宅、一般公用建筑的内墙和顶棚
幻彩内墙涂料	用特种树脂乳液和专门的有机、无机颜料制成	幻彩涂料具有无毒、无味、无接缝、不起皮等优点，并具有优良的耐水性、耐碱性和耐洗刷性	幻彩内墙涂料，又称梦幻涂料、云彩涂料、多彩立体涂料，是目前较为流行的一种装饰性内墙高档涂料
静电植绒涂料	将纤维绒毛植入涂胶表面	纤维绒毛可采用胶粘丝、尼龙、涤纶、丙纶等纤维	主要用于住宅、宾馆、办公室等的高档内墙装饰

表 9-5　常用外墙和地面涂料的品种与性能

品种	主要成分	主要性质	主要应用
丙烯酸酯系外墙涂料	丙烯酸树酯等	具有良好的耐水性和耐候性，色彩多样，属于中高档涂料	适用于办公楼、商店、宾馆等的外墙面
聚氨酯系外墙涂料	聚氨酯树酯等	优良的耐水性、耐候性，表面呈瓷状质感，耐用年限为 10 年以上，有一定毒性，价格较高，属高档涂料	适用于办公楼、商店、宾馆等的外墙面
彩色砂壁状外墙涂料（俗称真石漆）	合成树脂乳液、彩色细集料等	属于粗面厚质涂料，涂层具有丰富的质感，耐久性约为 10 年以上，属于中、高档涂料	适用于办公楼、商店、宾馆等的外墙面
乙-丙乳液涂料	以醋酸乙烯-丙烯酸共聚物乳液为主要成膜物质	掺入一定量的粗集料组成的一种厚质外墙涂料。这种涂料膜质厚实、质感强，耐候性、耐水性、冻融稳定性均较好，且保色性好，附着力强，施工速度快，操作简单	适用于各种建筑物外墙
苯-丙乳液涂料	以苯乙烯-丙烯酸酯共聚物为主要成膜物质	纯丙烯酸酯乳液配制的涂料，具有优良的耐候性、保光性和保色性	适用于外墙装饰
聚丙烯酸酯乳液涂料	由甲基丙烯酸甲酯、丙烯酸丁酯、丙烯酸乙酯等丙烯酸系单体加入乳化剂、引发剂等，经过乳液聚合反应而得到的	涂料在性能上较其他共聚乳胶漆要好，最突出的优点是涂膜光泽柔和，耐候性与保光性都很优异	适用于外墙装饰
硅酸盐无机涂料	碱金属硅酸盐、二氧化硅等	价格低，有优良的耐候性、耐久性和防火性，对环境的污染低	适用于商店、宾馆学校、住宅等的外墙面或门面装饰
过氯乙烯地面涂料	过氯乙烯树脂等	属溶剂型涂料，色彩丰富，涂膜干燥快，表面耐老化和防水性好，并具有一定的耐磨性	适用于各种建筑的水泥地面
聚氨酯地面涂料	以聚氨酯为主要成膜物质，双组分常温固化型，由甲、乙两组分组成	涂层耐磨性很好，并且耐油、耐水、耐酸碱。涂布后地坪整体性好，装饰性好，清扫方便。涂层固化后具有一定弹性，步感舒适。重涂性好，便于维修。因是双组分涂料，施工较复杂	聚氨酯地面涂料是高档地面涂料，可用于会议室、放映厅、图书馆等的弹性装饰地面，地下室、卫生间等的防水装饰地面以及工厂车间的耐磨、耐腐蚀等地方
环氧树脂厚质地面涂料	以环氧树脂为主要成膜物质的双组分常温固化型涂料	涂层坚硬、耐磨，且有一定的韧性，具有良好的耐化学腐蚀、耐油、耐水等性能。涂层与水泥基层的黏结力强，耐久性好，可涂刷成各种图案，装饰性好。双组分固化，施工复杂，且施工时应注意通风和防火	适用于各种建筑的地面装饰，尤其适用于工业建筑中有耐磨、耐酸碱和耐水要求的场所的地面装饰

试一试

内墙涂料与外墙涂料各有哪些要求？

相关链接【案例 9-4 分析】

用建筑涂料装饰建筑物具有色彩鲜艳、花色品种多、质轻、施工维修方便、易于翻新、成本低、工效高等优点，在墙体装饰材料的竞争中，有它的强劲优势。当前我国建筑物外墙装饰多数还使用花岗岩、马赛克、面砖、铝合金玻璃幕墙等传统建材，这些材料不仅造价高，且有坠落伤人的隐患，也不便于维修翻新。在新加坡、马来西亚等国家，还立法规定了高层建筑不准许用面砖等材料进行装饰。

目前最流行、最受欢迎的涂料是乳胶漆，乳胶漆又称为合成树脂乳液涂料，是有机涂料的一种。因它属于水性漆，无毒、无味、不燃、无火灾危险，符合环保要求，所以被广泛用作内、外墙建筑涂料。内墙（包括内顶棚）涂料在相同的颜料、体积、浓度条件下，苯丙乳胶漆比乙丙乳胶漆耐水、耐碱、耐擦洗性好，乙丙乳胶漆比聚醋酸乙烯乳胶漆（通称乳胶漆）好。内墙涂料应继续开发的新产品是多功能的内墙涂料，如防火涂料，防静电涂料（不吸尘）防结露涂料，杀虫涂料等特种涂料。在常用的外墙涂料中有苯丙乳胶漆、纯丙烯酸酯乳胶漆等。

9.4.4 特种涂料

特种功能建筑涂料不仅具有保护和装饰作用，还具有某些特殊功能，如防霉、防腐、防锈、防火、防静电等。在我国，这类涂料的发展历史较短，品种和数量也不多，尚处于研究开发和试用阶段。

（1）防霉涂料　防霉涂料是指一种能够抑制霉菌生长的功能涂料，通常是通过在涂料中添加某种抑菌剂而达到目的。防霉涂料主要适用于食品厂、糖果厂、酒厂、卷烟厂及地下室等的内墙。

（2）防火涂料　防火涂料是指涂饰在某些易燃材料表面（如木结构件）或遇火软化变形的材料表面（如钢结构件）以提高其耐火能力，或能减缓火焰蔓延传播速度，在一定时间内能阻止燃烧，为人们灭火赢得时间的一类涂料。

（3）防水涂料　防水涂料是指用于地下工程、卫生间、厨房等场合的防水、渗漏。早期的防水涂料以熔融沥青及其他沥青加工类产物为主，现在仍在广泛使用。近年来以各种合成树脂为原料的防水涂料逐渐发展。

9.4.5 墙体涂料的选用原则

1）人流量较大的房间宜选用耐污染、耐老化、保色性好的涂料。

2）按地区的气候特点，南方宜选用防潮，防霉性好的涂料；北方宜选用低温施工性好的涂料。

3）按建筑标准选择，对高级建筑可选用高档涂料，施工时采用三道成活的施工工艺，即底层为封闭层，中间层形成具有较好质感的花纹和凹凸状，面层则使涂膜具有较好的耐水性、耐玷污性和耐候性，从而达到较佳的装饰效果。一般的建筑可选用中档或低档涂料，采用一道或两道成活的施工工艺。

思考与练习 9.4

9.4-1 选择题（单选题）

1. 涂料的组成中，最主要的成分是（　　）。

A. 合成树脂　　B. 溶剂　　C. 颜料　　D. 辅助物质

2. 下列涂料中（　　）只适用于室内。

A. 苯丙涂料　　B. 过氯乙烯涂料　　C. 乙丙涂料　　D. 聚醋酸乙烯涂料

9.4-2 问答题

1. 建筑涂料怎样分类？

2. 列举常用内墙、外墙涂料 2 ~3 例，并说明它们的主要性能与应用？

9.5 纤维装饰织物与制品

导入案例

【案例 9-5】 纤维装饰织物与制品在室内装饰中起着重要的作用，被称为“软材料”，合理地选用装饰织物与制品，不仅能美化环境，而且能增加室内的豪华气派，对现代室内装饰起到锦上添花的作用。

某装修公司承担了大型酒店及私人住宅的室内装饰工程，选用合理的装饰材料成为他们面前的一道难题，最终他们决定采用目前流行的纤维美装饰织物进行处理，但如何针对不同的需求采用材料呢？内墙墙面是刷涂料好还是贴墙纸好呢？

9.5.1 纤维装饰织物与制品的种类

1. 纤维装饰织物

（1）地毯　地毯是一种高级地面装饰品，具有防寒、防潮、减少噪声等功能，而且铺设后能够使室内增加高贵、华丽、美观的气氛。按材质主要分为纯毛地毯和化纤地毯两大类。

（2）窗帘、帷幔　窗帘、帷幔具有分隔空间、避免干扰、调节室内光线、防止灰尘进入、保持室内清静、隔声消声等作用，而且冬日保暖、夏日遮阳。窗帘、帷幔的材质，一般有粗料、绒料、薄料、网扣及抽纱四种。

(3) 家具、陈设覆盖织物 它们的主要功能是防磨损、防灰尘、衬托和点缀环境气氛等，主要包括床罩、沙发巾、桌台覆盖物等。

(4) 靠垫 靠垫包括坐具、卧具（沙发、椅、凳、床等）上的附设品。除了可以用来调节人体的坐卧姿势，使人体与家具的接触更为贴切外，还具有艺术装饰性的效果。

(5) 其他织物 除上述各方面外，还有壁挂、壁纸、壁布、屏风、摆设等。壁挂包括壁毯及悬挂织物等，其中壁纸、壁布用于墙壁和天棚等处，它们都具有很好的使用价值与装饰性。

2. 纤维装饰制品

(1) 矿物棉装饰吸声板 矿物棉均属于轻质、保温、吸声的无机纤维材料，用于防火门、集合板的夹层及吸声墙体等。表面涂以饰面层，就变成集吸声、防火、装饰、轻质等特点为一体的顶棚材料，目前用量较大。矿物棉装饰吸声板按原料的不同分为矿渣棉装饰吸声板和岩棉装饰吸声板，岩棉的性能略优于矿渣棉。

(2) 吸声用玻璃棉制品 以玻璃为主要原料制成的人造无机纤维。吸声用玻璃棉制品分为吸声板和吸声毡，装饰工程中常用吸声板。

9.5.2 常用纤维织物与制品的性能与应用

常用纤维织物与制品的性能与应用详见表9-6。

表9-6 纤维织物与制品的性能与应用

品 种	主要成分	主要性质	主要应用
纯毛地毯	羊毛等	图案多样，富有弹性，光泽好，经久耐用，为高档地面装饰材料，以手工地毯效果最佳	用于宾馆饭店、办公室、会客厅、住宅等的地面，手工地毯主要用于高级建筑
化纤地毯	丙纶或腈纶，尼龙，涤纶	质轻，耐磨性好，不宜虫蛀和霉变，价格远低于纯毛地毯。丙纶回弹性差，腈纶耐磨性较差，宜吸尘；涤纶特别是尼龙性能优异，但价格相对较高	用于宾馆、住宅、办公室、会客厅、餐厅等地面
纸基织物壁纸	棉、麻、丝、毛等天然纤维的织物黏合于纸基上	花纹多样，吸声性好，耐日晒，不褪色，无毒无害，无静电，且具有透气性	用于宾馆、饭店、办公室、会议室、计算机房、广播室、家庭卧室等内墙面
麻草壁纸	麻草编织物与纸基复合而成	吸声、阻燃、散潮气，且具有自然古朴粗犷的自然与原始美	用于宾馆、饭店、影剧院、酒吧、舞厅等的内墙贴面
无纺布墙布	棉麻等天然纤维或涤、腈等合成纤维	挺括、富有弹性，不宜折断，纤维不老化、可擦洗，适合性好，粘贴方便	用于高级宾馆、住宅等建筑的内墙贴面
化纤装饰贴墙布	化纤布为基材，处理后印花而成	透气、耐磨、无分层、无毒、无味、花纹色彩多样	用于宾馆、饭店、办公室、住宅等的内墙贴面
高级墙面装饰织物（锦缎、丝绒等）	蚕丝、人造丝等	锦缎纹理细腻，柔软绚丽，高雅华贵，但易变形，不能擦洗，遇水或潮湿会产生斑迹。丝绒质感厚实，格调高雅	用于高级宾馆、饭店、舞厅等的软隔断，窗帘或浮挂装饰等
岩棉装饰吸声板	岩棉、玻璃棉等	轻质、保温隔热，防火性与吸声性好，强度低，改善室内音质，降低噪声	用于礼堂、影剧院、播音室、候机楼等的吊顶、内墙面等

>>> 相关链接 【案例 9-5 分析】

大型酒店的地面可以采用纯毛、化纤地毯进行烘托，墙面在铺贴壁纸后可以通过悬挂画框、照片、壁毯等进行点缀；私人住宅地面的易磨损部位因化纤地毯容易清理，所以使用化纤地毯进行烘托，墙面可以采用刷涂料，局部贴壁纸的点缀方式。无论酒店还是住宅，都要重视窗帘、床罩、布艺、家具的图案与色彩对房间色调的点缀性。

墙面是居室内部的重要组成部分，在室内占有较大面积。墙面装饰得好坏，对居室装修整体效果有举足轻重的作用，下面就涂料和壁纸的优缺点进行比较。

(1) 刷涂料　这是对墙壁最简单也是最普遍的装修方式。这种处理简洁明快，房间显得宽敞明亮，但缺少变化。现在有一些新型的涂料，如仿丝绸涂料、多彩涂料等，使墙面处理手段更加丰富。涂料的透气性好，涂刷时对墙面的平整和干燥程度要求不高，施工方便，价格也比较便宜。

(2) 贴壁纸　墙壁面层处理平整后，铺贴壁纸。壁纸种类非常多，有几百种甚至上千种，色彩、花纹非常丰富，总能找到自己喜欢的款式。壁纸脏了也很简单，新型的壁纸都可以用湿布直接擦拭。壁纸用旧了，可以把表层揭下来，无需再处理，直接贴上新壁纸即可，铺装时间短。壁纸在欧美是墙壁装修的主要方式。壁纸粘贴时对墙面的平整和干燥程度要求高，价格上下浮动比较大。

综上所述，如判定墙纸和涂料哪个更好一些这个问题是非常困难的，两者各有所长，在使用时可以按自身喜好及可以承受的价格加以选择。

思考与练习 9.5

9.5-1　化纤地毯具有哪些特性？

9.5-2　纯毛地毯的主要优点是什么？适用于何处？

9.5-3　谈谈你见过的墙面布艺的特点。

9.6　金属装饰材料

导入案例

【案例 9-6】吊顶在装修中是一个重要分项工程，目前吊顶的方式方法较多，为了能够合理地选用吊顶的处理方法，需要了解常用的吊顶材料有哪些，吊顶龙骨有哪几种，为什么装饰装修中吊顶多采用金属龙骨等问题。

9.6.1　金属装饰材料的分类

金属材料通常分为黑色金属和有色金属两大类。黑色金属包括铸铁、钢材，其中钢材主要用作房屋、桥梁等的结构材料，只有钢材中的不锈钢用作装饰使用；有色金属包括铝及其合金、铜及铜合金、金、银等，它们广泛地用于建筑装饰装修中。现代常用的金属装饰材料包括有铝及铝合金、不锈钢、铜及铜合金。

金属材料在装饰装修工程中从使用性质与要求上看又分为两种情况：一种是结构承重材料，起支撑和固定作用，多用于骨架、支柱、扶手、爬梯等；另一种为饰面材料，主要是各种饰面板等，如花纹板、波纹板、压型板、冲孔板。其中波纹板可增加强度，降低板材厚度以节省材料，也有其特殊装饰风格；冲孔板主要为增加其吸声性能，大多用作吊顶材料，孔型有圆孔、方孔、长圆孔、长方孔、大小组合孔等。

9.6.2 常用金属装饰制品的品种、性能、应用

本节主要介绍钢、铝、铜及其合金材料，它们的品种、性能与应用见表9-7。

表9-7 钢、铝、铜及其合金材料品种、性能与应用

品　种	化学成分	性　能	应　用
普通及彩色不锈钢制品（板、管等）	普通不锈钢、彩色不锈钢	耐腐蚀，具有光泽度	电梯门及门贴脸、门、窗、内外墙饰面、栏杆扶手等
彩色涂层钢板、彩色压型钢板	冷轧板或镀锌板及特种涂料等	具有优异的装饰性，可以配制各种不同色彩和花纹，涂层附着力强，可长期保持新颖的光泽，并且加工性能好、质量轻、抗震性能好	建筑外墙板、屋面板、护壁板等。如用作商业亭、候车亭的瓦楞板，工业厂房大型车间的壁板与屋顶等
轻钢龙骨、不锈钢龙骨	镀锌钢带、薄钢板、不锈钢带	强度大，具有更强的抗风压能力和安全性，通用性强、耐火性好、安装简易	可装配各种类型的石膏板、钙塑板、吸声板等。用做墙体隔断和吊顶的龙骨支架，美观大方
铝合金花纹板、铝合金波纹板	花纹轧辊轧制而成，具有波纹形状	花纹美观大方，不易磨损，防滑性能好，十分经久耐用，自重轻（仅为钢的3/10），有银白色等多种颜色，既有装饰效果，又有很强的反射阳光能力	适合于旅馆、饭店、商场等建筑墙面和屋面的装饰
铝合金穿孔板	铝合金经机械冲孔	吸声性好，质轻、耐高温、耐腐蚀、防火、防潮、防震、造型美观、立体感强	宾馆、饭店、影院、播音室等公共建筑和中高档民用建筑改善音质条件，也可用于各类车间厂房、人防地下室等作为降噪措施
铝合金门窗、龙骨	铝及铝合金	不锈、质轻、防火、抗震、安装方便	建筑门窗、龙骨适用于室内吊顶装饰
铜及铜合金制品	铜及铜合金	华丽、高雅、坚固耐用	用于宫廷、寺庙、纪念性建筑以及商店铜字招牌等，可用于外墙板、把手、门锁、纱窗（紫铜纱窗）、西式高级建筑的壁炉

试一试

铝合金装饰板有哪几种？为什么铝合金穿孔板具有吸声性能？

随着目前人们对节能的要求越来越高，新一代彩色节能铝门窗出现在人们的生活中。这种新型材料的主要特点是型材表面采用丙烯酸漆、氟碳漆喷漆或聚胺脂粉沫喷涂，给铝型材披上一层漂亮的外衣。这种新型铝材不仅颜色靓丽，而且具有抗尘、防粉化、抵御紫外线、不褪色的优点。而且，表面厚60～70μm的涂膜可以减缓热量的传导，隔声达30dB左右。此类门窗最大的优点就是节能性能好，由于在新型节能彩色铝型材中间装有非金属冷桥，是北方地区理想的选择，在南方也可大大节约空调的耗电量。此类门窗质量轻、强度高、耐老化、便于工业化生产，适合高层建筑的安装，其优良的性能将倍受人们的青睐。

>>> 相关链接【案例9-6分析】

现在，吊顶材料常用的有石膏板、PVC板、铝扣板、矿棉板等。家装中客厅的灯池、餐厅的局部造型大都是由石膏板做成的，石膏板质轻、价低、施工方便，但常用产品耐火、防潮性较差。PVC板主要用于卫生间或厨房中，价格比较便宜，每平方米几十元左右，重量较轻，能防水、防潮、防蛀，花色图案较多，缺点是耐高温性能不强。铝扣板是新型的吊顶材料，家装中其用途也主要用在卫生间或厨房中，其性能不仅防火、防潮，还能防腐、抗静电、吸声、隔声、美观、耐用，属于上等的吊顶材料。其常用形状有长形、方形等，表面有平面和冲孔两种。国产铝扣板价格每平方米60元左右，进口铝扣板价格200元左右。矿棉板价格为20～50元/m^2，其吸声性能较好，并隔热、防火，一般公共场所用的较多，家庭也有使用。

龙骨是装修吊顶中不可缺少的部分，一般有木龙骨、铝合金龙骨、轻钢龙骨、不锈钢龙骨四种。使用木龙骨要注意木材一定要干燥，现在家庭装修大部分选用不易变形、具有防火性能的吊顶金属龙骨，吊顶金属龙骨一般采用轻钢和铝合金制成，具有自重轻、刚度大、防火抗震性能好，加工安装方便等特点。

试一试解析

孔隙特征对吸声材料是至关重要的，一般来讲，孔隙越多、越细小，吸声效果越好。孔隙越大，效果越差。若多孔材料表面涂刷油漆或材料吸湿，则吸声效果大大降低，因此，吸声材料还应具有透气性。吸声材料要求具有开放的、互相连通的气孔，这种气孔越多，吸声性能越好。

思考与练习 9.6

9.6-1 不锈钢有什么特性？

9.6-2 铝合金门窗有什么特点？

9.6-3 铝合金装饰板有哪几种？应用在什么场合？

读一读

建筑装饰材料的发展趋势

【案例 9-7】 常见有媒体报道：装修后短期内居住者会发生不同症状的装修综合症，轻者出现不同程度的头晕、失眠、呼吸道疾病等症状，重者甚至有中毒而死亡的。这是居住者选用了有毒害的建筑装饰装修材料进行室内装修造成的不良后果。如何避免这些事故的发生呢？将来，装饰材料如何发展？

1. 发展趋势

随着我国经济建设的不断发展，人们生活水平的日渐提高，人们自身保健和环境意识的不断增强，对绿色建筑装饰装修材料的要求将日益迫切，人们期望将有更多、更好的绿色建筑装饰装修材料问世。21 世纪的建材将是绿色建材。

2. 绿色建材的特点

与传统建材相比有以下四个基本特性：

1）采用低能耗制造工艺和不污染环境的生产技术。

2）在配制或生产过程中不使用甲醛、卤化物溶剂或芳香族碳氢化合物，产品中不含有汞及其化合物；不用铅、镉、铬及其他化合物作为颜料及添加剂。

3）产品的设计是以改善生活环境、提高生活质量为宗旨，即产品不仅不损害人体健康，而且应有益于人体健康，产品具有多功能性，如抗菌、灭菌、防霉、除臭、隔热、防火、调温、消声、消磁、防射线、抗静电等。

4）产品可循环或回收再生利用，无污染环境的废弃物。

>>> 相关链接 【案例 9-7 分析】

为避免装修带来的室内污染，在装修材料的选配上应首选环保材料，重视加强装饰材料的环保检测，装修后有必要进行室内空气质量进行鉴定。

本 章 回 顾

- 玻璃的种类：节能玻璃有热反射玻璃、吸热玻璃、中空玻璃；安全玻璃有钢化玻璃、

夹层玻璃、夹丝玻璃。

- 建筑装饰陶瓷的种类：陶瓷墙地砖、陶瓷壁画、卫生陶瓷、装饰琉璃制品等。其中装饰贴面材料多数是陶瓷制品，是精陶至粗炻的产品。
- 建筑饰面石材：建筑装修用的石材主要是花岗石和大理石两大类，建筑装修用石材多为板材，按形状主要有普通型材和异型材两种。
- 建筑装饰涂料：建筑涂料是涂于建筑物表面可形成连续薄膜，且具有保护或装饰功能的材料。常用的有机建筑涂料分为水溶性涂料、溶剂性涂料、乳胶涂料。建筑装饰多用乳胶涂料（乳胶漆）。
- 纤维装饰织物的种类：装饰中的软材料，价格低，可洗性强，可经常变换，改变居室环境，主要包括地毯、窗帘、壁纸、壁布、靠垫等。选用时注意色彩与环境的整体性。
- 金属装饰材料：作为装饰应用最多的是铝材。近年来，不锈钢的应用大大增加。铝合金装饰板主要有铝合金波纹板、压型板、铝合金穿孔板、铝塑板等。
- 建筑装饰材料的发展方向：绿色环保建材。

知识应用

装修一套两室一厅清水房，从功能和装饰性角度合理选用材料，依据使用部位将所需材料列于表 9-8。

表 9-8　材料选用表

房间类型	使用部位	使用材料
客厅	顶棚	
	内墙面	
	地面	
卧室	顶棚	
	内墙面	
	地面	
书房	顶棚	
	内墙面	
	地面	
卫生间	顶棚	
	内墙面	
	地面	
厨房	顶棚	
	内墙面	
	地面	

【延伸阅读】

建筑装饰材料的现状与发展

近几年，建筑立面选用大理石、花岗石、天然文化石及人造石材装饰不断增多。花岗石或天然文化石用于二到四层的外墙、大门入口装饰，给建筑增加了大气、厚重、牢固的感觉。建筑外立面材料也有选用百叶、Low—E 玻璃、铝塑板、铝合金扣板、玻璃幕墙、金属幕墙等节能型装饰材料，但普及面较小。Low—E 玻璃用于外墙装饰对室内产生冬暖夏凉的节能效果，又能避免产生光污染 。多层建筑改造时多用铝塑板，在高层部位使用铝合金扣板。

幕墙使建筑物更具时代感和艺术感。但是，幕墙施工复杂、成本高，饰面板块间缝隙必须用专用胶嵌缝，胶料老化、剥落后，顺缝隙产生空气渗透和雨水渗漏现象，雨水顺着连接件、挂件、螺栓渗入，甚至顺着预埋铁渗入墙体，严重影响墙体的强度和耐久性，降低了幕墙的隔声、保温隔热等性能。

涂料颜色丰富、光泽度好，能随基层线形、花式形成光滑细腻的装饰案。优质涂料能更好地适应基层的变形而抑制面层开裂，在外墙材料老化破旧更新时，用涂料比用其他材料更易实施，效果更好。在装饰使用中，氟碳涂料具有仿铝塑板的装饰效果，且具有超长的户外耐久性；矿物性油漆有良好的耐酸雨、抗空气污染等优点；真石漆装饰效果酷似大理石、花岗石；纳米多功能外墙涂料能有效屏蔽紫外线，具有良好的耐候、保色、涂膜亮丽性和耐水、耐碱、耐洗刷性；外墙刮砂型弹性质感涂料具有较强的附着力、完美的遮盖力和柔韧性好、抗碰撞、质感强烈、表现力丰富等特点，用于砖墙面、水泥砂浆面、砂石面等基面都是优于面砖的。在我国，深圳的半岛城邦和第五园二、三期是涂料装饰的佳作。在欧美等发达国家，建筑外墙采用高级涂料装饰的已占到了90%，而我国建筑涂料在外墙装饰中的应用率还不到60%。目前，随着我国城市的发展以及与国际接轨程度的不断增大，在建筑外立面提倡采用高级涂料进行装饰已成为研究的重点方向。因此，提高外墙优质涂料、可再生石材、绿色环保板材的使用率，将两种以上装饰材料优化组装于建筑外立面，将成为建筑立面装饰材料的发展目标。

第10章 建筑防火材料

本章导入

在人类历史发展进程中，火对人类文明的进步发挥了极其重要的作用，但是火是一把双刃剑，它在造福人类的同时，也经常带来灾难。因此，建筑防火成为建筑设计中的一项基本要求，对延长建筑物使用寿命以及保障人民生命财产安全具有重要意义。

在浩瀚的材料领域中，建筑材料品种万千，由于各种材料的化学成分、矿物组成不同，遇火后其燃烧性能各不相同，根据《建筑设计防火规范》（GB 50016—2006）和《高层民用建筑设计防火规范》（2005 版）（GB 50045—1995），将建筑材料和建筑构件分为不燃、难燃和可燃三大类。

1. 不燃材料

不燃材料指在空气中受到火烧或高温作用时不起火、不微燃、不炭化的材料，如砖石、石膏、混凝土、钢材等均为不燃烧材料。用不燃材料制成的建筑构件称为不燃烧体。

2. 难燃烧材料

难燃烧材料指在空气中受到火烧或高温作用，难起火、难微燃、难炭化，当火源移走后，燃烧或微燃立即停止的材料，如经过防火处理的木材、水泥木丝板等。用难燃材料制成的建筑构件或用燃烧材料做成构件后又用不燃材料做保护层的建筑构件称为难燃烧体。

3. 燃烧材料

燃烧材料指在空气中受到火烧或高温作用时，立即起火或微燃，且火源移走后仍继续燃烧的材料，如纸、木材、纺织品等。用燃烧材料制成的建筑构件称为燃烧体。

不同的材料其燃烧性能的测定方法不同，如塑料的燃烧性能测定方法有氧指数法、炽热棒法、水平燃烧法、垂直燃烧法、点着温度的测定等；防火涂料有大板燃烧法、隧道燃烧法、小室燃烧法等。其中氧指数法不仅用于塑料，也用于其他许多材料燃烧性能的测定。氧指数（OI）法是在规定条件下，试件在氧、氮混合气流中维持平稳燃烧所需的最低氧气浓度，以氧所占的百分数值表示。氧指数作为判断物质在空气中与火焰接触时的难易程度是非常有效的，是评价物质燃烧性的重要指标之一。在评价材料燃烧性能时，应多采用几种方法进行综合评价。

试一试

铝材、石棉板、纤维板、泡沫塑料、有机玻璃及大部分有机材料属于哪一类材料？

10.1 建筑材料的防火原理及方法

导入案例

【案例 10-1】 据媒体报道，2009 年元宵夜央视大楼配楼发生火灾，持续燃烧 6h，西、南、东侧外墙装修材料几乎全部烧尽，着火面积达 10 万 m^2，7 人受伤，其中一名消防员牺牲。该楼外墙保温材料为挤塑板，是酿成大火的罪魁祸首之一。

只有掌握各种建筑防火材料的性质和用途，科学合理地选用建筑防火材料，才能保证建筑物的消防安全，最大限度地减少发生火灾的危险性。那么常用建筑材料的主要防火措施是什么呢？

在种类繁多的建筑材料中，无机材料遇火后绝大多数不发生燃烧，仅引起物理力学性能降低，严重者丧失其承载能力，而有机高分子材料，如塑料、橡胶、合成纤维等，则因其分子中含有大量的碳氢化合物而使其燃点低，容易着火，燃烧时蔓延速度快。因此，建筑材料的防火，从某种意义上说，就是对有机高分子材料进行防火。

10.1.1 建筑材料的防火性能

建筑材料的防火性能包括建筑材料的燃烧性能、耐火极限、燃烧时的毒性和发烟性。

1. 燃烧性能

燃烧性能是指材料燃烧或遇火时所发生的一切物理、化学变化。其中着火难易程度、火焰传播程度、火焰传播快慢以及燃烧时的发热量，均对火灾的发生和发展具有较大的影响。

2. 耐火极限

耐火极限是指在标准耐火实验条件下，建筑构件、配件或结构从受到火的作用时起，到失去稳定性、完整性或隔热性时止的时间（h）。建筑构件的耐火极限决定了建筑物在火灾中的稳定程度及火灾发展快慢。

3. 燃烧时的毒性

燃烧时的毒性是指材料在火灾中受热发生热分解，释放出的热分解产物和燃烧产物对人体的毒害作用。统计表明，火灾中的伤亡人员主要是中毒所致，或先中毒昏迷而后烧伤窒息或死亡，直接烧死的只占少数。

4. 燃烧时的发烟性

燃烧时的发烟性是指材料在燃烧或热解作用下，所产生的悬浮在大气中的可见固体和液体微粒。固体微粒就是碳粒子，液体微粒主要指一些煤焦油。材料燃烧发烟大小，直接影响能见度而进一步影响人的逃生和火灾的扑救工作。

常用材料的高温损伤临界温度见表 10-1。

表 10-1　常用材料的高温损伤临界温度

材　料	温度/℃	注　解
普通黏土砖砌体	500	最高使用温度
普通钢筋混凝土	200	最高使用温度
普通混凝土	200	最高使用温度
页岩陶粒混凝土	400	最高使用温度
普通钢筋混凝土	500	火灾时最高允许温度
预应力混凝土	400	火灾时最高允许温度
钢材	350	火灾时最高允许温度
木材	260	火灾时危险温度
花岗石	575	相变发生急剧膨胀温度
石灰石、大理石	750	开始分解温度

10.1.2　建筑防火材料的阻燃和防火原理

燃烧必须具备三个条件：可燃物质；助燃剂（空气、氧气、氧化剂）；热源（火焰、高温等）。

只有这三个条件同时存在并相互接触才能发生燃烧。若阻止燃烧，至少需要将其中一个因素隔绝开来。

物体的阻燃是指可燃物体通过特殊方法处理后，物体本身具有防止、减缓或终止燃烧的性能。物体的防火则是采用某种方法，使可燃物体在受到火焰侵袭时不会快速升温而遭到破坏。可见，阻燃的对象是物体本身，如塑料的阻燃，是使塑料本身由易燃转变为难燃材料；而防火的对象是其他被保护物体，如通过在钢材表面涂覆一层难燃涂层实现了钢材的防火，涂层本身最终还是会烧毁。由此可见阻燃和防火两者并不是一回事。但阻燃和防火的目的都是使燃烧终止，这就使它们有了一定的共性。阻燃通常是通过在物体中加入阻燃剂来实现的，防火则通常是采用在被保护物体表面涂覆难燃物质（如防火涂料）来实现的，而难燃物质中通常也加入阻燃剂或防火助剂。从这一角度看问题，阻燃和防火的原理是类似的。

任何物质的燃烧都是一种剧烈的、伴之以发光发热的氧化反应过程。高分子材料化学成分复杂，因而，燃烧过程也比较复杂，它包括了一系列的物理变化和化学变化过程，这些理化反应过程如图 10-1 所示。

图 10-1 显示了建筑火灾中材料参与燃烧的过程是一个连续反应的过程，其中材料受热分解是最关键的一个过程。热分解进行的难易、快慢程度，与热源温度、可燃物组成及其燃烧特性和空气中的供氧浓度因素有关，因此，有机高分子材料的阻燃，就是要采取物理和化学的方法，控制材料热分解过程的发生和发展，从而有效地阻止它的燃烧和蔓延。

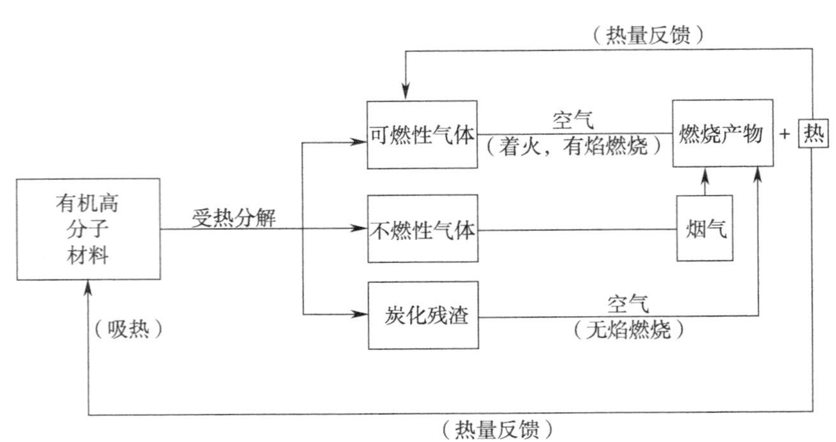

图 10-1 物质燃烧过程示意图

10.1.3 建筑材料的防火方法

通常采取下述隔热、降温和隔绝空气等方法，以达到对易燃、可燃性材料阻燃的目的。

1. 减少材料中可燃物的含量

在易燃、可燃材料内，加入一定量的不燃材料（如水泥、玻璃纤维等），以降低易燃、可燃材料的发热量。常见的纸浆水泥板和水泥木丝板就是用减少可燃物含量的方法来进行阻燃的。又如环氧、酚醛、聚酯等热固性树脂，加入了玻璃纤维后形成玻璃钢，其玻璃纤维的加入，大大地减少了可燃物（树脂）的含量，也达到了阻燃的效果，而且还降低了该材料的成本。

2. 控制火灾时的热传递

在木材表面涂刷膨胀性防火涂料，使之在火灾作用下，涂料表面逐渐变成熔融膜，并构成均匀的泡沫炭化层，同时涂料中的炭化剂不断脱水，泡沫剂分解产生出具有不燃性的 NH_3、Cl_2、HCl 等气体。此时，犹如在木材与火源之间，设置了一道泡沫炭化层、水蒸气和不燃性气体所组成的防火屏障，使火焰不能与木材直接接触，从而达到了控制热传递的作用。

3. 抑制材料燃烧时的气态反应

在合成材料中，加入具有抑制燃烧反应的物质，以捕捉燃烧时所析出的自由基，从而达到阻燃的目的。最常见的处理办法是在合成高分子材料中加入卤素化合物，当火灾发生后，卤化物在一定温度下受热分解，产生出的 HX 与已燃烧的该物质所产生的自由基发生作用，生成水蒸气，进而抑制该材料燃烧的继续进行。

此反应使具有高活性的自由基转变为相对不活泼的卤原子，继而使卤原子又从可燃物中夺取氢原子，再形成 HX。该过程往复不断，直到燃烧反应终了为止。

4. 采取隔绝氧气的办法

在易燃、可燃材料表面粘贴金属箔（如铝箔）等，一方面由于金属箔大量反射燃烧所生成的热量，使被覆盖的易燃、可燃材料吸热量减少，进而使材料的热分解速度变慢；另一方面又可以阻止被覆盖的材料，在受热分解时所释放出的可燃性气体不直接与火焰接触，从而达到阻燃的目的。

总之，易燃、可燃材料的防火处理可用阻燃剂直接加到材料内，构成材料的一个组分，也可在材料表面涂覆防火涂料或粘贴不燃材料来达到阻燃的目的。实践证明，经过阻燃处理后的有机高分子材料，用作建筑装饰材料，能有效地减少重大火灾事故的发生。

>>> **相关链接**｜**【案例 10-1 分析】**

目前，这种厚度为 2～10cm 的挤塑板，一般是在建筑物外墙表面用特制黏结胶黏结到基层上，外侧用阻燃玻璃纤维网及水泥黏结胶浆保护层“天衣无缝”地裹上一层，形成外墙保温体系。也就是说，目前，很多在建楼房都是用挤塑板保温、隔热，从头到尾都穿了一层轻型“保温大衣”。而火灾发生的原因之一，就是因为 XPS 挤塑板没有阻燃性能导致火势大肆蔓延。阻燃剂的价格很高，阻燃板的成本因此也大幅度提高。

思考与练习 10.1

10.1-1　建筑材料阻燃和防火原理的共性是什么？不同之处是什么？

10.1-2　建筑材料的防火方法有哪些？

10.2　防火涂料

防火涂料实质上是阻燃涂料的习惯称呼。防火涂料是一类特制的防火保护涂料，除了具备涂料的基本功能外，更重要的是对底材应具有防火保护功能。防火涂料用于建筑结构材料的防火保护，在火灾发生时可以有效延缓火灾对底材物理力学性能的影响，从而使人们有充分的时间进行人员疏散和火灾扑救工作，达到保护人们生命财产安全的目的。

导入案例

【案例 10-2】 近十几年来，由于我国公路和交通隧道不断增加，加上运输物品的复杂性，从而增大了交通隧道的火灾风险。加强隧道结构的防火保护是十分必要的，目前较为常用的方法是什么？

防火涂料根据所采用的溶剂，可分为溶剂型和水溶型两类。无机防火涂料和乳胶防火涂料均以水为溶剂；有机防火涂料采用有机溶剂。按防火涂料的作用机理，可分为非膨胀型防火涂料和膨胀型防火涂料。非膨胀型防火涂料基本上是以无机盐类制成黏合剂，掺入石棉、硼化物等无机盐，也有用含卤素的热塑性树脂掺入卤化物和氧化锑等加工制成。膨胀型防火涂料是以天然或人工合成的树脂为基料，添加发泡剂、碳源等防火组分构成防火体系，受火作用时，能形成均匀、致密的蜂窝状碳质泡沫层，这种泡沫层不仅有较好的隔绝氧气的作用，而且有非常好的隔热效果。

试一试

防火涂料与装饰涂料的区别有哪些?

10.2.1 对防火涂料组成材料的要求

防火材料由主要成膜物质、次要成膜物质和辅助成膜物质构成。但主要成膜物质必须能与阻燃剂很好地结合，构成有机的防火体系。

阻燃剂是防火涂料中起着防火作用的关键组分。非膨胀型防火涂料的阻燃剂，在受火作用时能分解并释放出不燃性气体，或本身不燃且导热性很低的物质。对于膨胀型防火涂料的阻燃剂，要求其中的发泡组分能在较低的温度下分解，并与主要成膜物质共同形成泡沫层的骨架，同时必须有利于提供碳源的高炭化合物作用，使正常的燃烧反应转化为脱水反应，有效地把碳固定在骨架上，形成均匀、致密的碳质泡沫层。

颜料不仅要使防火涂料呈现必要的装饰性，更要能改善防火涂料的机械、物理性能（耐候性、耐磨性等）和化学性能（耐酸碱、防腐、耐水等），并增强防火效果。

其他助剂在防火涂料中应在增强防火效果的同时，还能改善涂料的柔韧性、弹性和耐着力、稳定性等性能。

10.2.2 防火涂料的分类

常见的防火涂料可分为以下几种：

1）按防火涂料分散介质的不同，可分为水性防火涂料和溶剂型防火涂料。

2）按防火涂料阻燃效果的不同，可分为膨胀型（又称发泡型）防火涂料和非膨胀型防火涂料；可将非膨胀型防火涂料分为两类，即难燃性防火涂料及不燃性防火涂料。

3）按防火涂料成膜物组成不同，可分为无机防火涂料、有机防火涂料和无机—有机复合型。

4）按防火涂料主要用途不同，可分为饰面型防火涂料、电缆防火涂料、钢结构防火涂料、隧道防火涂料、预应力混凝土楼板防火涂料。钢结构防火涂料可分为厚型、薄型、超薄型或室内用、室外用等类型。

相关链接 【案例10-2分析】

目前，较为可行的方法就是在隧道混凝土表面涂一层隧道专用防火涂料。

在防火涂料中，应用最广泛的是膨胀型防火涂料，而在膨胀型防火涂料中应用最广泛的是钢结构防火涂料。钢材是最常用的建材之一，钢结构也是主要建筑结构之一。但是钢材极易导热，怕火和怕高温。没有保护的钢结构在火灾高温下，几分钟内自身温度就可以达到

550℃以上，使其丧失结构强度。所以要采用相应的措施来进行防火保护，其中功能最为齐全和最易于实施的，首推喷涂钢结构防火涂料，一般不需要辅助措施，而且涂层的质量轻，具有一定的装饰能力，因此受到广大建筑设计师的青睐。

10.2.3 非膨胀型防火涂料

非膨胀型防火涂料是依靠本身的难燃性或不燃性来阻止火焰的传播。它的涂层都较厚，一旦着火，在高温下就形成一种釉粒状，在短时间起到一定的隔热作用。釉状物的结构致密，能有效地隔绝氧气，使被保护的物体因缺氧而不能燃烧，或降低反应速度。但这种釉状物很容易被烧裂，一旦裂缝产生，被保护基材如木材，其干馏出的可燃性气体会喷出，引起轰燃。所以，非膨胀型防火涂料对物体的保护效果是有限的，但因有较高的难燃性或不燃性，对阻抗瞬时性高温仍有很好的效果。

10.2.4 膨胀型防火涂料

膨胀型防火涂料是以天然或人工合成的树脂为基料，添加发泡剂、碳源等防火组分构成防火体系。膨胀型防火涂料在未受高温、热和火灾作用时，能保持良好的装饰性，受火作用时，能形成均匀、致密的蜂窝状碳质泡沫层，这种泡沫层不仅有较好的隔绝氧气的作用，而且有非常好的隔热效果。

膨胀型防火涂料的隔热阻火作用是靠它受火形成的泡沫层来实现的，其泡沫层比原涂层厚数十倍，甚至数百倍，所以原涂层都较薄（约为0.2mm），不仅有利于满足装饰要求，而且用量少，虽然比非膨胀型防火涂料造价高，实际上还是很经济的。

国内生产的防火涂料有用于木质材料、钢结构、预应力混凝土等三类。

防火涂料的防火性能只有在涂刷于建筑物上24h风干后，才能起到防火阻燃作用，如在尚未风干之前遇上明火，则仍会发生燃烧。

思考与练习 10.2

10.2-1 防火涂料按阻燃效果不同如何分类？防火机理是什么？

10.2-2 调查需要使用防火涂料的材料品种有哪些？

10.3 钢材的防火保护

钢结构作为现代建筑的主要形式，在常温下具有质量轻、强度高，抗震性能好，施工周期短，建筑工业化程度高，空间利用率大等优点。但钢结构建筑抗火性能差的特点也非常明显，因为钢材虽是一种不燃烧的材料，却是热的良导体，极易传导热量。钢材在温度超过300℃以后，屈服强度和极限强度显著下降，达到600℃时强度几乎等于零。科学试验和实例都表明，未加保护的钢结构在火灾情况下，只需15min，自身温度就会上升到540℃以上，致使构件扭曲变形，最后导致建筑物坍塌毁坏，变形后的钢结构也无法修复使用。因此，对钢结构必须采取防火保护措施。

导入案例

【案例 10-3】1998 年 5 月 5 日，北京玉泉营环岛家具城大火，1.3 万 m^2 钢结构轻体建筑全部倒塌，直接经济损失达到 2087 万元。因此，必须对钢结构进行防火保护，钢结构常用的防火措施是什么？

10.3.1 钢结构的防火保护

1. 外包层

在钢结构外表添加外包层。根据不同的耐火极限要求，选用不同的保护方法。

耐火极限是指对建筑构件按时间—温度标准曲线进行耐火试验时，从受到火作用时起到失去支持能力，或构件完整性被破坏，或失去隔火作用时止的这段时间，以小时（h）表示。如要求耐火极限为 1h，可用 13mm 厚石棉隔热板和 8mm 厚隔热板将钢结构的各杆件包覆。当要求耐火极限更高时，其隔热板的厚度尚需相应增厚。

2. 充水（水套）

给钢柱加做箱形外套，在套内注水，火灾时，由于钢柱受水的保护而升温减慢。空心型钢结构内充水是抵御火灾最有效的防护措施，这种方法能使钢结构在火灾中保持较低的温度，水在钢结构内循环，吸收材料本身受热的热量。受热的水经冷却后可以进行再循环，或由管道引入凉水来取代受热的水。

3. 屏蔽

钢结构设置在耐火材料组成的墙体或顶棚内，或将构件包藏在两片墙之间的空隙里，只要增加少许耐火材料或不增加即能达到防火的目的。这是一种最为经济的防火方法。

4. 用防火涂料涂刷在钢结构上，以提高其耐火极限

近年来，多采用该方法保护钢材。在钢结构上所采用的防火涂料有 LG 钢结构防火隔热涂料（厚涂层型）、LB 薄涂层型防火涂料、JC—276 钢结构防火涂料和 STl—A 型钢结构防火涂料，后两种涂料除作钢结构防火外，还可作为预应力混凝土构件的防火处理。

>>> **相关链接**｜**【案例 10-3 分析】**

造成事故的原因是钢结构防火涂料未达标，设计者往往是简单地注明采用钢结构防火涂料保护措施，并未详细地说明选用哪一种类型的钢结构防火涂料，在施工中单纯考虑价格、美观等问题，造成防火涂料选型不当的现象。选型时往往忽视建筑物的环境以及使用性质的要求。露天钢结构受到日晒雨淋，或高层建筑的顶层钢结构上部采用透光板时，阳光暴晒，环境条件较为苛刻，本应选用室外型钢结构防火涂料。超薄型钢结构防火涂料装饰性更好，涂层更薄，从而降低了工程总费用，是目前市场上大力推广的品种。但是，在钢结构防火保护工程中出现了片面地追求涂层越来越薄的现象，这对为建

筑物提供切实可靠的安全保障极为不利。建筑物中的隐藏钢结构，对涂层的外观质量要求不高，应尽量采用厚型钢结构防火涂料。裸露的钢网架、钢屋架及屋顶承重结构，耐火极限要求在 1.5 小时以下时，可选用薄涂型或超薄型钢结构防火涂料，耐火极限要求超过 2.0 小时时，应选用厚型钢结构防火涂料。

10.3.2 钢筋的防火保护

钢筋混凝土结构是由混凝土和钢筋共同组成受力的梁、板、柱、屋架等构件。在构件中，钢筋虽然被混凝土包裹，但在火灾作用下，仍会造成构件力学性能的丧失，从而使结构破坏。

由于钢材的热导率较混凝土大，钢筋受热后，其热膨胀率是混凝土膨胀率的 1.5 倍，故受热钢筋的伸长变形比混凝土大，因此，在结构设计允许的范围内适当增加保护层厚度，可以减小或延缓钢筋的伸长变形和预应力值损失。如结构设计不允许增厚保护层，可在受拉区混凝土表面涂刷防火涂料，从而使结构得到保护。

思考与练习 10.3

10.3-1 钢结构防火保护方法有哪些？最常用的方法是什么？

10.3-2 调查常用的钢结构防火涂料的品种有哪些？

10.3-3 钢筋混凝土结构中钢筋常用的防火措施是什么？

10.4 木材的阻燃处理及应用

木材是重要的建筑材料之一，也是家具、装饰、包装和造纸、印刷等行业的重要原料。近年来，在工程中，较多的木材都作为地板、室内护墙板、木制门等被广泛应用。木材因含有 90% 的纤维素、半纤维素、木质素和约 10% 的浸提物而具有可燃性，易引起火灾和使火蔓延扩大。如今，随着工农业的发展及人口的剧增，火灾危害更是有增无减。

【案例 10-4】 早在古代，我们的祖先就发明了防火隔热材料，并广泛用于建筑物木结构的防火，如用砖粉、铁红、桐油、麻刀与胶凝材料一起混合，作为木结构柱的装饰保护材料，使木柱免予火灾。现代，木结构常用的防火方法是什么呢？

木材在火的作用下发生热分解反应，使木材中复杂的高分子物质分解成许多简单的低分子物质，同时随着温度的升高，反应由吸热变为放热，从而又加速了木材本身的热分解。

木材遇火热解时，除分解出可燃气体外，还有游离碳、干馏物粒子等，这些就是烟。烟的出现，影响光线通过，阻挡人的视线，妨碍室内人员的安全疏散和消防人员的灭火扑救。目前，阻燃性、防腐蚀性、防虫和结构尺寸稳定性，已成为木材阻燃的发展方向。

10.4.1 木材防火处理方法

为了减少火灾，保障国家和人民生命财产的安全，许多国家都建立和健全了各种消防法规，规定所用可燃、易燃材料必须经过阻燃处理。所谓阻燃并不是说这种材料完全不燃，而是使材料遇小火能自熄，遇大火能延缓或阻滞燃烧行为的过程。木材经具有阻燃性能的化学药剂处理后变得难燃。

木材阻燃处理的方法按照处理工艺可分为表面涂覆处理及浸渍处理两类。表面涂覆法是在最后加工成型的木材及其制品表面上，涂覆阻燃剂或阻燃涂料，或者在其表面粘贴不燃性物质，通过这层保护达到隔热隔氧的阻燃目的。木材涂覆用的防火涂料按防火材料阻燃功能分为非膨胀型防火涂料和膨胀型防火涂料。非膨胀型无机防火涂料有较好的耐热性、不燃性、不发烟，原料易得，价格便宜，施工方便，但涂料附着力差，不耐潮湿，易龟裂。非膨胀型有机防火涂料有醇酸树脂防火涂料、聚氨酯防火涂料等。膨胀型防火涂料较非膨胀型防火涂料品种多，性能优越，是世界防火涂料发展方向。

木材阻燃处理的另一种方法是浸渍处理，使用的阻燃剂有磷酸胍阻燃剂、聚磷酸铵阻燃剂等。阻燃处理分为常压法和真空-加压法两种。常压法是在常压下将木材浸泡在黏度较低的阻燃药剂中。加压法是将木材置于高压罐内，先抽成真空，然后加压将阻燃药剂压入木材内部。浸渍处理后的木材阻燃效果取决于药剂的吸药量和阻燃药剂浸入木材内部的深度。但在浸注处理前应让木材充分气干，并加工成所需形状和尺寸，以免由于锯、刨等加工，使浸有阻燃剂最多的表面去掉。

经阻燃处理后的木材，除应具有所要求的阻燃性能外，还应基本保持原有木材的外观、强度、吸湿性及表面对油漆的附着性能和对金属的抗腐蚀性能等。

由于某些阻燃剂对木材强度有一定影响，一般是吸收药量越多，强度降低越大。据国外资料报道，经阻燃处理后强度降低10%是允许的，使用部门应根据本部门对强度的要求，确定阻燃木材强度降低的允许范围。

>> **相关链接**｜**【案例10-4分析】**

由于火的巨大破坏性，因此在木建筑中，防火处理始终是摆在第一位的，一般常用阻燃剂对木材进行化学处理。所谓的化学处理就是通过阻燃剂的浸渍和表面涂覆两种途径来实现防火目的。

10.4.2 阻燃型木质人造板

木质人造板包括刨花板、纤维板和胶合板，在建筑工程和家具制造中广泛应用。由于人造板所用原料是木材加工后的废料、采伐剩余物、小径木等，它们均同母材一样，都属可燃

物质，为了保障建筑物和人民生命财产的安全，需要对木质人造板进行阻燃处理。

制造阻燃型木质人造板可采用对成板进行阻燃处理和在生产工序中添加阻燃剂两种途径。阻燃型木质人造板除应具有一定阻燃性外，还需保持普通人造板的胶合强度、吸湿性等。由于某些阻燃剂能降低人造板的强度，提高吸湿性，因此，阻燃剂添加量要根据所要求的阻燃性能、胶合强度降低的允许范围、成本等因素权衡而定。

10.4.3 防火木质制品

防火木质制品是将阻燃材料、阻燃木质人造板制成木质防火门和门框。

1. 防火板

防火板是以专用纸浸渍氨基树脂，经干燥后铺装在优质刨花板、纤维板等人造板基材表面，并经热压而成的板材。防火板是目前市场上最为常用的材料，其优点是防火、防潮、耐磨、耐油、易清洗，主要用于建筑物出口、通道、楼梯和走廊等处的防火吊顶建设，能确保火灾时人员的安全疏散，并保护人们免受火势蔓延的侵袭。

有一种新型的防火板材——聚合秸秆多功能防火板材，它被选为第29届奥运会主会场——国家体育场“鸟巢”工程的防火材料。这种防火板材以优良的防火、防水性能，较高的强度，较轻的重量，符合环保要求和价格低廉击败了国际国内众多的竞争对手脱颖而出。据悉，该种材料是由一种新型的秸秆板材机器生产的，这种机械颠覆了以往的工作方式，采用机体移动式生产板材，节省了大量人工成本和后期投资。另外，该种秸秆制板机采用特殊材料处理辊筒成形面，光滑、耐磨、抗生锈。对辊上下任意调节，可生产多种厚度的板材，宽1.3m，长度不限，可满足不同的市场需求。

2. 木质防火门

木质防火门在火灾发生后，可手动或使用自动装置将门关闭，使火和烟限制在一定范围内，从而阻止火势蔓延，最大限度地减少火灾损失。木质防火门适用于高层建筑和大型公共建筑等场所，也可安装在工厂、仓库的楼道内作隔门，还可作宾馆、医院、办公楼的单元门、配电间房门、档案室门等用。根据其所选材质，防火门可以分为木质防火门、钢质防火门、钢木防火门以及其他材质防火门。同时，根据防火门的隔热完整性，又分为隔热型防火门、半隔热型防火门、不隔热型防火门。根据防火门的功能，该产品对于控制火焰蔓延、减少火灾损失和保障人员在火灾中顺利逃生起到了十分重要的作用。根据建筑设计防火规范要求，防火门作为建筑行业的一种功能性产品，在建筑中的应用量日益增加，并在各类火灾中发挥出了重要的防火隔热、隔烟作用，防火门的应用也逐渐得到人们的重视。

思考与练习 10.4

10.4-1 木材防火保护方法有哪些？最常用的方法是什么？

10.4-2 常用的木材防火涂料的品种有哪些？

10.4-3 常用的木质防火制品有哪些？

10.5 建筑塑料的阻燃

在各种塑料建材制品中，我国目前使用最多的是塑料管材，其次是装饰装修材料，如塑料壁纸、塑料地板、化纤地毯、塑料门窗、塑料吊顶材料、塑料卫生洁具、塑料灯具、楼梯扶手等。

【案例 10-5】1991 年 5 月 30 日凌晨，广东省东莱市的兴业制衣厂（来料加工企业），发生特大火灾，全厂付之一炬，造成 72 人死亡，47 人受伤，直接经济损失达 300 万元。事故的原因是什么呢？

目前塑料制品的绝大多数是可燃的，其氧指数（OI）均在 17% ~ 19%。由泡沫塑料、钙塑板、电线包皮、电缆线、塑料壁纸等引起的火灾不胜枚举，给国家财产和人民生活造成严重损害，因此，赋予塑料制品以阻燃性，对防止火灾蔓延和扩大将有重要意义。

当前对塑料防火的主要手段和技术是添加各种阻燃剂，现在应用于塑料中的阻燃剂分有机型和无机型两大类。

有机型阻燃剂有：氯化石蜡、六溴苯酚、十溴联苯醚、三异氰酸酯（简称 TBC）、四溴双酚 A、四溴苯酚、六溴十二烷等。

无机型阻燃剂有：三氧化二锑、三水合氧化铝、硼酸锌、氢氧化镁等。

10.5.1 阻燃聚氯乙烯（PVC）

PVC 是建筑中应用量最大的一种塑料，可制成各种地砖、地板、卷材、墙纸、门窗、管道等。它的化学稳定性好，抗老化性好，硬度和刚性都较大，但耐热性较差，当温度大于 100℃时会引起分解、变质，进而破坏，故通常都在 80℃以下使用。PVC 是一种多功能材料，通过改变配方，可以是硬质的，也可以是软质的。硬质的 PVC 基本不含增塑剂或增塑剂含量小于 10%，它的机械性能好，电绝缘性能优良，对酸碱抵抗力极强，但抗冲击性较差，尤其在较低温度时呈现脆性。软质 PVC 制品的增塑剂含量一般都在 40% 以上，故材性变化范围较大。

不含任何添加剂的 PVC，其含氯量达 56%，OI > 45%，是一种自熄性聚合物。在生产过程中，为了改善 PVC 的性能，添加了一定量的增塑剂等各种添加剂，故使 PVC 的总含氯量降至 30% 左右，制品的 OI 也降至 20% 左右，达不到阻燃要求。为了改善增塑后的 PVC 的阻燃性，需添加阻燃剂或将可燃性增塑剂的一部分换成难燃性增塑剂，以提高 PVC 制品的阻燃性。

在 PVC 中加入三氧化二锑（Sb_2O_3）可使其具有难燃性。原因是 PVC 在初期燃烧时会放出 HCl 气体，此时，HCl 与 Sb_2O_3 反应生成氯氧化锑（SbOCl），SbOCl 会继续受热分解，最后生成三氯化锑（$SbCl_3$）。整个反应为吸热反应，它能除去燃烧过程中所产生的一部分热量，且燃烧时生成的 $SbCl_3$ 密度较大，覆盖在 PVC 表面，使 PVC 受热分解而生成的可燃性气体难于逸出，从而起到隔绝空气的作用。

由于 Sb_2O_3 来源有限，而使用硼酸锌部分代替 Sb_2O_3，可降低成本，起到吸热脱水、降温、阻燃作用，且两种阻燃剂并用，比单用 Sb_2O_3 效果好。这种加硼酸锌和其他阻燃剂的

PVC，不仅用于电线、电缆的包皮和护套，而且还用于乳液 PVC 浆料中，既可制成透明 PVC 制品，又可制成不透明 PVC 制品。

PVC 塑胶地板是目前世界建材行业中最新颖的高科技铺地材料。现已在国外装饰工程中普遍采用。PVC 塑胶地板系列符合国家（GB 8624—2012）《建筑材料及制品燃烧性能分级》难燃要求，现在商业（办公楼、商场、机场）、教育（学校、图书馆、体育馆）、医药（制药厂、医院）、工厂等行业广泛使用，且取得满意的效果，使用量日渐增大。

>>> 相关链接 【案例 10-5 分析】

加班工人吸烟后扔下烟头引燃易燃物，存放在楼层的大量生产原料 PVC 塑料布和成品雨衣 7 万多件着火，火势迅速蔓延并封住了这幢四层厂房的唯一出口。楼内既无防火栓、灭火器等基本消防器材，亦无防火疏散通道和紧急出口，还将很多门、窗都用铁条焊死，造成工人扑火无力，逃避无门。

10.5.2 阻燃聚乙烯（PE）

PE 极易着火，燃烧时呈浅蓝色的火焰，并发生滴落，造成火灾蔓延，特别是用于吊顶的 PE 钙塑泡沫装饰板极易引起火灾，为此，在建筑物内使用时，必须采用它的阻燃制品。

聚乙烯的阻燃大多采用添加含卤阻燃剂的方法（如用氯化石蜡、溴类或溴氯阻燃剂等，并与 Sb_2O_3 配合使用），也可添加三水合氧化铝、聚磷酸铵（APP）等。

阻燃 PE 泡沫塑料是以 PE 树脂为主要原料加阻燃剂和其他助剂经交联、发泡等工艺而成的一种轻质、隔热、隔声板材。按发泡比率不同，可得到低发泡 PE 塑料（发泡比率 2 ~ 3 倍）、中发泡 PE 塑料（发泡比率 4 ~ 5 倍）和高发泡 PE 塑料（发泡比率 >6 倍）。按添加阻燃剂、填充剂类型不同，又可得到发泡 PE 钙塑材料、发泡 PE 铝塑材料和发泡 PE 镁塑材料等，其物理性能随发泡比率和阻燃剂的不同而变化，见表 10-2。

表 10-2 物理性能随发泡比率和阻燃剂的变化

物理性能	低发泡 PE 钙塑	中发泡 PE 钙塑	高发泡 PE 泡沫塑料		
			高发泡 PE 钙塑	高发泡 PE 铝塑	高发泡 PE 镁塑
表观密度/（g/cm^3）	≥0.8	0.5	0.15 ~ 0.18	0.15 ~ 0.3	0.15 ~ 0.25
抗拉强度/MPa	2.02	1.52	0.076	0.687	0.736
导热系数/（W/（m·K））	0.081	0.073	0.051	0.071	0.071
氧指数（%）	28	27	≥25	≥30	≥32

阻燃聚乙烯泡沫塑料的性能与 PE 钙塑泡沫装饰板性能基本相同，均具有轻质、隔热、抗震、防潮等许多特点，故在建筑上常作为墙面板、吊顶材料、保温材料使用。在管道工程中，常作为管道的包衬材料、保温隔热垫使用。在人防工程中，既可作为防潮材料，又可作轻质防火吊顶材料使用。

阻燃和未经阻燃的钙塑泡沫装饰板材，从外观上无特殊区别，因此，在物资管理中应将产品标签随货物同行，切不可将两种标签调位，否则将未经阻燃的钙塑板用到工程上，特别是用到吊顶等部位，一旦遇上电火花等，则会着火成灾。

10.5.3　阻燃聚丙烯（PP）

PP的燃烧性与PE接近，OI为18%～18.5%，着火后会发生滴落，引起火灾蔓延，所以必须对PP进行阻燃化处理。用含卤阻燃剂与Sb_2O_3并用，不仅适用于聚乙烯，同样也可适用于聚丙烯。此外，聚磷酸铵、$Al(OH)_3$对PP也有明显的阻燃效果。用上述配方制得的阻燃PP料，不仅容易加工成所需制品的形状，而且平整光滑，颜色均匀。

10.5.4　阻燃聚苯乙烯（PS）

阻燃PS的制造，主要是用添加阻燃剂的方法，常用的阻燃剂为卤系和磷系。经过阻燃处理的PS，在建筑上可用来制作预制层压板、墙板、绝热隔声板材和作吊顶板用。现市场上销售的“泰柏板”，是以钢丝网为骨架，以阻燃聚苯乙烯为填料，两面按耐火要求涂抹水泥砂浆或石膏涂层，形成轻质、坚固的隔热保温、隔声、防震、防潮、抗冻的墙体，可作高层建筑的各种墙体使用，也可作吊顶板。

思考与练习10.5

10.5-1　塑料最常用的阻燃方法是什么？

10.5-2　常用的塑料防火制品有哪些？

10.6　其他阻燃制品

从20世纪80年代开始，装饰材料品种不断推陈出新，大量可燃性装饰装修材料进入建筑领域，如纤维织物（地毯、壁布、帘布等）、纸质材料（壁纸、家具贴面等）都已成为重要的建筑装饰装修材料。这些材料一般都不具有阻燃性，一旦发生火灾，燃烧十分迅速，造成的损失也十分巨大。因此对于室内装饰材料进行阻燃防火处理是十分必要的。

导入案例

【案例10-6】1994年11月27日，辽宁省阜新市艺苑歌舞厅发生特大火灾，死亡233人。1994年12月8日，新疆克拉玛依友谊宾馆发生大火，造成325人丧生。这两起大火，前者是由棉丙混纺发面料着火引起，后者则是由舞台幕布燃烧所致。对于室内软装饰如何进行防火处理呢？

10.6.1　阻燃纺织品

随着我国纺织工业的发展和人民生活水平的不断提高，特别是一些高层建筑和娱乐场所，建筑师在进行室内设计时，往往从色彩、质感等装饰效果出发，更是大量地使用装饰布。如此众多地使用纺织品，也给建筑增加了火灾隐患。

我国现有的阻燃纺织品分为劳动保护、救生、消防、床上用品、装饰用布和儿童睡衣等六大类。

建筑装饰用布是指旅馆、饭店和影剧院等公共建筑及家中的窗帘、门帘、台布、床垫、床单、沙发套、地毯及贴墙布等。这类产品的纤维品种，最多的是纤维素纤维、黏胶棉纤维，其次有纯涤纶和羊毛、尼龙和涤棉混纺等。

所谓纺织品阻燃就是在生产纤维过程中引入阻燃剂，或对织物进行后整理时，将阻燃剂固着在织物上而获得阻燃效果。

纺织品的阻燃处理分为两种方式：一是添加方式，即在纺丝原液中添加阻燃剂；另一种方式是在纤维和织物上进行阻燃整理。

纺织品所用阻燃剂按耐久程度分为非永久性整理剂、半永久性整理剂和永久性整理剂。

整理剂可根据不同目的，单独或混合使用，使织物获得需要的阻燃性能，如永久性阻燃整理的产品一般能耐水洗 50 次以上，而且能耐皂洗，它主要用于消防服、劳保服、睡衣、床单等。半永久性阻燃整理产品能耐 1 ~ 15 次中性皂洗涤，但不耐高温皂水洗涤，一般用于沙发套、电热毯、门帘、窗帘、床垫等。非永久性阻燃整理产品有一定阻燃性能，但不耐水洗，一般用于墙面软包用布等。

1. 棉、麻、黏胶纤维的阻燃

纤维的阻燃是在焙烘过程中，阻燃剂依靠交联剂与纤维结合，使之具有阻燃的效果。此方法生产工艺简单，阻燃效果好，产品能耐水洗，手感舒适，但织物的强度、不吸湿性明显下降，主要用于窗帘、室内装饰织物等。

国内阻燃胶粘纤维主要与羊毛、棉花等混纺，制成服装和装饰织物。这些阻燃胶粘纤维在热源和火焰中不熔融、不收缩，燃烧时分解产物毒性小，对人体安全无害，且有良好的透气性和不易产生静电的性能。

2. 尼龙织物的阻燃

尼龙又称锦纶。尼龙织物是聚酰胺纤维织物的总称，其产品颇多，如尼龙 66、尼龙 1010 等。据研究，大部分阻燃剂对尼龙虽有阻燃效果，但都存在一些缺点，如硫脲及其他硫化物阻燃剂的加入，虽然提高了氧指数，但却降低尼龙的熔点和尼龙熔断后的黏度，使熔融和燃烧的尼龙很快下滴，目前尚未找到作为尼龙织物的理想阻燃剂。

3. 涤纶织物的阻燃

涤纶又称的确凉，在合成纤维中量大面广。它的可燃性不是很大，如一根燃着的火柴落在织物上，当立即取走，纤维不会燃烧，当纤维和较小的火源接触，织物虽然出现了熔融的收缩，形成融珠，但不燃烧。用涤纶纤维织物与棉纤维织物作着火对比试验时可见，涤棉纤维烧不着，而棉纤维则立即着火。

用于涤棉阻燃的阻燃剂有十溴联苯醚、三氧化二锑等。这些阻燃剂热稳定性好，基本无毒，无环境污染，且原料丰富，价格便宜。涤纶经过阻燃处理后，其纤维的自熄性好，燃烧时无毒，不会因熔结而烫伤皮肤。

阻燃涤纶可作为室内装饰织物之用，可作窗帘、淋浴室帘布、地毯、沙发布、座椅套，还可作被褥、床单、毛毯等床上所有用品，以及消防服、军人服等。

4. 腈纶织物的阻燃

腈纶织物比尼龙容易燃烧，其 OI 较低，仅 18% ~18.5%，燃烧热较高，故为易燃纤维。但普通腈纶，经 Cl 和 Cl-Sb 体系阻燃剂进行阻燃处理后得到阻燃腈纶，其 OI 可达 27%，且燃烧时纤维不熔融、不延燃，当火源撤离后，立刻自灭。典型的阻燃单体有氯乙烯、偏二氨乙烯、溴乙烯等。

由于阻燃腈纶易保管，不怕虫蛀，因此它可用来制造装饰物，如窗帘、门帘、家具用布及壁毯，能满足医院、旅馆及影剧院、餐厅等公共建筑的使用要求，但阻燃腈纶中 Cl 含量高，因此纤维有较大的静电。

5. 混纺织物的阻燃整理

混纺织物由两种或两种以上的纤维相互混合，再经纺纱织布而成。在各种混纺织品中，以涤棉为多。对混纺织物的阻燃，可将各种纤维和难燃纤维混纺，可以不加整理或略加整理解决织物的阻燃性能，也可将混纺织物经阻燃整理后来提高阻燃性能，在现阶段，除涤 163 棉外，利用前者来解决混纺织物的阻燃整理居多。

6. 阻燃地毯

地毯虽然只是铺于客房、走道、卧室等处的地面上，一般不直接与火源接触，但吸烟者常因不慎而将未熄灭的火柴棍和烟头扔于地毯上，如地毯未经阻燃，则可能引起一场大火。因此，地毯应经过阻燃处理。化纤地毯的阻燃主要在于毯面纤维的处理。毯面纤维阻燃方法同纺织品的阻燃，以在化纤制造过程中加入阻燃剂为好。目前市售化纤地毯的 OI 为 19% ~21%，经严格阻燃处理后的化纤地毯 OI 在 26% 以上。

相关链接 【案例 10-6 分析】

因阻燃剂应用后，一般会改变原有的形貌，而装饰装修材料若改变形貌后则将失去其原有的价值。因此，发展一种既有良好阻燃防火作用，又能保持材料原有形貌的防火材料成了人们迫切的愿望。水性防火阻燃液正是在这样的背景下发展起来的。经水性防火阻燃液处理后的材料一般具有难燃、离火自熄的特点，此外不影响原有材料的外貌、色泽和手感。

10.6.2 阻燃墙纸

目前市售的绝大多数墙纸都是未经阻燃处理的，一旦遇到火源，极易着火蔓延成灾，并释放出烟和有害气体，使室内人员和消防扑救人员中毒身亡，因此，未经阻燃处理的墙纸的使用，增加了建筑物的火灾隐患和危害。为了满足建筑物的室内装饰的需要，又不增加其火灾隐患和危害，确保人民生命和财产的安全。我国已研制成功一种阻燃性能好，发烟量低，烟气基本无毒的 PVC 发泡阻燃塑料墙纸（简称 PF—8701 阻燃低毒塑料墙纸）。

这种墙纸首先是对底纸涂布专用的阻燃涂料，经加热烘干后即成难燃底纸，然后在底纸上涂布含阻燃剂、发泡剂、增塑剂、热稳定剂、着色剂等的 PVC 树脂底层涂布料，经塑化后再辊压印刷含阻燃剂、发泡剂等的花纹层涂布料，进行辊压印花、加热发泡处理，冷却后即得 PF—8701 阻燃低毒塑料墙纸。经用小白鼠在 PF—8701 墙纸燃烧烟气中做染毒试验 2h，

无一死亡，说明该壁纸在空气中的燃烧烟气基本无毒。此外，PF—8701 的外观与普通高发泡塑料墙纸相似，发泡均匀手感柔软，图案有较强的立体感和良好的装饰效果。

思考与练习 10.6

10.6-1 纺织品常用阻燃方法是什么？

10.6-2 常用的阻燃纺织制品有哪些？

10.7 防火玻璃

在建筑火灾的发生和发展过程中，火焰烟气几乎都是通过门、窗等开孔部位传播蔓延的，从而由局部小火发展成大火，使人民群众的人身和财产造成重大损失。门、窗之所以防火性能差，其主要原因是镶有不防火的玻璃。这些玻璃在火灾中只需几分钟就会爆裂脱落而形成火焰传播的通道。防火玻璃作为安全玻璃中的一员，除了具有普通玻璃的一些性能外，还以其阻缓火势蔓延、隔热的性能，逐步得到人们的青睐。

导入案例

【案例 10-7】 防火玻璃作为一种新型的建筑防火材料，因其通透、明快、轻盈等多种优势而倍受建筑设计师们的青睐。在大楼封闭式避难层、封闭的疏散楼梯（如上海大剧院、香港汇丰银行等），大型场馆的建筑防火分区（如广东省奥林匹克体育场、南宁会展等）的隔断需要都大量地使用防火玻璃。目前，防火玻璃有哪些品种呢？它们又是如何实现防火性能呢？

从 20 世纪 70 年代后期开始，国内外开展了对防火玻璃的研究。这种玻璃能在受到火灾后较长时间内保持其完整性，并形成一道有效的防火、防烟和防热辐射的屏障，从而有效防止火势的蔓延。

早期的防火玻璃是单层的，通过物理或化学的方法改善玻璃本身的膨胀系数来提高其耐火性能，如通过加入金属丝、改变玻璃配方中的成分等。这类防火玻璃仅有防火功能而无隔热效果，因此只能算作耐火玻璃。这类防火玻璃由于功能比较单一，效果也不甚理想，因此发展较为缓慢。20 世纪 80 年代以后，人们开始将研究的重点转向复合型防火玻璃。这类防火玻璃是通过将玻璃与无机或有机胶凝材料复合，形成夹层或多层结构，使玻璃在受到火焰的袭击时，夹层中的胶凝材料形成发泡隔热层，既保护玻璃在一定时间内不会碎裂，又能防止热量的扩散。我国也于 1987 年研制成功具有优异防火性能的黏合型复合型防火玻璃，之后又开发了灌浆型复合型防火玻璃，弥补了国内外在这一领域的空白，其最大面积可达 2000mm × 3000mm。这两类玻璃均可用于建筑物中的门、窗及防火隔断，目前已在宾馆、饭店、医院、博物馆、图书馆、体育场、火车站、飞机场等大型公共建筑和其他高层建筑中广泛应用。

10.7.1 防火玻璃的类型和特点

目前，国内外生产的建筑用防火玻璃品种很多，归纳起来主要可分为两大类，即非隔热型防火玻璃和隔热型防火玻璃。

1. 非隔热型防火玻璃

非隔热型防火玻璃又称为耐火玻璃。这类防火玻璃均为单片结构，其中又可分为夹丝玻璃、耐热玻璃和微晶玻璃三类。

（1）夹丝玻璃　这类玻璃是一种物理改性的防火玻璃。它是将金属丝轧制在平板玻璃中间或表层上，形成透明的夹丝玻璃，外观上除了中间有金属丝外，其余与普通的平板玻璃基本相同。丝网加入后还提高了防火玻璃的整体抗冲击强度，并能与电加热、安全报警系统等连接，起到多功能的作用。采用的金属丝多为不锈钢丝。

这类防火玻璃在遇火时同样会发生爆裂。在未采取特殊措施的情况下，这种玻璃仅能承受30min的火焰袭击。通常遇火几分钟后即爆裂，30min后开始熔化。但由于有金属丝连接，因此不会脱落。这类防火玻璃的最大缺点是隔热性能差，遇火十几分钟后背火面温度即可高达400～500℃。

（2）耐热玻璃　普通的钠钙玻璃的膨胀系数较大，这是造成其受到高温时容易爆裂的原因。耐热玻璃的主要成分为硼硅酸盐和铝硅酸盐，软化点较高而膨胀系数较小，因此有较好的耐热稳定性。

这类玻璃的优点是软化点高，热膨胀系数小，直接放在火上加热一般不会发生爆裂或变形。与其他类型的防火玻璃相比薄且轻，一般厚度仅有5～7mm，火焰烧烤后仍能保持透明，缺点是制造工艺复杂，价格昂贵，加上本身并不隔热，很多重要场所不能使用，因此发展比较缓慢。

（3）微晶玻璃　在玻璃的化学组成中加入晶核剂，玻璃熔化成形后再进行热处理，使微晶体析出并均匀生长，可以制成像陶瓷一样的含有多晶体的玻璃，这种玻璃称为微晶玻璃，亦称为玻璃陶瓷。

微晶玻璃具有良好的透明度、化学稳定性和物理力学性能，力学强度高，耐腐蚀性好，抗折和抗压强度大，软化温度高，热膨胀系数小，在高温时投入冷水中也不会破裂。透明微晶玻璃的软化温度为900℃以上，在1000℃下短时间不会变形，因此是一种较安全可靠的防火材料。

2. 隔热型防火玻璃

隔热型防火玻璃为夹层或多层结构，因此也称为复合型防火玻璃。这类防火玻璃也有两种产品形式，即多层黏合型和灌浆型。

（1）多层黏合型防火玻璃　多层黏合型防火玻璃是将多层普通平板玻璃用无机胶凝材料黏结复合在一起，在一定条件下烘干形成的。此类防火玻璃的优点是强度高，透明度好，遇火时无机胶凝材料发泡膨胀，起到阻火隔热的作用。缺点是生产工艺较复杂，生产效率较低。无机胶凝材料本身碱性较强，不耐水，对平板玻璃有较大的腐蚀作用。使用一定时间后会变色，起泡，透明度下降。这类防火玻璃在我国目前有较多使用。

（2）灌浆型防火玻璃　灌浆型防火玻璃是由我国首创的。它是在两层或多层平板玻璃之间灌入有机防火浆料或无机防火浆料后，然后使防火浆料固化制成的。其特点是生产工艺

简单，生产效率较高，产品的透明度高，防火、防水性能好，还有较好的隔声性能。

这类防火玻璃目前在我国发展较快，已在很多工程中应用。国外还有在复合型防火玻璃中夹入金属丝的复合型夹丝防火玻璃，既不影响透光性，又提高了整体抗冲击强度。

>>> 相关链接 【案例 10-7 分析】

目前，国内外生产的建筑用防火玻璃品种很多，归纳起来主要可分为两大类，即非隔热型防火玻璃和隔热型防火玻璃。非隔热型防火玻璃又称为耐火玻璃。这类防火玻璃均为单片结构，其中又可分为夹丝玻璃、耐热玻璃和微晶玻璃三类。隔热型防火玻璃为夹层或多层结构，因此也称为复合型防火玻璃。这类防火玻璃也有两种产品形式，即多层黏合型和灌浆型。

10.7.2　耐火性能比较

A 类防火玻璃耐火性能最好，它是能同时满足耐火完整性、耐火隔热性要求的防火玻璃；B 类防火玻璃次之，它是能同时满足耐火完整性、耐热辐射强度要求的防火玻璃；C 类防火玻璃的耐火性能最低，它是仅满足耐火完整性要求的防火玻璃。

其中，A、B 类防火玻璃均为复合防火玻璃，只有 C 类防火玻璃为单片防火玻璃。

思考与练习 10.7

10.7-1　常用防火玻璃的特点是什么？

10.7-2　防火玻璃根据耐火性如何分类？

本 章 回 顾

- 建筑防火成为建筑设计中的一项基本要求，建筑材料品种万千，遇火后根据燃烧性能不同，将建筑材料和建筑构件分为不燃、难燃和可燃三大类。
- 燃烧必须具备三个条件：①可燃物；②助燃剂（空气、氧气、氧化剂）；③热源（火焰、高温等）。若阻止燃烧，至少需要将其中一个因素隔绝开来。
- 阻燃通常是通过在物体中加入阻燃剂来实现的，防火则通常是采用在被保护物体表面涂覆难燃物质（如防火涂料）来实现的，而难燃物质中通常也加入阻燃剂或防火助剂。从这一角度看问题，阻燃和防火的原理是类似的。
- 建筑材料的防火方法：①减少材料中可燃物的含量；②控制火灾时的热传递；③抑制材料燃烧时的气态反应；④采取隔绝氧气的办法。易燃、可燃材料的防火处理可用阻燃剂直接加到材料内，构成材料的一个组分，也可在材料表面涂覆防火涂料或粘贴不燃材料来达到阻燃的目的。
- 钢材的防火：钢结构必须进行防火处理。近年来，多采用将防火涂料涂刷在钢结构上的方法，以提高其耐火极限。

- 木材的防火：作为装饰应用最多的是木材，木材阻燃处理的方法按照处理工艺可分为表面涂覆处理及浸渍处理两类。防火木质制品是将阻燃材料、阻燃木质人造板制成木质防火门和门框。
- 塑料的防火：当前对塑料防火的主要手段和技术是添加各种阻燃剂，现在应用于塑料中的阻燃剂分有机型和无机型两大类。
- 我国现有的阻燃纺织品分为劳动保护、救生、消防、床上用品、装饰用布和儿童睡衣等六大类。
- 玻璃的防火：目前，国内外生产的建筑用防火玻璃品种很多，归纳起来主要可分为两大类，即非隔热型防火玻璃和隔热型防火玻璃。这两类玻璃均可用于建筑物中的门、窗及防火隔断等大型公共建筑和其他高层建筑。

知识应用

一般的室内防火材料都有哪些？目前市场上用于外保温系统的不燃保温材料有哪些？

【延伸阅读】

钢结构的防火

钢结构不耐火是纽约世界贸易中心坍塌的重要原因 。纽约世界贸易中心筹建于20世纪60年代，建成于20世纪70年代。世贸中心建设时由六栋建筑组成，其中两栋姐妹楼为主楼，各有110层，高411.5m，每栋主楼有99部电梯。该中心落成后，有世界800多个贸易公司约5万人进入办公，有100多个商店及供2万人同时用餐的多个餐厅，还有一个火车站、两个地铁站。纽约世界贸易中心的建成，代表那个时代世界科技与建筑材料、建筑结构和建筑设备发展的新水平，是著名的日裔美国建筑师雅马萨奇等的得意之作。据介绍，世贸中心设计时考虑了“飓风”和波音707等当时最大飞机的撞击，但没有想到会被波音767、757飞机撞击及大量航空燃料的烧击，致使世贸中心南北两主楼在恐怖分子飞机撞击后一个多小时内相继坍塌。据报道，灾后修复重建需要花费几百亿美元。国内外一系列城市灾害表明，对房屋建筑而言，最严重的灾害就是火灾、地震、飓风、台风以及战争等自然与人为的灾害。现代科技对抵御飓风、台风、地震的能力日益增强。世贸中心的建筑结构为筒中筒钢结构，较好地解决了抗风、抗震等问题。但从此事件看，火灾问题尚未真正解决。在平时或非常时期，火灾仍是城市诸灾害中危害频度最大和死伤人员最多的灾害之一。许多火灾案例说明，建筑火灾人员伤亡以烟害为主；而此事件表明，钢结构不耐火，是世贸中心坍塌、人员大量伤亡的重要原因。钢结构具有强度大、质量轻，力学

性能尤其是抗风、抗震好等优点，因而高层、超高层建筑和一些有特殊要求的工业与民用建筑多采用钢结构（目前，我国又是世界钢产量第一的国家，有关部门正在进一步研究在房屋建筑中扩大钢结构的使用范围）。但从防火角度看，钢结构虽然是不燃烧体，但很不耐火，这就是钢结构的最大弱点，这一结论已被无数火灾案例和科学试验所证明，无防火保护的钢结构在火灾的作用下，约一刻钟（15min）左右就会烧损或破坏。因此，国内外都必须对高层、超高层建筑 以及受高温作用（或受高温威胁）的钢结构的建（构）筑物进行防火处理。目前，国内外通常是采取对钢结构表面喷涂、涂刷防火材料，包裹耐火材料等办法保护钢结构。城市建筑的发展是向高空和地下两极发展，高层建筑、地下建筑越来越多，但由于高层（含超高层建筑）建筑和地下建筑自身的种种特殊性，很容易引发火灾等重大灾害事故，因此在规划高层建筑和地下建筑时，要考虑好消防和灭火等有关防灾、救灾技术措施与对策，从根本上提高高层建筑和地下建筑的安全度，增强其防火抗灾能力。

第11章 建材调研与实训方案

1. 建材调研意义与内容

（1）调研意义　通过该部分的实践教学，巩固所学理论知识，增强学生对建筑材料的感性认识，并且深入了解我国建筑材料的价格、特点与应用，并对新型建筑材料有所认识，扩大知识面。

（2）调研内容　学生搜集材料名称、产地、原料、工艺、技术指标、规格尺寸、装饰性及应用等特点。

1）运用理论基础知识，对调查对象进行了解，做出调查计划并制定调查步骤。

2）根据调查结果写出调查报告（内容详实、分析透彻、字数3000字）。

3）对调查报告进行分析评价、总结体会。

2. 实训方案

（1）实习要求

1）以小组为单位完成需调研的内容，并选有责任心的组长，可协商再进一步分工。

2）调研中要认真做好每一项记录，大胆、虚心地请教。

3）严格考勤制度，不得迟到早退，缺席者按旷课处理。

4）调研的整个过程中要注意交通安全及人身安全。

（2）实训内容（见表11-1）

表11-1　实训内容一览表

材料名称	品牌、等级	技术指标	规格、型号	单　位	价　格
石灰					
石膏					
商品混凝土					
钢材					
水泥砂浆					
混合砂浆					
防水砂浆					
实心砖					
空心砖					
木材					
防水材料					
保温材料					
五金配件					

（续）

材料名称	品牌、等级	技术指标	规格、型号	单　位	价　格
花岗石					
大理石					
人造石					
面砖					
普通玻璃					
安全玻璃					
金属装饰板					
塑料装饰板					
人造板材					
门窗					
内墙涂料					
外墙涂料					
地面装饰涂料					
油漆涂料					
壁纸					
胶粘剂					
卫生洁具					
灯饰					

（3）实训场所　校外（以沈阳市为例）。

1）九路中国家具城（铁西区八马路）：了解常用建筑材料如石灰、石膏、水泥、砂、石、板材、玻璃、管、线及五金件等品种、规格、价格、技术指标。

2）北四路油漆市场：了解常用涂料品种、价格、性能、产地等。

3）东方家园建材超市：了解常用家装材料的品种、性能、价格、装饰性。

4）石材城：了解常用大理石、花岗石、人造石的品种、价格、产地、性能等。

5）陶林居：了解墙地砖、内墙面砖的性能、价格、品种、产地、装饰性等。

（4）成绩评定　要求每个学生至少完成表 11-1 所列 31 类材料的调查，调查要详尽，调查报告作为成绩考核的主要依据，综合给出最终成绩。

各种主要建筑材料价格也可查询中国建材价格在线 http：//www. jc. net. cn 或者中国建材网 http：//www. bmlink. com。

附　录　建筑材料词目中英文对照表

aberration　畸变
abrasive resistance　耐磨性
absolute volume　绝对体积法
accelerated weathering test　加速老化试验
accumulated screening rate　累计筛余百分率
active admixture　活性混合材料
adhesion stress　黏结力
adhesive ability　黏结性
adhesive cement theory　胶浆理论
adhesive force　附着力
admixture　外加剂
adscititious　外掺法
advanced high quality steel　高级优质钢
age　龄期
aggrandizement phase　强化阶段
aggregate　集料
aging　时效
aging sensitivity　时效敏感性
air entraining admixture　引气剂
air hardening inorganic binding materials　气硬性无机胶凝材料
alkali-aggregate reaction　碱-集料反应
alkali-aggregate reaction　碱-集料反应
alloy steel　合金钢
aluminous cement　铝酸盐水泥
anchor　锚固
angle of internal friction　内摩擦角
anti-abrasion　耐磨损
anti-carbonate　抗炭化性
anti-corrosion　抗腐蚀
anti-corrosion　抗侵蚀性
anti-freezing　抗冻性
anti-freezing admixture　防冻剂
anti-freezing admixture　阻锈剂
anti-friction stone　耐磨石料
anti-permeability　抗渗性
APP modified bituminous sheet material　改性沥青防水卷材
apparent density　表观密度
aqueous rock　水成岩
architectural　建筑的
ascertaining the basic mix proportion　基准本配合比的确定
asphalt　沥青
asphalt base water proofing material　沥青基防水材料
asphaltene　沥青质
assume an apparent density　假定表观密度法
atmosphere stability　大气稳定性（耐久性）
autoclaved brick　蒸养（压）砖
autoclaved cure　蒸压养护
bacillus　杆状菌
bending strength　抗弯强度
bending strength　抗折强度
binding materials　胶凝材料
bituminous mixture　沥青混合料
bituminous waterproof sheet material　沥青防水卷材
blackness metal　黑色金属
bleeding　泌水
bleeding path　泌水通道
blocks　砌块
boiling steel　沸腾钢
breaking ability　抗断裂性
bricks　砖
brickwork　砖砌体
brittleness　脆性
building gypsum　建筑石膏

building petroleum asphalt　建筑石油沥青
building steels　建筑钢材
bulk density　堆积密度
C/W（water cement ratio）　胶水比
Calcium Aluminate hydrate　水化铝酸钙
Calcium Aluminates　铝酸钙
Calcium ferrite hydrate　水化铁酸钙
Calcium hydroxide　氢氧化钙
Calcium Oxide　氧化钙
Calcium quick lime　钙质生石灰
Calcium silicate hydrate gel　水化硅酸钙
Calcium silicate hydrate gel　水化硅酸钙凝胶
capillaries　毛细管
carbon dioxide　二氧化碳
carbon steel　碳素钢
carbon structural steel　碳素结构钢
carbonated lime board　炭化石灰板
carbonation　炭化
cast ingot　铸锭
caulking engineering　堵漏工程
cement　水泥
cement concrete block　水泥混凝土砌块
cement mix mortar　水泥混合砂浆
cement mortar　水泥砂浆
characteristic cement　特性水泥
chloride　氯化物
chloride hardening accelerator　氯盐类早强剂
citric　柠檬酸
clay　黏土
clay brick　黏土砖
coal asphalt admixture material　煤沥青混合料
coal mine waste brick　煤矸石砖
coal tar　煤焦油
coarse aggregate　粗集料
codenames　牌号
cohesion　黏性
coke　焦炭
cold bending property　冷弯性能
cold contract　冷缩
cold drawing　冷拉
cold drawn　冷拔
cold rolled ribbed steel wires and bars　冷轧带肋钢丝、钢筋
cold rolled twisted steel　冷拔低碳钢丝
cold working　冷加工
cold-drawing steel　冷拉钢丝
colloid structure　胶体结构
colored metal　有色金属
coloring admixture　着色剂
common steel　普通钢
component adapter　构件接头
composite Portland cement　复合硅酸盐水泥
composite Portland cement　复合水泥
compound material-tackiness agent　合成材料-胶粘剂
compressive strength　抗压强度
compressive strength average（design strength）　抗压强度平均值（设计强度）
concrete　混凝土
concrete admixture　混凝土外加剂
concrete pumping　泵送混凝土
consistometer of mortar　砂浆稠度仪
continuity dense grading　连续型密级配
continuity open-graded　连续型开级配
cool-mixed and cool-spread　冷拌冷铺
corrosion resistance　耐蚀性
coulomb theory　库仑理论
crackle mending　裂纹修补
critic load　临界荷载
cross-section　断面
crude oil　石油原油
crushing index　压碎指标
crystal　晶体
crystal grains　晶粒
crystal lattice　晶格
crystallization　结晶
cubic compressive strength　立方体抗压强度
curing　养护
cycles of freezing and thawing　冻融循环

deformation 变形
dense substrate (imhygrophanous beds) 密实基层（不吸水基层，如石材）
dense-framework type 密实骨架型
dense-suspended type 密实悬浮型
density 密度
deoxidant 脱氧剂
deoxidation degree 脱氧程度
deoxidize 脱氧
deposit concrete 现浇混凝土
design of preliminary mix 初步配合比设计
diagrammatic method 图解法
dicalcium silicate 硅酸二钙
disassociated 游离的
discontinuity dense grading 间断型密级配
discontinuous gradation 间断级配
distillation 蒸馏
distortion 变形
dolomite ground slaked lime 白云石消石灰粉
dry shrinkage 干缩率
dry sieving method 干筛法
ductility 延度
durability 耐久性
elastic limit 比例极限
elasticity 弹性
elastomer bituminous sheet material 弹性体沥青防水卷材
electric cooker 电炉
elongation 伸长率
empirical coefficient 经验系数
equal replacement 等量取代法
especial mortar 特殊砂浆
ettringite 水化硫铝酸钙（钙矾石）
evaporation 蒸发
even furnace 平炉
excess replacement 超量取代法
expanding admixture 膨胀剂
expansion cement 膨胀水泥
extra-coefficient of cement 水泥富余系数
fabric 纤维织物
fatigue strength 疲劳强度
felt 纤维毡
ferrosilicon 硅铁合金
fiberglass 玻璃纤维
film oven heating test 薄膜烘箱加热试验
final setting time 终凝时间
fine aggregate 细集料
fine sand 细砂
fineness 细度
fineness modulus 细度模数
fired brick 烧结砖
fired clay brick 普通黏土砖
fired hollow brick 烧结空心砖
fired normal brickwork 烧结普通砖砌体
fired porous brick 烧结多孔砖
flash setting admixture 速凝剂
flashing point 闪点
flexibility 柔韧性
flexibility phase 弹性阶段
flexible sheet waterproof material 可卷曲片状防水材料
flocculation structure 絮凝结构
flow value 流值
fly ash 粉煤灰
fly ash and silicate medium-size block 粉煤灰硅酸盐中型砌块
fly ash brick 粉煤灰砖
fly ash concrete block 粉煤灰硅酸盐混凝土砌块
fly ash waste 粉煤灰渣
foundation 地基基础
framework-interstice type 骨架空隙型
freezing resistance 抗冻
fresh concrete 新拌混凝土
fresh mortar 新拌砂浆
frost-resistance 抗冻性
furnace slag 炉渣
furnance-slag cement 矿渣硅酸盐水泥
gel type 凝胶型

general cement 通用水泥
glass 玻璃
glycerine 甘油
grading curve 级配曲线
grading region 级配区
granulated blast furnace slag 粒化高炉矿渣
gravel 碎石
ground hydrated lime 熟石灰粉
ground quick lime 生石灰粉
grounded slag 磨细矿渣
gypsum 石膏
hardened mortar 硬化砂浆
hardening 硬化
hardening accelerating 早强剂
heat resistance ability 耐热度
heat treatment steel of prestressed concrete 预应力混凝土用热处理钢筋
heat-resistant steel 耐热钢
heavy pavement petroleum asphalt 交通道路石油沥青
high alloy steel 高合金钢
high carbon steel 高碳钢
high frequency vibration 高频振幅
high polymer modified asphalt 高聚物改性沥青
high polymer modified bituminous sheet material 高聚物改性沥青防水卷材
high quality steel 优质钢
high strength concrete 高强混凝土
high temperature stability 高温稳定性
high-Alumina cement 高铝水泥
high-Magnesium quick lime 镁质生石灰
hilly sand 山砂
hollow brick 空心砖
hoop effect 环箍效应
hot-mixed and cool-spread 热拌冷铺
hot-mixed and hot-spread 热拌热铺
hot-roll steel 热轧钢筋
hydration 水化
hydraulic binding materials 水硬性胶凝材料
hydraulicity 水硬性
hydrophilic group 亲水基团
hydrophilic property 亲水性
hydrophobic group 憎水基团
hydrophobic material 憎水性材料
hydrophobic property 憎水性
hydrostatic balance 静水天平
hygroscopic 吸湿性
hypothermia flexibility 低温柔性
igneous rock 火成岩
impact toughness 冲击韧性
impact-resistance 抗冲击性能
impermeability 不透水性
impermeability 抗渗性
impregnated concrete 浸渍混凝土
impurities 氧化物
impurities 有害杂质
inactive admixture 非活性混合材料
induction period 潜伏期
ingot 钢锭
ingredient 组成材料
initial period 初始反应期
initial setting time 初凝时间
inorganic materials 无机材料
insoluble matter 不溶物
iron ore 铁矿石
joint material 嵌缝材料
laboratory mix Proportion 试验室配合比
laminate 分层
large moulding 大模板
large-size block 大砌块
lastic shrinkage 塑性收缩
layering degree 分层度
Le chatelier soundness test 雷氏夹法
lightweight aggregate concrete block 轻集料混凝土砌块
lignin sulfonate water-reducing admixture 木质素减水剂
lime 石灰
lime mortar 石灰砂浆

lime paste 石灰膏
lime paste 石灰浆
lime-sand brick 灰砂砖
limestone 石灰石
limestone 石灰石质
limiting deformation 极限变形
liquid petroleum asphalt 液体石油沥青
low alloy steel 低合金钢
low carbon steel 低碳钢
low temperature crack resistance 低温抗裂性
low temperature resistance 耐低温性
low-alloy and high-tensile steel 低合金高强度结构钢
Magnesium-oxy-chloride cement 氯氧镁水泥
manufactured sand 人工砂
Marshall test 马歇尔试验
masonry 砌筑
masonry mortar 砌筑砂浆
mass concrete 大体积混凝土
material 材料
mechanical property 力学性能
mechanical strength 机械强度
medium alloy steel 中合金钢
medium carbon steel 中碳钢
medium sand 中砂
medium, light pavement petroleum asphalt 中、轻交通道路石油沥青
medium-size block 中型砌块
melt molten iron 熔融铁水
membrane 膜
metamorphic rock 变质岩
mica 云母
micelle 胶团
milk of lime 石灰乳
mineral admixture 矿物掺合料
mineral aggregate 矿质集料
mineral mixture 矿质混合物
mix mortar 混合砂浆
mix proportion design 配合比设计
mix ratio 配合比
mix ratio design of mortar 砂浆配合比设计
mobility (consistency) 流动性（稠度）
modified asphalt 改性沥青
modified bituminous 改性沥青
molasses 糖蜜
molten iron 生铁水
mortar 砂浆
mould 模具
multi frequency vibration 多频振幅
naphthalene sulfonate water-reducing admixture 萘系减水剂
natural cure 自然养护
negative pressure sieving method 负压筛法
normal concrete hollow block 普通混凝土空心砌块
normal consistency 标准稠度
normal viscidity instrument 标准黏度计
normal viscosity 标准黏度
number solutions 数解法
oil component 油分
one-axis static compression 单轴静态受压
optimized sp 合理砂率
ordinary concrete 普通混凝土
ordinary petroleum asphalt 普通石油沥青
ordinary Portland cement 普通硅酸盐水泥
organic amine hardening accelerator 有机胺类早强剂
organic materials 有机材料
organic substance 有机物
oven 烘箱
over-burnt lime 过火石灰
oxidation 氧化
oxygen converter 氧气转炉
paraffin 石蜡
paste 浆体
pavement petroleum asphalt 道路石油沥青
penetration degree 针入度
penetrometer 针入度仪
permeability 渗透性
petroleum asphalt 石油沥青

petroleum asphalt admixture material　石油沥青混合料
pig iron　生铁
plain concrete　素混凝土
plaster block　石膏砌块
plastering　抹灰
plasticity　塑性
plastomer bituminous sheet material　塑性体沥青防水卷材
plywood　板材
polyester felt　聚酯毡
polyethylene membrane　聚乙烯膜
poor dimensional stability　体积安定性不良
pores　孔隙
porosity　孔隙率
porous block　多孔砌块
porous brick　多孔砖
porous masonry　多孔砌体
porous substrate（hygrophanous beds）　多孔基层（吸水基层）
portland blast-furnance-slag cement　矿渣硅酸盐水泥
Portland cement　波特兰水泥
Portland fly-ash cement　粉煤灰硅酸盐水泥
Portland pozzlana cement　火山灰质硅酸盐水泥
Potassium　钾
pottery　陶瓷
pozzolan　火山灰
precast concrete　预制混凝土
prefabrication　预制
premixed concrete　预拌混凝土
prestressed concrete　预应力混凝土
prestressed reinforced concrete　预应力钢筋混凝土
prestressing strand　钢绞线
prism compressive strength　轴心抗压强度
profile steel（steel section）　型钢
prolongation　延度
pumping aid　泵送剂
quartz　石英砂
quartz stone　石英石质
quick lime　生石灰
reduction　还原
reinforced concrete　钢筋混凝土
relative viscosity　相对黏度
relative water content　相对含水率
rendering　粉刷
residual stability　残留稳定度
resin　树脂
resinous water-reducing admixtures　树脂系减水剂
rheological behavior　流变性
rigidity　硬度
rigidity waterproof　刚性防水
ring and ball softening point instrument　环球法软化点仪
roof material　屋面材料
rosin pyrolytic polymer　松香热聚物
rosin soap　松香皂
rubber　橡胶
rubble masonry　毛石砌体
rupture　断裂
saturation　饱和
saturation degree　饱和度
SBS modified bituminous sheetmaterial　改性沥青防水材料
scree　卵石
screening method　筛分析法
sedation steel　镇静钢
segregate　离析
sequent gradation　连续级配
set retarder　缓凝剂
setting　凝结
setting time　凝结时间
settlement　沉缩
shear normal pressure stress　剪切法向压应力
shearing strength　抗剪强度
shotcrete concrete　喷射混凝土

shrinkage 收缩
shrunken phase 颈缩阶段
silica fume 硅粉
silicate 硅酸盐
silicate products 硅酸盐制品
silicon steel 硅钢
silt 淤泥
single gradation 单粒级
sinking degree 沉入量
sintered block 烧结砌块
sintered clay 烧黏土
site cast 现浇
skid resistance 抗滑性
slaked lime 熟石灰
slaking 消化
slid 滑移
sliding formwork 滑模施工
slow cooling slag 慢冷矿渣
slump 坍落度
small-size block 小砌块
small-size hollow block 小型空心砌块
smelt 冶炼
smooth flour-milling jointing 光滑磨面勾缝
Sodium Aluminates 铝酸钠
soft waterproof 柔性防水
softening point 软化点
sol type 溶胶型
sol-gel type 溶凝型
solid brick 实心砖
solid or semi-solid petroleum asphalt 固体或半固体石油沥青
solidity 密实度
solubility 溶解度
soluble matter 可溶物
soundness 体积安定性
special cement 专用水泥
special sedation steel 特殊镇静钢
special steel 特殊钢
specific absorption of quality 质量吸水率
specific absorption of volume 体积吸水率
specific surface area 比表面积
specimen 试件
stability 稳定度
stacking density 堆积密度
stainless steel 不锈钢
standard deviation 标准差
standard viscidity 标准黏度
steam cure 蒸汽养护
steel 钢材
steel angle 角钢
steel plates 钢板
steel tool 量具
steel wire 钢丝
steel wire and strand of prestressed concrete 预应力混凝土用钢丝、钢绞线
stiffness modulus 劲度模量
stole 石材
stonework 石砌体
strain 应变
strength 强度
strength grade 强度等级
strength standard deviation 强度标准差
strengthen 强化
stress 应力
structure reinforcement 结构加固
structure steel 结构钢
substrate 基底材料
sulfate 硫酸盐
sulfate hardening accelerator 硫酸盐类早强剂
sulfoaluminate cement 硫铝酸盐水泥
sulphate 硫酸盐
sulphide 硫化物
surface material 覆面材料
surface mortar 抹面砂浆
surface theory 表面理论
surfactant 表面活性剂
synthetic high polymer sheet 合成高分子卷材
synthetic polymer material, high polymer 合

成高分子材料、高聚物
synthetic polymer water proof sheet 合成高分子防水卷材
technical property 技术标准
temperature stability 温度稳定性
tensile strength 抗拉强度
Tetracalcium Aluminoferrite 铁铝酸四钙
breakage temperature 断裂温度
index of temperature shrinkage 温度收缩系数
thermal conductivity 导热系数
thermalplastic 热塑料
tool 刀具
tool steel 工具钢
toughness 韧性
trial strength 试配强度
triaxial shear test 三轴剪切实验
Tricalcium Aluminate 铝酸三钙
Tricalcium silicate 硅酸三钙
ultimate load 极限荷载
ultrasonic vibration 声波搅拌
under-burnt lime 欠火石灰
unit screening rate 分计筛余百分率
variable coefficient 变形系数
VB stability test 维姆稳定度法
Vebe consistometer test 维勃稠度试验
velocity mixing 高速搅拌
viscidity 黏聚性
viscosity 黏度
void 空隙
voidage 空隙率
volcanic tuff 火山凝灰岩
volume decrease 体积减缩
wall blocks 墙用砌块
wall bricks 砌墙砖
wall material 墙体材料
water absorption 吸水率
water dosage 用水量
water impermeability 不透水性
water percentage 含水率
water percentage of quality 质量含水率
water pressure sieving method 水筛法
water resistance 耐水性
water retentivity 保水性
water-absorbing quality 吸水性
waterproof coating 防水涂料
waterproof concrete 防水混凝土
waterproof conformation 防水构造
waterproof sheet 防水卷材
water-reducing admixture 减水剂
water-repellent admixture 防水剂
wear-resistant steel 耐磨钢
welding property 焊接性能
wetting angle 润湿角
wheel rut test 轮辙试验
wood 木材
workability 和易性
working mix proportion 施工配合比
yield phase 屈服阶段
yield point 屈服点
yield ratio 屈服比
yield stress 屈服强度
zeolite 沸石粉

参考文献

[1] 现行建筑材料规范大全［M］. 北京：中国建筑工业出版社，2002.

[2] 建筑工程检测标准大全［M］. 北京：中国建筑工业出版社，2002.

[3] 高琼英. 建筑材料［M］. 武汉：武汉理工大学出版社，2002.

[4] 宋少民，孙凌. 土木工程材料［M］. 武汉：武汉理工大学出版社，2006.

[5] 华中理工大学，等. 建筑材料［M］. 2 版. 北京：中国建筑工业出版社，2002.

[6] 李文利. 建筑材料［M］. 北京：中国建材工业出版社，2005.

[7] 徐成君. 建筑材料［M］. 北京：高等教育出版社，2004.

[8] 严家伋. 道路建筑材料［M］. 3 版. 北京：人民交通出版社，2003.

[9] 李国华. 建筑装饰材料［M］. 北京：中国建材工业出版社，2004.

[10] 葛勇，张保生. 建筑材料［M］. 北京：中国建材工业出版社，1996.

[11] 吴科如，张雄. 建筑材料［M］. 2 版. 上海：同济大学出版社，1999.

[12] 王重生，叶跃忠. 建筑材料［M］. 重庆：重庆大学出版社，1998.

[13] 王世芳. 建筑材料［M］. 武汉：武汉大学出版社，2000.

[14] 符芳. 建筑材料［M］. 2 版. 南京：东南大学出版社，2001.

[15] 王立九，李振荣. 建筑材料学［M］. 北京：中国水利水电出版社，1997.

[16] 严捍东. 新型建筑材料教程［M］. 北京：中国建材工业出版社，2005.